Praktische Reihe

Außer dem vorliegenden Band sind folgende Heyne-Taschenbücher über die europäischen Weine erschienen:

4105	Raymond Dumay	FRANZÖSISCHE WEINE
4159	Theodor Böttiger	DIE WEINE ITALIENS
4189	Theodor Böttiger	DIE WEINE SPANIENS UND PORTUGALS
4193	Helmut Hochrain	DIE WEINE ÖSTERREICHS

THEODOR BÖTTIGER

DIE WEINE DEUTSCHLANDS

Ein Führer durch die deutschen Weinregionen, mit dem neuen Weingesetz

Originalausgabe

WILHELM HEYNE VERLAG
MÜNCHEN

HEYNE-BUCH Nr. 4186
im Wilhelm Heyne Verlag, München

2. Auflage

Printed in Germany 1975
Umschlagfoto: ChristianTeubner, Füssen
Umschlaggestaltung: Atelier Heinrichs, München
Satz: K. H. Kreit KG, Lauterbach/Maar
Druck: Ebner, Ulm

ISBN 3-453-40152-2

Inhalt

Einleitung

Als Hoffmann von Fallersleben 1841 auf der damals noch englischen Insel Helgoland das ›Lied der Deutschen‹ dichtete, dem später die von Joseph Haydn komponierte Hymne ›Gott erhalte Franz den Kaiser‹ als Melodie unterlegt wurde und dessen dritte Strophe wir immer noch als Nationalhymne singen, da zählte er in der zweiten Strophe den deutschen Wein zu den Dingen, die in der Welt »ihren guten, alten Klang« behalten sollten.

Hat sich sein Wunsch erfüllt und damit der Wunsch so vieler deutscher Dichter und Dichterlinge? Denn es gibt kein anderes Land auf der Erde, in dem der Wein mehr besungen wurde als in Deutschland, zu dem man ja bis 1803 auch Österreich und damit Wien mit seinen Heurigenliedern zählen durfte. Von Notker von St. Gallen (um 800), der Christus mit einer Kelter verglich, über den Erzpoeten Kaiser Barbarossas (um 1160), der das Vagantenlied »Mihi est propositum in taberna mori« (Mir ist es bestimmt, in der Schenke zu sterben), über viele Minnesänger, über die Dichter der schwülstigen Barockzeit wie Opitz, Gryphius, Hoffmann von Hoffmannswaldau und die großen Dichter der deutschen Klassik und Romantik wie Goethe, Schiller, Wieland, Eichendorff, Brentano und andere spannt sich der Bogen der Weinlobpreisung bis in unsere Zeit mit den Gedichten Rainer Maria Rilkes, Trakls, Weinhebers, Georg Brittings und Werner Bergengruens.

Hat der deutsche Wein solche Lobpreisung verdient? Man preist nicht, was man in Fülle hat. Was in Massen vorhanden und eine Alltäglichkeit ist, wird zur Selbstverständlichkeit, auf das man keine Gedichte macht. Deshalb weist die italienische, spanische, portugiesische und französische Literatur auch relativ wenige Gedichte über den Wein auf. In jenen Ländern besingt man den Wein nicht, man trinkt ihn, mindestens einen halben Liter am Tag und meist nur als Begleiter zu den Mahlzeiten. Dann kommt

man leicht auf 115 Liter Wein pro Kopf der Bevölkerung wie in Frankreich und Italien, 91 Liter in Portugal, 87 Liter in Argentinien und 62 Liter in Spanien. Was besagen demgegenüber etwas über 20 Liter, auf die es 1972 die Bundesdeutschen schließlich gebracht haben! Im Durchschnitt sind das nicht mehr als eine Flasche alle vierzehn Tage bis drei Wochen. Gegenüber der gesamteuropäischen Weinerzeugung muß sich die deutsche ja auch mit nur einem Anteil von fünf Prozent begnügen.
Haben es diese fünf Prozent in sich? Sind sie es wert, daß man sie lobpreist? Sie sind es! Trotzdem müssen wir eine Einschränkung machen. Was den deutschen Weinen vor rund 130 Jahren, um mit Hoffmann von Fallersleben zu sprechen, ihren »alten, guten Klang« in der Welt verschafft hatte, waren die Weine vom Rhein, noch genauer gesagt, die Weine aus dem Rheingau. Das waren die Weine der großen Lagen von Schloß Johannisberg, Geisenheim, Hattenheim, Eltville und nicht zuletzt von Hochheim. Unter der Regierung der Königin Viktoria (1837–1901) und mit Unterstützung ihres Prinzgemahls Albert von Sachsen-Coburg und Gotha war dessen Lieblings- und Cabinetswein, der Hochheimer zum ›hock‹ und damit zum Inbegriff des deutschen Rheinweins überhaupt in der angelsächsischen Welt geworden und sicherte sich in den Weinkellern des britischen Adels und Großbürgertums einen Ehrenplatz. Später kamen noch als ›moselle‹ ein paar Weine von Glanzlagen der Mosel wie der ›Bernkasteler Doctor‹ oder aus Rheinhessen die ›Liebfrauenmilch‹ und aus Franken die Würzburger Steinweine dazu. Und bei diesen Weinen waren es wiederum die Auslesen, wenn nicht Beeren- und Trockenbeerenauslesen, die den Weg über den Ärmelkanal oder über den Atlantik fanden. Deutscher Wein blieb in der Welt bis heute etwas sehr Exklusives, einmal, weil es wenig von ihm gibt, und zweitens, weil er empfindlich gegen lange Reisen und Temperaturschwankungen ist und daher sehr schonend und sachkundig behandelt sein will. – Wen kann es da wundern, daß zum Beispiel eine Flasche ›Rauenthaler Gehrn Riesling Auslese‹ in New York nicht unter zehn Dollar oder in London nicht unter drei Pfund Sterling zu haben ist?
Die Deutschen mußten und müssen ihren Wein schon selber trinken. Dabei reicht er auch bei dem relativ bescheidenen Weinverbrauch in der Bundesrepublik nicht einmal aus. Bei einer Eigenproduktion von 7 Millionen Hektolitern mußten fast 6 Millionen

Hektoliter aus dem Ausland, in erster Linie aus Italien und Frankreich, eingeführt werden. Die Ausfuhr dagegen beträgt nur rund 300 000 Hektoliter. Die Einfuhr wird noch steigen. Allein von 1969 bis 1972 stieg sie von 15,5 auf etwas über 20 Liter im Jahr pro Kopf der Bevölkerung.

Vielleicht beruht diese Steigerung auch darauf, daß die Deutschen erst in den letzten Jahren angefangen haben, ihre Weine zu entdecken. Standen noch vor über einem Jahrzehnt in Nord- und Westdeutschland am Sonntag eine Flasche Rhein- oder Moselwein, vielleicht auch eine Bocksbeutelflasche Frankenwein auf dem Mittagstisch oder verschönte den Feierabend, so kann es heute auch ein Wein von der Nahe, aus Baden oder aus Württemberg sein. Und es dürfte häufig ein ›Qualitätswein‹ oder ›Qualitätswein mit Prädikat‹ sein. Den Wettlauf mit den ausländischen Tafelweinen kann der deutsche Weinbau kaum gewinnen, seitdem es in Supermärkten, Warenhäusern, Konsumgenossenschafts- und Kettenläden italienischen Wein in Zwei-Liter-Flaschen für runde vier Mark zu kaufen gibt. Diesen Vorsprung wird auch das modernste Tankverfahren, bei dem man die Gärung ganz nach Belieben regulieren kann, nicht aufholen können. Die für den deutschen Weinbau Verantwortlichen haben das auch erkannt. Sie streben bewußt die Förderung des Qualitätsweinbaus an. Das neue Weingesetz von 1971 zeigt es. Im Qualitätswein liegen allein auch die Chancen auf dem Weltmarkt.

Gerade der Qualitätswein verlangt aber vom Verbraucher und Genießer mehr Kenntnis vom Wein. Dieses Buch möchte diese Kenntnis vermitteln und fördern.

Möge Hoffmann von Fallersleben recht behalten und mit ihm der Wandsbeker Bote Matthias Claudius, der einst sang:

> Bekränzt mit Laub den lieben, vollen Becher
> Und trinkt ihn fröhlich leer.
> In ganz Europa, ihr Herren Zecher,
> Ist solch ein Wein nicht mehr.

Ein wenig Geschichte

Die Römer in Deutschland

Wein wurde auf heutigem deutschen Boden gebaut, geerntet, gekeltert und getrunken, ehe es überhaupt das Wort ›deutsch‹ gab. Erst im 9. Jahrhundert n. Chr. kommt es in der althochdeutschen Form ›thiudisk‹ in Gebrauch und dient als Unterscheidungsmerkmal zwischen der Sprache des einfachen Mannes und des lateinisch sprechenden Gebildeten. Aber bereits den alten Germanen war der Wein nicht fremd. Germanische Fürsten bezogen Wein bereits im 6. Jahrhundert v. Chr. aus den griechischen Kolonien in den Mittelmeerländern, wie Funde von griechischen Amphoren und Trinkschalen bezeugen. Lange vor dem Eingreifen der Römer war vor allem das linke Rheinufer ein Zankapfel zwischen den keltischen Galliern und den aus Osten immer stärker nachdrängenden germanischen Stämmen. Ob die am linken Rheinufer, so auch an der Mosel angesiedelten keltischen Stämme wie ihre Stammesgenossen im heutigen Frankreich Weinbau betrieben, oder ob der Weinbau erst von den Römern in diesen Gebieten eingeführt wurde, darüber mögen sich die Gelehrten weiter streiten. Fest steht jedenfalls, daß es bereits ein Jahrhundert nach der Schlacht am Teutoburger Wald (9 n. Chr.), die ja mehr oder weniger eine Episode war, auch am Niederrhein von römischen Legionären betriebenen Weinbau gab. Traubenkernfunde, die in letzter Zeit bei Xanten, einer alten römischen Garnison, gemacht wurden, bezeugen es. Eine wirkliche Blüte des Weinbaus auf deutschem Boden setzte aber erst ein, als römische Kaiser ihr langsam zerbröckelndes Reich von Westgermanien oder Ostgallien aus zu regieren begannen. Mit der Bezeichnung ›Ostgallien‹ hatten sie im Grunde recht. Denn die Bevölkerung, die sie unterworfen hatten, die ihnen als Sklaven oder halbfreie Bauern diente und die lateinisch zu sprechen begann, war keltisch-gallischen Ursprungs. Es ist das pfiffige Gesicht eines gallischen Steuermanns, das uns aus dem berühmten ›Weinschiff‹ von Neumagen anblickt, das heute zu den größten Kostbarkeiten des Trierer Landesmuseums gehört. Er war einer jener Steuermänner, welche die römischen Weinschiffe von der Residenz der römischen Kaiser in Augusta Treverorum (Trier) nach Confluentes (Koblenz), am Zusammenfluß von Mosel und Rhein und zurück kommandierten. Vorbei an Noviomagus (Neumagen), Longus vicus = langes Dorf (Longuich), Boletum = Birkenwald (Bullay), Cardunum = Steinwall (Kardem), Castanetum = Kastanienhain (Kesten) und Tabernae = Wirtshaus (Traben). Römisch war dieses Land wie Italien, Spanien oder Portugal. Als Römer fühlten sich auch die Kaiser, selbst wenn sie, wie der ›Weinkaiser‹ Probus, den die Legionäre 276 n. Chr. aufs Schild hoben, syrischer oder wie Konstantin der Große, der von 306 bis 312 in Trier residierte, illyrischer Abstammung waren. Dem Kaiser Probus sagt man nach, daß er sich auch um den Weinbau in der heutigen Pfalz und im heutigen Württemberg-Baden bemühte. Kaiser Konstantin ließ den Magister Decimus Magnus Ausonius aus Bordeaux als Prinzenerzieher an seinen Hof nach Trier kommen. Dort besang er die Mosel in einem langen Gedicht, der ›Mosella‹, in dem es u. a. heißt:

> Berge mit Wein in prächtigem Zug. Welch reizender Anblick.
> Hier, wo der Kamm des Gebirgs mit steilabfallenden Hängen aufsteigt
> Felsen und sonnige Höh'n und Buchten und Schluchten
> Rebenumkränzt aufziehn im natürlichen Amphitheater!
> Denn hoch wächst auf den Jochen der himmelstrebenden Berge
> Längs des Gestades das Grün des sorgenbezwingenden Weinstocks.
> Arbeitsfreudiges Volk und emsig beschäftigte Winzer
> Tummeln sich bald auf den Höh'n, bald eilen ins Tal sie hinunter.

Es war also Weinlese, und man freute sich auf den neuen Wein. Was machte es, daß er sauer schmeckte und mit einem Falerner nicht zu vergleichen war! Die Kehlen der Legionäre waren rauh, und war der Wein wirklich zu sauer, so erhitzte man ihn ein wenig, half mit würzigen Kräutern und Honig nach, ließ ihn wieder abkühlen oder trank ihn an kalten Wintertagen als wärmenden Glühwein.

Wir wissen nicht, welche Rebsorten und Trauben die Römer an der Mosel, am Oberrhein und im sogenannten Dekumatsland, zu dem auch das heutige Württemberg-Baden gehörte, vorfanden. Wohl aber wissen wir, daß sie eine Rebsorte aus Italien kommen ließen und anpflanzten, die noch viele Jahrhunderte hindurch eine der Hauptrebensorten auf deutschem Boden bleiben sollte. Es ist die Elblingrebe, von den Elsässern wohl auch Eisling und von den Deutsch-Schweizern Räuschling genannt. Sie fühlte sich auf neuem Boden durchaus wohl, überstand nasse Sommer und stärkere Fröste und belohnte den Fleiß der Winzer mit einer Fülle von kleinbeerigen Trauben. Die Römer führten aber nicht nur neue Traubensorten ein, sondern auch eine hochentwickelte Anbau- und Kellertechnik. Viele unserer heutigen Ausdrücke aus dem Weinbau und der Weinherstellung stammen von ihnen, so Winzer (vinitor), Küfer (cuparius), Keller (cellaria), Kufe (cupa) und Torkel (torcula). Diese aus dem Lateinischen in den deutschen Sprachschatz übernommenen Worte sind mit ein Beweis dafür, daß der Weinbau auf späterem deutschen Boden auch die Stürme der Völkerwanderung überstand, deren endgültiges Ende zusammenfiel mit der Gründung des karolingischen Reiches im 8. Jahrhundert n. Chr.

Klöster treten das Erbe der Römer an

Als sich Karl der Große am 23. Dezember 800 von dem schwachen Papst Leo im Petersdom zum Kaiser krönen ließ, umfaßte seine Herrschaft ein bis an seine äußersten Grenzen christliches oder doch mit mehr oder weniger Gewalt christianisiertes Reich, das von der Nordsee bis zum Golf von Neapel und vom Atlantik bis zur Elbe reichte. Staat und Kirche bildeten eine Einheit, wobei es das stete Bemühen Karls war, die Kirche, vor allem aber die überall neu gegründeten Klöster, vor Übergriffen der weltlichen Großen zu schützen. Hatte sich das Mönchstum noch unter seinen merowingischen Vorgängern wie Chlodwig und unter seinen karolingischen Vorfahren wie Pippin und Karl Martell im wesentlichen der Mission d. h. der Bekehrung zum Christentum gewidmet, so übernahm es jetzt in erster Linie eine erzieherische und wirtschaftliche Aufgabe. Die Klöster wurden neben den geistlichen Residenzen wie Trier, Mainz, Köln und Salzburg die kulturellen Mittelpunkte des Reiches. Sie traten auch das Erbe der Römer und damit der Antike an. Zu diesem Erbe gehörte der Weinbau. Was einst römische Naturforscher wie Plinius und Columella gelehrt hatten, wurde erneut lebendige Wirklichkeit.

Zu diesen neuen Aufgaben waren Kirche und Klöster nur dadurch in der Lage, daß ihnen kaiserlicher bzw. königlicher Grundbesitz zum Geschenk oder wenigstens zum Lehensgut gemacht wurde. Damit erwarben sie das Recht, den ›Zehnt‹ zu erheben, also zehn Prozent der Einnahmen ihrer neuen Untertanen als Steuer einzuziehen. Vielfach bestand das geschenkte Land oder Lehnsgut in Weinbergen oder dort, wo Weinbau in der Ebene betrieben wurde, in Weingärten. Denn der Bedarf der Klöster an Wein war groß. Der Meßwein spielte dabei nicht einmal die ausschlaggebende Rolle. Die Klöster waren ja nicht nur Stätten frommer Andacht und der Erziehung, sondern gleichzeitig Gasthöfe und Gaststätten, in denen Pilger, aber auch gewöhnliche Reisende aufgenommen, beherbergt und beköstigt wurden. So waren sie bestrebt, ihren Besitz an Weinbergen immer wieder zu vergrößern, eine Entwicklung, die sich bis in das 12. und 13. Jahrhundert fortsetzte. So soll der jährliche Weinverbrauch der Abteien Salem, Weingarten und anderer Klöster am Bodensee im 11. Jahrhundert 25 000 Hektoliter Wein betragen haben. Weinbergsbesitz der Abtei St. Gallen ist bereits für 716 in Ebringen im heutigen Markgräfler Land urkundlich gesichert. Aber auch die königlichen Krongüter betrieben Weinbau, an dessen Gedeihen Karl der Große größten persönlichen Anteil nahm. Er war es, der aus Südtirol die Tirolinger Rebe, die dann später zum Trollinger wurde, und aus dem westfränkischen Teil seines Reiches die Orleansrebe einführen ließ.

Sein Sohn Ludwig, auch der Fromme genannt, war aus anderem, weicherem Holz geschnitzt, aber gleichfalls ein großer Förderer des Weinbaus. Als dann im berühmten Vertrag von Verdun (834) das Reich in drei Teile zerfiel und Ludwigs Söhne Ludwig, Karl und Lothar ungefähr gleich große Stücke erhielten, bestand Ludwig, den die Historiker den Deutschen nennen, darauf, daß ihm auch linksrheinisches Gebiet mit den Bistümern Speyer, Worms und Mainz zugesprochen wurde, obwohl dieses Gebiet eigentlich zum Reich Lothars, dem späteren Lotharingen, gehörte, und zwar, wie es in der Teilungsurkunde ausdrücklich heißt »propter vini copiam« – der Menge des Weines wegen.

Weinbau an Elbe, Havel und Ostsee

Rechts des Rheins war bis auf die Ebene des Oberrheins der Weinbau noch schwach entwickelt. Das änderte sich mit einem Schlag, als die sächsischen Ottonen an die Spitze des Reiches traten. Noch mehr als die Karolinger stützten sie sich auf die Kirche und ihre Klöster. Neue Klöster wurden gegründet, im Umkreis des Harzes, dem Stammland der Ottonen, entlang der Weser, im Leinetal bei Göttingen, an der Ruhr und im Münsterland, später auch an der Elbe und Havel, nahe der Ostsee, in Thüringen und der Mark Brandenburg, schließlich auch im Zuge der Germanisierung der Gebiete jenseits Elbe und Oder in Schlesien, selbst an der Weichsel. Diese Klöster brauchten Wein, auf jeden Fall Meßwein. So legten sie ebenfalls Weinberge an. Um 1400 – wir eilen der Geschichte ein wenig voraus – umfaßt die Rebfläche im Heiligen Römischen Reich deutscher Nation 300 000 Hektar und war damit viermal so groß wie heute. In Berlin und Cölln – nicht zu verwechseln mit Köln am Rhein – gab es um 1500 96 Weinberge. Winsen an der Luhe und an der Aller deuten schon mit ihrem Namen darauf hin, daß sie Weinorte waren. Brandenburgische Städte und Städtchen wie Wusterhausen, Werder, Guben und Frankfurt an der Oder galten als renommierte Weinorte. Als Herzog Rudolf von Schwaben 1363 beim Deutschen Ritterorden auf der Marienburg an der Weichsel zu Besuch war, wurde er mit einem Becher Wein aus den Weinbergen bei Thorn begrüßt. Hinterher sagte er, der aus einem Weinland kam: »Der Trunk ist wie echtes Öl, davon einem die Schnauze anklebt.«

Das späte Mittelalter brachte eine Weinschwemme, der man kaum Herr wurde. Um Platz für den neuen Wein zu schaffen, verrührte man beim Bau des Ulmer Münsters den Mörtel statt mit Wasser mit dem Wein aus älteren Jahrgängen und entdeckte in ihm ein vorzügliches Bindemittel. Ärzte und Advokaten erhielten ihr Honorar in Wein. In den Gastwirtschaften durfte man für einen Pauschalbetrag von einigen Groschen so viel Wein trinken, wie man wollte, und brauchte erst wieder ein paar Groschen zu zahlen, wenn man sich von seinem Platz erhob. Wie es um die Qualität dieses Weines beschaffen war, ist eine andere Frage. Jedenfalls war Deutschland damals ein Weinland und die lieben Deutschen, sogar die Bayern, mehr Wein- als Biertrinker. Hinzu kam noch, daß in Ausweitung des Handels über die Grenzen des Reiches hinaus immer mehr ausländischer Wein nach Deutschland floß, vor allem aus Ungarn und Oberitalien, in kleinerem Umfang auf Schiffen der Hanse auch aus Spanien und Portugal.

Der Dreißigjährige Krieg und seine Folgen

Dieser Weinschwemme machte der Dreißigjährige Krieg (1618 bis 1648) ebenso ein Ende wie vielem anderen. Weinberge wurden verwüstet, Rebstöcke zu Brennholz benutzt. Vor allem aber fehlte es an Menschen, die sich um den Weinbau kümmerten. In den vom Kriege besonders heimgesuchten Gebieten, so in Sachsen, Schlesien, der Mark Brandenburg, aber auch am Oberrhein, in Schwaben und Teilen des Rheinlandes sank die Zahl der ländlichen Bevölkerung bis auf 40 Prozent ihres früheren Bestandes. Es gab Dörfer, in denen mehr Wölfe als Menschen hausten. Konsequenterweise gab man den Weinbau zuerst dort auf, wo er auf die schlechtesten klimatischen Bedingungen stieß, also in Nord-, Mittel- und Ostdeutschland, aber auch in Bayern außerhalb Mainfrankens. Übrig blieb im Osten nur etwas Weinbau in Grünberg (Schlesien), an Saale und Unstrut und an der Elbe zwischen Dresden und Meißen. Mit vielen Weinbergen in Mittel- und Ostdeutschland hatte übrigens schon der besonders strenge und lange Winter von 1474 aufgeräumt. In den alten Weinlanden an Rhein und Mosel wurde der Wein so rar, daß man in Köln 1653 für ein Stück Wein (= 1200 Liter) 300 Goldtaler zahlen mußte, was heute einem Geldwert von etwa DM 9000.– entspräche. Wenige Jahre später stieg der Preis auf 500 Goldtaler. Den Nutzen an dieser Entwicklung hatten die Brauereien und Spritbrennereien.
Trotzdem bleibt es erstaunlich, wie schnell sich Deutschland von dem großen Aderlaß des Dreißigjährigen Krieges erholte. Der Verlust an Menschen war bereits um 1700 durch eine außerordentlich hohe Geburtenzahl fast wieder ausgeglichen. Deutschland war wieder ein volkreiches, wenn auch, verglichen mit seinen westlichen Nachbarn, armes Land. Dort wo sich die Territorialfürsten – waren es nun weltliche wie der Markgraf Friedrich von Baden oder geistliche wie die Fürstbischöfe von Würzburg aus dem Ge-

schlecht der von Schönborn – des Weinbaus annahmen, faßte auch der Gedanke Fuß, weniger, dafür aber besseren Wein anzubauen, statt sich mit Massenträgersorten wie der Elblingrebe zu begnügen, die am schnellsten und leichtesten die erforderliche Menge für den ›Zehnt‹ brachten.
Friedrich von Baden (1728–1811) sorgte dafür, daß in der Rheinebene und an schlechten Hanglagen kein Wein mehr gebaut wurde, ließ die Rodung der Südhänge des Kaiserstuhls und Tunibergs und die Anlage von Weinbergen an diesen Hängen durchführen, nahm sich aber auch der Ortenau an. Seine besondere Liebe indes galt seinem Stammland, dem Markgräfler Land. Hier führte er die Gutedelrebe ein, die er während seiner Studienzeit am Genfer See kennengelernt hatte. Er drang auch darauf, daß die Winzer vom Mischsatz zum reinen Satz übergingen, also ihre Weinberge nur mit einer Rebsorte bepflanzten. Im benachbarten Württemberg hielt man noch lange am Mischsatz fest. Ein gutes Jahrzehnt vor dem Regierungsantritt des Markgrafen Friedrich hatte der Speyerer Kaufmann Ruland die burgundische Pinot-gris-Rebe eingeführt, die später am Kaiserstuhl und in der Ortenau besonders gut gedieh. Doch soll darüber wie auch über die Weinsorten der Würzburger Fürstbischöfe bei der Schilderung der einzelnen deutschen Weinbaugebiete ausführlicher berichtet werden.
Neue Impulse erhielt der Weinbau in Deutschland – so will es manchmal die Ironie der Geschichte – durch die Angliederung linksrheinischer Gebiete an Frankreich, der Preußen und Österreich bereits vorher in den Friedensschlüssen von Basel und Campo Formio zugestimmt hatten und die durch den Kongreß von Rastatt (1803) besiegelt wurde. Die Franzosen, von der Bevölkerung größtenteils als Befreier von den vielen geistlichen und weltlichen Herren begrüßt, brachten neue Kenntnisse und Erkenntnisse des Weinbaus mit. Außerdem waren die linksrheinischen Gebiete, die sich zum ›Rheinbund‹ zusammengeschlossen hatten, für das übrige Deutschland – ein Reich gab es ja seit 1805 nicht mehr – zum Zollausland, für Frankreich dagegen Zollinland geworden. Französischer Wein konnte unverzollt und ungehindert in Trier, Mainz und Köln getrunken werden. Die Lage war ähnlich wie nach dem Inkrafttreten der EWG-Beschlüsse in unseren Tagen. Der deutsche Winzer sah sich gezwungen, mehr Qualitätswein anzubauen und zu erzeugen, wenn er sich gegenüber der französischen Konkurrenz behaupten wollte. Immerhin war damals weit mehr Kulturland mit

Reben bepflanzt als heute. Die Gesamtrebfläche der damaligen deutschen Weinländer Baden, Württemberg, Preußen, Rheinpfalz, (Bayern), Hessen und Franken (Bayern) umfaßte rund 85 000 Hektar (heute 68 000 Hektar).

Das 19. und 20. Jahrhundert

Nach der Mitte des vorigen Jahrhunderts standen in ganz Europa etwa 150 000 Hektar Rebfläche im Ertrag. Um diese Zeit wurden aus Nordamerika drei Krankheitserreger eingeschleppt, die dem gesamten europäischen Weinbau unermeßlichen Schaden zufügten: Reblaus, echter Mehltau und Blattfallkrankheit. Zuerst stand man diesen Epidemien ratlos gegenüber oder versuchte sich durch Verbrennen der erkrankten Rebstöcke zu helfen. Die Seuche aber griff weiter um sich und verwüstete einen Weinberg nach dem anderen. Die in Kultur stehende Rebfläche ging im Durchschnitt um ein Drittel, in vielen Anbaugebieten sogar um drei Viertel zurück, und zwar in ganz Europa. Wesentliche Hilfe brachten erst die Erkenntnisse und Experimente des aus Weinheim an der Bergstraße stammenden Freiherrn von Babo, der damals als Lehrer an der Wein-, Obst- und Gartenbauschule in Klosterneuburg bei Wien tätig war. Seine Versuche ergaben, daß sich jedenfalls der Reblaus gegenüber amerikanische Rebstöcke als resistent erwiesen. Benutzte man sie als Unterlage und pfropfte man ihnen einheimische Reben auf, so zeigten sich diese dem Reblausbefall gegenüber als beinahe immun. Ohne die Entdeckung des Freiherrn von Babo und ohne den Einsatz von chemischen Bekämpfungsmitteln wie etwa Schwefel und Kupfervitriol gegen echten Mehltau und Blattfallkrankheit wären der europäische und damit auch der deutsche Weinbau dem Untergang geweiht gewesen. Die Reblauskrankheit ist auch heute noch nicht ganz gebannt, und noch immer müssen Schutzmittel gegen Mehltau und andere Krankheiten verwendet werden. Vor allem erwies es sich als notwendig, neue reblausfeste Unterlagen zu züchten. Das war eine der Hauptaufgaben der inzwischen in allen deutschen Weinbauländern entstandenen Weinbaulehranstalten und Versuchsinstitute, so u. a. in Alzey (Pfalz), Eltville (Rheingau), Geisenheim

(Rheingau), Freiburg (Baden), Durlach (Baden), Weinsberg (Württemberg), Würzburg (Franken) und Veitshöchheim (Franken).

Welche Folgen die Einschleppung der amerikanischen Rebkrankheiten hatte, zeigte sich besonders deutlich in Baden. Dort ging die in Ertrag stehende Rebfläche von rund 20 000 Hektar im Jahre 1878 auf 12 000 Hektar um die Jahrhundertwende zurück. In den anderen deutschen Weinbaugebieten sah es nicht viel besser aus. Tausende von Winzern sahen sich ihrer Existenzgrundlage beraubt. Die Folgen waren soziale Unruhen. Auf sich allein gestellt, konnte vor allem der Kleinwinzer wenig ausrichten. Erst der Zusammenschluß zu Genossenschaften nach dem Vorbild der von Raiffeisen ins Leben gerufenen Genossenschaftskassen brachte Hilfe und bedeutete für viele Winzer die Rettung. Gleichzeitig ermöglichten der genossenschaftliche Zusammenschluß und die damit zur Verfügung stehenden finanziellen Mittel die Anschaffung von Maschinen und anderen Hilfsmitteln. Das wiederum führte zu einer Steigerung des Anbaus von Qualitätsweinen. So ist zwischen dem bisherigen Anbau von Elblingreben, seinem Rückgang und der Vergrößerung des Anbaus von Qualitätsreben wie Riesling, Silvaner und Müller-Thurgau ein deutlicher Zusammenhang zu erkennen.

Der Zweite Weltkrieg brachte neue, schwere Rückschläge. 1950 betrug die Gesamtrebfläche in Deutschland nur noch rund 49 000 Hektar. Bis 1965 stieg sie wieder auf 68 000 Hektar. Sehr viel größer dürfte sie nicht werden, da nach dem Weinwirtschaftsgesetz von 1961 einer Ausdehnung enge Grenzen gesetzt sind. Jede neue Rebanpflanzung ist seitdem genehmigungspflichtig. Eine Genehmigung wird aber nur dann erteilt, wenn zu erwarten ist, daß die auf der neuen Fläche erzeugten Weine bestimmten qualitativen Mindestanforderungen genügen.

Mit dieser Verfügung sind wir bereits mitten in der Gegenwart. Sie wird ebenso wie die nächste Zukunft bestimmt sein von den innerhalb der EG getroffenen Beschlüssen über den Anbau und Vertrieb von Wein und von den Auswirkungen des neuen deutschen Weingesetzes von 1971. Auch klimatische und meteorologische Faktoren werden eine Rolle spielen. Sie aber entziehen sich jeder Voraussage.

Was ist und wie entsteht Wein

»Wein, lateinisch vinum«, so heißt es im Großen Duden-Lexikon, »gesetzlich gesicherte Bezeichnung für das durch alkoholische Gärung aus frischem Beerensaft der Weinrebe hergestellte Getränk«. Nun gibt es auch Fruchtweine, voran den Apfelwein, das Leib- und Magengetränk der Frankfurter, der Schwaben, die ihn Most nennen, der Bewohner der Normandie, die aus ihm Calvados brennen, und den Cider der Briten, die, was die Fruchtweine betrifft, besonders erfinderisch sind. Schlicht, einfach und dabei edel darf sich nur der vergorene Saft der Weinbeeren ›Wein‹ nennen.
Wenn etwas gärt oder gären soll, dann sind dabei drei Faktoren im Spiel: Zucker, Wasser und Hefe. Auch das so trocken erscheinende Mehl enthält Wasser, das Weizenmehl sogar bis zu 16 Prozent. Wäre das nicht der Fall, so gäbe es kein Brot. Um einen Teig herzustellen, wird dem Mehl sogar noch Wasser zugesetzt, so daß der Wassergehalt je nach Art der Brotsorte auf 35 bis 53 Prozent steigt. Ohne Wasser oder wasserhaltige Flüssigkeit wie zum Beispiel Milch kann die Hefe nicht wirksam werden, deren Aufgabe es ist, den Zucker zu spalten und chemisch zu verändern. Man könnte auch sagen, den Zucker aufzufressen. Man bezeichnet diesen Vorgang als Gärung oder, um ein Fremdwort zu gebrauchen, als Fermentation. Beim Brotteig läßt man die Hefe nur kurze Zeit wirken, gerade so lange, wie es notwendig ist, um den Teig aufzulockern. Dann macht man dem Auffressen ein Ende, indem man den Teig in den heißen Backofen gibt. Würde man den Teig ungebacken stehen lassen, dann würde er weiter gären, und das Ergebnis wäre vergorenes Brot. Solches Brot gibt es. Die Russen nennen es ›Kwas‹ und trinken es mit wahrer Begeisterung an heißen Sommertagen. Es ist eine Art Dünnbier von höchstens 2 Prozent Alkoholgehalt.
Kehren wir aber zum Wein zurück und fragen wir uns, was Hefe eigentlich ist. Hefe sind einzellige, mikroskopisch kleine Schlauch-

pilze, die sich durch Sprossung vermehren. Wir könnten sie auch Bakterien nennen, tun das aber beim Wein und Bier ungern, weil sie ja auch Krankheits- und Fäulniserreger sein können. Es war der große französische Chemiker Louis Pasteur, der 1857 nachwies, daß die Gärung auf das Wirken von Mikroorganismen oder Bakterien zurückzuführen sei. Die Frage nach dem »Warum« war damit gelöst und gleichzeitig die alte These von einer Urzeugung widerlegt.

Die Gärung

Es gibt verschiedene Gärungsprozesse. Beim Wein und auch beim Bier haben wir es mit der alkoholischen Gärung zu tun. Während aber beim Bier dem Malz und dem Wasser Hefe von außen zugesetzt wird, bringen die Weinbeeren die Hefe von Natur aus mit. (Nur bei einer Weinsorte, dem spanischen Sherry, und bei diesem wiederum bei den sogenannten Finos, wird von außen eine ganz bestimmte und nur im Anbaugebiet des Sherry vorkommende Heferasse hinzugefügt, um eine zweite Gärung zu bewirken.) Die in dem durch die Kelter gepreßten Saft und in der Schale schlummernden Hefepilze erwachen zu neuem Leben, sobald sie mit Zucker, der ja auch in dem Saft in Form von Fruchtzucker (Fruktose) enthalten ist, in Berührung kommen. Sie stürzen sich geradezu auf ihn, verschlingen ihn und spalten ihn dabei in Alkohol und Kohlensäure. Schon nach wenigen Tagen kann der Kellermeister durch die Faßwände hindurch ein deutliches Gluckern vernehmen. Die Hefe ist am Werk und bleibt so lange am Werk, bis der Saft, der sich jetzt *Most* nennt, einen Alkoholgehalt von 12 Prozent erreicht hat. Überschreitet er diesen Prozentsatz, dann kapseln sich die Hefepilze ab und sinken auf den Boden des Fasses oder eines anderen Gärbehälters. Das gleiche tun sie, wenn sie keinen Zucker mehr fressen können.
Nun genügt selbst bei deutschen Qualitätsweinen ein Alkoholgehalt von 12 Prozent durchaus. Er braucht dem Gesetz nach nur 7 Prozent zu betragen. Natürlich ist ein höherer Alkoholgehalt erwünscht, da dieser auf den Wein konservierend wirkt, und nicht nur das. So könnten wir bereits an dieser Stelle fragen: Was macht man, um einen höheren Alkoholgrad zu erreichen? Doch ehe wir nach einer Antwort suchen, möchten wir gern wissen, was

aus der Kohlensäure wird. Denn wir wollen ja Wein und keinen Sekt bzw. Schaumwein haben, so gut uns letzterer bei festlichen Gelegenheiten auch schmecken mag. Kohlensäure, so haben die meisten von uns von der Schule her behalten, ist ein Gas, und wie jedes Gas hat sie das Bestreben, sich auszudehnen und zu entweichen. Wir brauchen nur eine mit Kohlensäure angereicherte Mineral- oder Colaflasche zu öffnen, um das festzustellen. Könnte die Kohlensäure nicht aus dem Gärbehälter entweichen, so würde sie ihn sprengen, es sei denn, er ist so dickwandig und aus so festem Material, daß er dem Ausdehnungsdruck widersteht. Das erklärt auch, warum Sektflaschen aus besonders dickem Glas bestehen und ihre Korken mit einer Drahtschlinge befestigt sind. Um der Kohlensäure das Entweichen zu ermöglichen, besitzen die Weinfässer oder normale Gärbehälter einen sogenannten Gärstutzen.

In einem so technisierten und auf Rationalisierung wie Personaleinsparung bedachten Zeitalter wie dem unseren hat man natürlich auch darüber nachgedacht, wie man den Gärungsprozeß besser in den Griff bekommen könne. Sollte man sich weiter mit der altüberlieferten Faßgärung abfinden? Sollte es keine bessere Kontrolle der Gärungsprozesse selbst geben? Das vorläufige Ende aller dieser Überlegungen war die sogenannte ›gezügelte Gärung‹, die sich meist in großen Stahlbottichen oder Tanks vollzieht, die mit allen technischen Finessen ausgerüstet sind. Man begann damit bei uns in Deutschland so um das Jahr 1950 herum, einer Zeit, in der sich der deutsche Weinbau nach und nach von den Folgen des Zweiten Weltkrieges zu erholen begann.

Wie überall im Leben, wenn technischer Fortschritt auf altüberlieferte Methoden stößt, bildeten sich auch innerhalb der Weinhersteller und Weinkonsumenten bald zwei Lager. Die einen schworen auf die alte Methode, die einen sogenannten ›Naturwein‹ garantierte, mochte er auch noch so sauer schmecken. Die anderen zeigten sich dem Fortschritt aufgeschlossen. Noch heute ist der Streit zwischen diesen beiden Lagern nicht ganz abgeklungen. Der Autor dieses Buches wollte sich bewußt für keines der beiden Lager entscheiden. Deshalb bat er Herrn Professor Troost von der Hessischen Forschungsanstalt für Wein-, Obst- und Gartenbau in Geisenheim um dessen wissenschaftlich fundierte und darum objektive Stellungnahme. Er gibt sie hiermit im Wortlaut wieder und spricht Herrn Professor Troost für seine Mitarbeit an diesem

Buch seinen aufrichtigen Dank aus. In dem Brief, den Professor Troost an den Autor richtete, heißt es:

»Ich habe immer eine tiefe Freude, wenn sich sogenannte Kenner um technische Dinge bekümmern und von denen sie a) nichts verstehen und b) darunter alles mögliche Unrechte wittern. Wenn die Praxis noch die gleichen Maßstäbe wie früher anwenden würde, dann hätten wir vielleicht 5 % Weine, die dem Kenner zusagen würden, und die übrigen 95 % würde er nicht trinken. Man hat über die gezügelte Gärung in den Jahren um 1950 einen großen Wirbel gemacht, und mittlerweile haben wir auch die Grenzen gefunden, in denen man einen schöneren und auch einen bekömmlicheren Wein herstellen kann. Meist ist es aber doch ein süßer Wein, und alles das, was darum herum geredet worden ist, hat sich nicht bewahrheitet. Wir sind eigentlich bei der Restsüße geblieben, und die macht man heute auf einfachere Weise. Der große Vorteil ist bei den gezügelt vergorenen Weinen, daß man die natürliche Gärung ablaufen lassen kann wie man will, daß man der Hefe einen Zeitablauf vorschreibt, daß man ihr sogar sagen kann: bis hierher und nicht weiter. Der Nachteil wäre, daß solche Weine sehr früh einen Zuckerrest haben, der dann im Sommer stabilisiert werden muß, und das ist bei vielen Kellern tatsächlich das Problem Nr. 1. Es hat dann im Laufe der Jahre zu sehr hochgeschwefelten Weinen geführt, weil die kleinen Leute aus ihrer Unzulänglichkeit heraus geglaubt haben, mit der billigen schwefligen Säure die Hefe hemmen zu können, was ihnen auch gelang, aber mit der Inkaufnahme eines hohen SO_2-Gehaltes. Da wir heute von der schwefligen Säure nicht mehr allzu viel wissen wollen, sie aber nicht entbehren können und daher auf ein Mindestmaß herabdrücken möchten, vergären wir wie zu Großvaters Zeiten, aber etwas kontrollierter, die Moste durch und bauen die Süße nach dem Geschmack unseres liebenswerten Weinliebhabers vor der Flaschenfüllung wieder auf. Das bedeutet also, daß wir die kritische Sommerzeit mit stabilen Weinen im Faß oder Tank verbringen und vor der Flaschenfüllung dann den verkaufsgünstigen Zuckerrest einstellen. Das geschieht meistens mit Traubensaft, also traubeneigenem Zucker . . .

Wenn es gelingt, Weine mit einem harmonischen Zuckerrest herzustellen, d. h. also eine Harmonie zu erzeugen zwischen den übrigen Weininhaltsstoffen und dem Zuckergehalt, dann sind die Weine schön. Das Beispiel war ja die Spätlese, die von Natur aus

infolge ihres höheren Alkoholgehaltes süß geblieben ist. Man versucht das dann auch bei kleineren Weinen zu erreichen, und technisch ist das einwandfrei gelungen. Soviel über die Sie interessierende Frage der gezügelten Gärung im Tank oder Holzfaß.
Man muß nicht unbedingt einen Tank dazu haben, man kann das gleiche auch im Holzfaß bewerkstelligen, dann verwendet man eine kühlere Temperatur oder einen klimatisierten Keller. Wer sich das leisten kann, wird es also auch auf diese Weise tun. Da wir meistens ja erst im Oktober/November gelesen haben, kommen die Moste in die sowieso kühle Herbsttemperatur, und damit kann man auch eine optimale Gärtemperatur im Keller einstellen.«

Der Abstich

Um es noch einmal festzustellen: Wein und Sekt sind nichts anderes als vergorener Traubensaft. Will man das Gären des Traubensaftes verhindern, dann muß dieser vor Einsetzen der Gärung entkeimt werden, indem man ihn auf 60 bis 80 Grad Celsius erhitzt, ein Verfahren, das nach seinem Erfinder Louis Pasteur auch pasteurisieren genannt wird. Übrigens ist es heute – alte Weinzähne sagen ›leider‹ – üblich geworden, auch den fertigen Wein zu pasteurisieren, um eine neue Gärung zu verhindern. Nur bei Spitzenweinen verzichtet man darauf. Die *Qualität eines Weines,* so viel ist uns inzwischen klar geworden, hängt *von der Qualität der Trauben* ab, die den Saft lieferten. Der *Alkoholreichtum,* man sagt auch die Fülle des Weines, ist wiederum *bedingt vom Reifegrad der Trauben.* Je reifer sie sind, desto mehr Zucker enthalten sie und desto mehr Zucker kann in Alkohol und Kohlensäure umgewandelt werden. Eben vergorener Traubensaft – man nennt ihn ›Federweißer‹ oder ›Sauser‹, und in Baden und Württemberg ist er durchaus beliebt, auch wenn er in die Beine geht – ist ein recht trübes Getränk. Zwar sind bei ihm die meisten Hefepilze, die ihre Arbeit getan, auf den Boden des Fasses bzw. Gärbehälters herabgesunken. Nun aber gilt es, den jungen Wein von ihnen zu trennen. Zu diesem Zweck befindet sich beim normalen Weinfaß etwa 15 Zentimeter über dem Boden und damit über dem Hefesatz das sogenannte Spundloch. Durch dieses wird der junge Wein in ein anderes, leeres Faß gepumpt. Der Fachausdruck heißt Abstich. Häufig ist es notwendig, ihn zu wiederholen.

Die Schönung

Häufig schwimmen trotz mehrfacher Abstiche in dem jungen Wein immer noch Hefereste, aber auch Mineralien, Eiweiß und andere Fremdkörper. Der Kellermeister nennt sie ›Trub‹. Guter Wein aber muß blank sein. Die modernste, schnellste und rationellste Methode, den Trub zu entfernen, sind starke Filter oder Zentrifugen. Sie erfordern indessen einen Kapitalaufwand, den sich kleine Winzer, sofern sie sich nicht einer Genossenschaft angeschlossen haben, nicht leisten können. Sie müssen und dürfen daher auf alte Hausmittel zurückgreifen. Unter diesen ist die getrocknete und zerriebene Hausenblase, d. h. die Schwimmblase des Hausen, der größten Störart des Kaspischen Meeres, die wichtigste. Woran zu erkennen ist, daß dieser Fisch nicht nur als Lieferant des echten Kaviars höchst schätzbar ist.
Der Kellermeister streut die Hausenblase auf den Wein, wo sie einen Schleier bildet, der langsam zu Boden sinkt und dabei den Trub mit herunterdrückt. Dann erfolgt ein neuer Abstich. Diesen Prozeß nennt man ›Schönen‹. Außer der Hausenblase, den Filtern und Zentrifugen gibt es noch andere Schönungsmittel, so u. a. Schwefel, reine, gasförmige schweflige Säure, Kaliumdisulfat, Gelatine, flüssiges Eiweiß (Eiklar), Aktivkohle, reiner, gasförmiger Stickstoff und eine ganze Reihe von chemischen Erzeugnissen, darunter bis vor kurzem auch Baycofin, dessen Verwendung jetzt aber verboten wurde, weil bei ihm der Verdacht auf Krebsauslösungen besteht. Bei den rein chemischen Schönungsmitteln sind die Mengen genau festgelegt. So darf zum Beispiel der Gehalt an Schwefelsäure, als Kaliumsulfat berechnet, in einem Liter Tafelwein nicht höher sein als 1500 Milligramm. (Paragraph 8 und 9 des deutschen Weingesetzes von 1971 und Paragraph 2 der Verordnung über Wein, Likörwein und weinhaltige Getränke vom 15. Juli 1971.)

Das Anreichern

Wir wissen bereits, daß das Gesetz für Wein einen Mindestalkoholgehalt von 7 Prozent vorschreibt. Das aber ist eine Vorschrift, die durch Verordnung der weinbautreibenden Länder und durch die dafür zuständigen Direktoren der einzelnen Regierungsbezirke je nach Anbaugebiet oder Qualität des Weins nach oben geändert werden kann. Im allgemeinen schwankt der Alkoholgehalt der deutschen Weine zwischen 9 und 11 Prozent. Er wird um so größer sein, je zuckerhaltiger der Saft der Trauben ist. Für den Winzer und Kellermeister ist es nun außerordentlich wichtig, im voraus, d. h. vor der Ernte (Lese) und Kelterung, zu wissen, wie hoch dieser Zuckergehalt jeweils ist. Denn davon hängt die weitere Behandlung des Weines ab. Zu diesem Zweck bedient man sich auch der Mostwaage. Sie ist eine Erfindung des Freiburger Physikers und Optikers Ferdinand Öchsle (1774 bis 1852). Öchsle legte für das spezifische Gewicht des Traubenmostes eine Maßeinheit fest. Zur näheren Erklärung zitieren wir die Zeitschrift ›Der Weinfreund‹: »Während nämlich ein Liter Wasser – bei 4 Grad Celsius und 1 atü – 1000 Gramm wiegt (spezifisches Gewicht 1,000), wiegt ein Liter Most von reifen Trauben etwa noch 80 Gramm mehr (spezifisches Gewicht 1,080). Das sogenannte Mostgewicht ist also nicht das Gewicht des Mostes selbst, sondern sein Übergewicht je Liter gegenüber bloßem Wasser. Und warum interessiert dieses Übergewicht? Weil es fast ausschließlich auf dem im Traubenmost enthaltenen Zucker beruht.« Die von Öchsle festgelegten Gewichtsgrade für Trauben- und Obstsaft beginnen mit 1 Öchsle (= 1,001 p/cm^3) und steigen also je nach dem Zuckergehalt. Inzwischen ist die von Öchsle geschaffene Mostwaage durch modernere Instrumente ersetzt worden; aber immer noch rechnet man den Zuckergehalt des Mostes, von dem, wie gesagt, der Alkoholgehalt des fertigen Weines abhängt, nach Öchsle.

Wieviel Grad Öchsle werden die Trauben meines Weinbergs haben? Das ist die geradezu schicksalsschwere Frage, die sich jeder Winzer kurz vor der Lese stellt. Er darf ja nicht nach Gutdünken fröhlich darauflosernten, vor allem nicht, wenn er Qualitätswein herstellt, bis die zuständige Behörde oder der von ihr Beauftragte die Reife und den Zustand des Lesegutes, wie es in Paragraph 4

des Weingesetzes heißt, geprüft hat. Zu dieser Prüfung gehört auch die Feststellung des Mostgewichts. Aus dem Öchslegrad läßt sich aufgrund einer Tabelle der Alkoholgrad ermitteln. Die Skala dieser Tabelle reicht von 40 Grad Öchsle = 4,4 Grad Alkohol bis zu 150 Grad Öchsle = 21,5 Grad Alkohol. Wie wir bereits wissen, muß deutscher Wein einen Mindestalkoholgehalt von rund sieben Grad aufweisen. Das entspricht einem Öchslegrad von 57. Angestrebt aber wird ein Alkoholgrad von rund 70 Grad. Was tun, wenn das Mostgewicht vor der Lese darunter liegt?
In diesen Fällen war es bisher schon und ist es heute auch noch dem deutschen Winzer und Weinhersteller – diese sind ja nicht immer identisch – erlaubt, der Natur nachzuhelfen, indem er dem Most Zucker zusetzt. Die Höhe der zugesetzten Zuckermenge ist gesetzlich genau festgelegt und wird streng überwacht. Im Gegensatz zur früher viel gebräuchlichen Naßzuckerung, d. h. der Hinzufügung von Zucker*lösung* zum Most ist heute nur noch die Trokkenzuckerung erlaubt, allerdings nur bei deutschen Tafelweinen und Qualitätsweinen b. A. (bestimmter Anbaugebiete). Bei Tafelweinen ist sogar für eine befristete Übergangszeit die Naßzuckerung erlaubt. Bei allen Qualitätsweinen mit Prädikat ist sie untersagt.
Die Trockenzuckerung ist also kein Panschen, sondern in vielen Fällen tatsächlich eine Verbesserung. Zweck der Zuckerung ist ja nicht, den Wein zu süßen, sondern seinen Alkoholgehalt zu erhöhen. In so guten Jahren wie etwa 1971 wird eine Zuckerung auch kaum notwendig sein; denn dann bringen die Trauben den zur Umsetzung in Alkohol und Kohlensäure notwendigen Zucker reichlich mit. Die Zuckerung ist aber auch nicht, wie man manchmal liest, eine Ausnahme. Wenn es auch keine feste Regel gibt, so muß der deutsche Winzer, über den Daumen gepeilt, ungefähr alle drei bis vier Jahre damit rechnen, daß es die Sonne nicht gut genug gemeint hat und daß er daher bei seinen Tafelweinen und Qualitätsweinen b. A. mit Zucker nachhelfen muß. Das ist auch keinerlei Schande. Auch im Ausland, selbst im klassischen Land des Weinbaus, Frankreich, ist die Trockenzuckerung gebräuchlich. Und lieber ein mit Können und Maß fachmännisch gezuckerter Wein, der schmeckt, als ein ›Surius‹, der den Gaumen zusammenzieht.

Das Verschneiden

Mancher alte Weinzahn zieht die Stirn in Falten, wenn er dieses Wort hört, das in der deutschen Sprache keinen sonderlich guten Klang hat. Er zieht nicht nur die Stirn in Falten, sondern auch Parallelen und denkt an Rum- und Weinbrandverschnitt. Rumverschnitt, das hat er gelesen, braucht nur fünf Prozent echten Überseerum zu enthalten. 33 Prozent sind Feinsprit von der Monopolverwaltung und der Rest Wasser sowie etwas Zuckercouleur. So stehen die Dinge beim Wein natürlich nicht. Deutscher Wein darf seit langem grundsätzlich nur mit Wein verschnitten werden. Jeder Zusatz von anderem und stärkerem Alkohol, in erster Linie Weinbrand, ist verboten.

Aber nicht nur das Wort ›Verschnitt‹ mißfällt dem alten Weinzahn. Er will seinen Wein so, wie er für ein bestimmtes Weinbaugebiet typisch ist. Beim Markgräfler will er den Gutedel herausschmecken, beim Mosel und Rheingauer den Riesling, beim Bocksbeutel den Silvaner und beim Assmannshäuser den Spätburgunder. Dieses Pochen auf Sortenechtheit kann aber auf Kosten des Geschmacks gehen. In weniger guten Jahren kann zum Beispiel die Säure eines Weins so stark hervortreten, daß der Wein nicht mehr harmonisch, d. h. in sich ausgeglichen ist. Diesen Ausgleich versucht der Winzer oder Weinhersteller dadurch zu erzielen, daß er etwa Riesling und Müller-Thurgau vermischt oder, wie der Fachausdruck nun einmal lautet, ›verschneidet‹. In diesem Fall paart sich die Rassigkeit des Rieslings mit der lieblichen Milde des Müller-Thurgau. Um aber die alten Weinzähne nicht zu vergrämen und kein Versteckspiel zu treiben, hat der Gesetzgeber bestimmt, daß auf dem Etikett deutlich zu erkennen ist, ob der betreffende Wein aus einer bestimmt abgegrenzten Lage stammt oder ein Verschnitt innerhalb eines größeren Bereichs oder Weinbaugebietes ist, und ob er aus einer oder mehreren Traubensorten besteht. Nur das Verschneiden des Mosts von Weiß- und Rotwein ist nach deutschem Weinrecht nicht erlaubt. Mit einer einzigen Ausnahme: In Württemberg darf Weißwein mit Rotwein verschnitten werden, wenn der Traubensaft aus dem gleichen Weinberg oder Weingarten, wie man dort lieber sagt, stammt. Württemberg hat am längsten am sogenannten Mischsatz festgehalten. Diese Mischweine heißen ›Rotlinge‹ oder ›Schiller‹.

Für die deutschen Rotweine gilt außerdem bis zum Jahre 1979 die Sonderbestimmung, daß sie mit ausländischem Rotwein verschnitten werden dürfen, um ihnen eine dunklere Farbe zu verleihen. Der Anteil an ausländischem Rotwein darf indessen 25 Prozent nicht übersteigen.

Wie lange hält sich Wein?

Wie wir bereits erfuhren, wird heute der meiste Wein, sofern es sich nicht um teure Spitzenweine handelt, durch Pasteurisieren keimfrei gemacht. Auch die Fässer, andere Gärbehälter, Flaschen und Verschlüsse (Korken und Kapseln) kann man heute ohne Schwierigkeiten sterilisieren. Verschlüsse aus Naturkorken, also aus der Borke der Korkeichen, sind indessen nicht völlig luft- und damit sauerstoffundurchlässig. Auch die Keller, in denen die Weine lagern, können nicht absolut keimfrei gehalten werden. So könnte auch pasteurisierter Wein durch den Naturkorken Keime aufnehmen. Um das zu verhindern, wird dem Wein ein Minimum von Schwefelsäure, das gesetzlich genau festgelegt ist, zugesetzt, ein Verfahren, das schon die alten Römer anwendeten. Der Zusatz von schwefliger Säure hat weder Einfluß auf den Geschmack noch auf die Bekömmlichkeit des Weins und ist gesundheitlich, wie ganze Reihen von medizinischen Untersuchungen ergeben haben, völlig unschädlich. Er darf pro Liter Wein bei Beeren- und Trockenbeerenauslesen nicht mehr als 75 Milligramm freie und 400 Milligramm gesamte schweflige Säure betragen, bei Auslesen, Eiswein und Weinen, die mehr als 14 Grad Alkohol enthalten, höchstens 60 Milligramm freie und 350 Milligramm gesamte schweflige Säure und bei allen anderen Weinen nicht mehr als 50 Milligramm freie und 300 Milligramm gesamte schweflige Säure (Weingesetz, Paragraph 9).
Unter diesen Voraussetzungen ist gewährleistet, daß sich der Wein in der Flasche, auch wenn er nicht kühl im Keller gelagert wird – wir kommen noch in einem besonderen Kapitel darauf zu sprechen –, mehrere Jahre hält, ohne daß er trübe wird, Flocken bekommt und noch einmal zu gären beginnt. Trotzdem: Wein in

der Flasche ist keine tote Flüssigkeit. Er lebt weiter, verändert sich, wird in vielen Fällen mit zunehmendem Alter, was allerdings auch von seinem Alkoholgehalt abhängt, reifer, abgerundeter und harmonischer und schmeckt daher besser. Bei lang gelagerten Weinen verändert sich auch die Farbe. Meistens ist das auf eine leichte Oxydation, d. h. das Eindringen von Sauerstoff durch den Korken, zurückzuführen. Der Fachmann spricht dann vom Firnwerden. Kenner schätzen diese Firne, von der es allerdings bis zum ›Umkippen‹, d. h. zur Verwandlung in Essig, oft nur noch ein kleiner Schritt ist.

Bei länger gelagertem Wein verändert sich auch die chemische Zusammensetzung der in ihm vorhandenen Säure. Diese Veränderung kann so weit gehen, daß sich am Korken, aber auch am Boden der Flasche kleine Kristalle absetzen. Sie sind ausgeschiedener Weinstein. Solchen Wein kann man unbedenklich trinken. In vielen Fällen ist das Auftreten von Weinstein sogar ein Zeichen dafür, daß der Wein noch besser geworden ist.

Für die Alterungsfähigkeit eines Weines gilt die Faustregel, daß ein Wein sich um so länger hält, je später und sorgfältiger seine Trauben gelesen wurden. Einen Tafelwein kann man auch unbedenklich schon nach wenigen Wochen oder Monaten nach der Abfüllung auf Flaschen trinken. Kabinettweine und Spätlesen sollten mindestens ein halbes Jahr in der Flasche lagern, Auslesen, Beeren- und Trockenbeerenauslesen wenigstens ein ganzes Jahr. Letztere können auch unbedenklich zwanzig Jahre und älter werden. Das Lebensalter eines durchschnittlichen Tafelweins beträgt etwa zwei bis drei Jahre. Qualitätsweine mit Prädikat kann man sich getrost für fünf Jahre und mehr in den Keller legen. Und wer heute noch eine 1959er Auslese oder eine 61er oder 63er Spätlese liegen hat, dem kann man nur gratulieren.

(Reine Märchen sind allerdings die Erzählungen von jenen verstaubten Weinflaschen, die nach 100 und mehr Jahren Lagerung ein angeblich köstliches Bukett aufweisen. Die meisten dieser Uralt-Weine sehen ölig-dunkel aus und haben jedes Aroma verloren.)

Rosé, Rotwein und Weißwein

Deutschland ist wie etwa auch Österreich und die Schweiz in erster Linie ein Weißweinland. Rund 80 Prozent aller deutschen Weine sind Weißweine. Worin unterscheidet sich nun, ganz abgesehen vom Geschmack und Aussehen, Rotwein und Roséwein vom Weißwein? Beim Rotwein, dessen Trauben ohnehin dunkel sind und deren Farbton bis ins Blaue reichen kann, werden die Schalen der Beeren, die den Farbstoff enthalten, mitgekeltert und, was noch wichtiger ist, mitvergoren, während beim Weißwein die Schalen so gepreßt werden, daß nur der Saft in die Kelter rinnt. Beim Roséwein werden die Schalen der Beeren nur kurze Zeit im Most mitvergoren, dann aber entfernt, so daß sich der Farbton nur wenig bemerkbar macht und der fertige Wein allenfalls blaßrot schimmert. Roséweine sind eine badische Spezialität. Dort bezeichnet man sie als ›Weißherbste‹, während man in Österreich und der deutschsprechenden Schweiz von ›Süßdrucken‹ spricht. Die meisten Weißherbste werden aus der edlen Spätburgunder-Traube gewonnen. Gut gekühlt schmecken sie ungemein erfrischend und passen fast zu jedem Gericht. Abschließend sei noch vermerkt, daß Roséwein mit Rotwein verschnitten werden darf, sofern es sich bei dem Rotwein um Wein aus der Portugiesertraube handelt. Ein solcher Wein gilt dann aber als Rotwein.

Deutschlands Reben und Trauben

Noch vor wenigen Jahrzehnten stieß der Wanderer, der die Auwälder am Oberrhein zwischen Mannheim und Rastatt durchstreifte, auf Rebengewächse, die bis zu den Baumkronen emporkletterten und die im Herbst Trauben mit kleinen, blauen Beeren trugen. Man hätte aus diesen Trauben zweifellos Wein bereiten können. Die Ureinwohner dieses Gebietes haben das sicherlich nicht getan. Weinbau ist hier erst vom Jahre 771 n. Chr., und zwar für die Stadt Durlach, verbürgt. Der Apotheker Johann Philipp Bronner aus Wiesloch bei Heidelberg (1792–1864), ein begeisterter und bedeutender Weinforscher, hat sich eingehend mit diesen Wildreben befaßt und eine Anzahl von Sorten unterschieden. Es ist durchaus möglich, daß ein Teil unserer heutigen Kulturreben von diesen Wildsorten abstammt. Man hat dies sogar für Deutschlands Paraderebe, den Riesling, vermutet. Bekannt war der Riesling schon seit der Zeit Ludwigs des Deutschen, eines Enkels Karls des Großen. Aber bis weit in das 18. Jahrhundert hinein baute man ihn nur im Mischsatz an. Und noch heute verschneidet man ihn mitunter, wenn die Sonne es nicht sehr gut gemeint hat, mit Silvaner, Müller-Thurgau und Traminer. Damit sind wir bereits bei den deutschen Reb- und Traubensorten, deren es weit mehr gibt, als der Laie vermutet. Es sind rund dreißig.

Sie alle stammen von der *Vitis vinifera* ab, die zu den zehn Gattungen der Familie der *Vitacea* (Rebengewächse) gehört. Sie kam aus Vorderasien, im Gegensatz zur *Vitis rupestris*, deren Heimat Nordamerika ist und die in der zweiten Hälfte des vorigen Jahrhunderts eine entscheidende Rolle bei der Bekämpfung der Reblausseuche spielen sollte (vgl. Seiten 19/20). Die Gattung Vitis vinifera – manchmal wird sie auch als *Vitis caucasica* bezeichnet – zerfiel schon in alter Zeit in mehrere Sorten. Eine der ältesten Sorten ist der Muskateller, den schon die alten Ägypter anbauten, wie Kernfunde aus der Oase Fayum bezeugen. Karl der Große ließ Muskatellerreben von Frontignan in Frankreich in seine Pfalz

Lorsch bei Worms kommen. So recht gedeihen wollte sie nicht und gedeiht auch heute bei uns nur unter besonders günstigen groß- und kleinklimatischen Voraussetzungen.
Lassen wir nun die deutschen Reben- und Traubensorten dem Alphabet nach aufmarschieren, fragen wir uns, wo und wie sie am besten gedeihen, was ihre Vor- und Nachteile sind und welchen Wein wir von ihnen erwarten dürfen.

Auxerrois

Die Kleinwinzer an der Hessischen Bergstraße nennen ihn phonetisch ›*Ochsenohr*‹. Das ist ein etwas respektloser Name für eine Rebe und Traube, die in ihrer französischen Heimat den Chablis liefert, den Wein, den Kenner zu Austern schlürfen. Man trifft ihn auch nur hier und da an der Bergstraße. Häufiger ist sein Verwandter, der Weißburgunder, den wir noch kennenlernen werden und der in der Pfalz zwischen Bad Dürkheim und Neustadt und am badischen Kaiserstuhl sowie in der Ortenau hervorragende Weine liefert. Wie der Riesling hat die Traube kleine, dicht aneinandersitzende Beeren, die etwas früher als die Rieslingbeeren reifen, immer vorausgesetzt, daß die Rebe auf sonnigen, sanften Hanglagen gedeihen kann, tiefgründigen, lockeren, kalkhaltigen und fruchtbaren Boden vorfindet und reichlich gedüngt wird. Die Trauben sind frostempfindlicher als die des Rieslings und faulen leicht in regnerischen Herbsten. Liebhaber trockener Weine werden den Auxerrois schätzen, auch wenn seine Blume nur dezent ist.

Weißer Burgunder

Die Franzosen – wie der Auxerrois ist auch er ein Franzose – nennen ihn *Pinot blanc, Pinot Chardonnay* oder auch *Plant Doré*. Er besitzt fast die gleichen Eigenschaften wie sein Vetter aus Nordburgund und liefert an der Côte d'Or die berühmten Weine von Meursault, Puligny-Montrachet und Chassagne-Montrachet, im Beaujolais den Pouilly-Fuissé. Außer in der Pfalz, am Kaiserstuhl und der Ortenau erntet man ihn auch in den Weinbergen von Burg Windeck bei Beilstein. Für ihn gelten die gleichen Merkmale wie für den Auxerrois.

Blauer Spätburgunder

In seiner französischen Heimat heißt er *Pinot noir* und liefert die edlen Tropfen der Côte d'Or: Chambertin, Clos de Vougeot, Richebourg, Les Grands Echezeaux, Beaune, Nuits-St-George, Corton, Pommmard, Volnay, Santenay usw. Bei uns ist er im Ahrtal zu Hause, wächst dort auf steilen Tonschieferterrassen, verleiht dem Walporzheimer seine Würde. Aber auch in Rheinhessen und im Rheingau (Assmannshausen) findet er sich, vor allem auf dem Tuffbasalt des Kaiserstuhls bei Ihringen, Blankenhornsberg, Achkarren. In Württemberg gibt er dem roten ›Cannstatter Zuckerle‹ Kraft und Feuer. Während man ihn in Burgund mindestens drei Jahre im Faß lagern läßt, wird der aus ihm gewonnene Wein bei uns schon nach einem Jahr in Flaschen abgefüllt. Vielleicht verleiht ihm das eine gewisse Leichtigkeit und einen besonderen Charme. Der Wein braucht auch in der Flasche seine Reifezeit. Man störe sich nicht daran, daß alter Spätburgunder, der in der Jugend rubinrot leuchtet, mit zunehmendem Alter einen rostbraunen Farbton annimmt. Er oxydiert leicht, verbindet sich also gern mit Sauerstoff. Seiner Güte tut das keinen Abbruch. Was er gar nicht mag, sind nasse Herbste, da seine Trauben dann leicht faulen. Er findet sich auch mit steinigen Lagen ab, bevorzugt aber guten, warmen, tiefgründigen und möglichst kalkhaltigen Boden.

Ehrenfelser

Er ist eine Neuzüchtung aus Riesling und Silvaner des Instituts für Rebenzüchtung und Rebenveredelung der Hessischen Forschungsanstalt für Wein-, Obst- und Gartenbau in Geisenheim (Rheingau). Seit 1969 steht er unter Sortenschutz. Er reift etwas früher als der Riesling, besitzt nicht dessen größere Frostfestigkeit, ist jedoch frosthärter als Silvaner und Müller-Thurgau. Sein Mostgewicht übersteigt in geringen und mittleren Jahren die des Rieslings um zehn Punkte. Die Mostsäure ist mit drei Gramm pro Liter ungefähr die gleiche. Der Ehrenfelser hat sich als guter Träger erwiesen und liefert einen selbständigen, angenehmen, fruchtigen Weißwein von Rieslingcharakter.

Elbling

Aus dem Kapitel ›Ein wenig Geschichte‹ wissen wir bereits, daß die Römer diese Rebe aus Italien nach Germanien kommen ließen und dort eifrig ihren Anbau betrieben. Welche heutige italienische Rebe dem Elbling entspricht, wissen wir nicht. Sicherlich war es nicht die berühmte Uva Apiana der Antike, deren Blüten und Beeren von weither die Bienen anlockten. Jahrhundertelang war der Elbling – im Elsaß *Eisling* und in der deutschsprechenden Schweiz auch *Räuschling* geheißen – die am meisten angebaute Rebsorte auf deutschem Boden. Das hatte seinen guten Grund: der Elbling ist ein Massenträger, eine Quantitätsrebe. Als solche war sie allen willkommen, welche den ›Zehnt‹ in Wein entrichten mußten. Am längsten hielt sich der Elbling in der Schweiz und in Luxemburg. Der Schweizer Dichter Conrad Ferdinand Meyer, Schöpfer des Romans ›Jürg Jenatsch‹ und der Novelle ›Gustav Adolfs Page‹, ein großer Weintrinker vor dem Herrn, hat den Elbling besungen, als er schrieb: »Ich trank und würgt' – es war ein saurer Schluck / Und schied mit biedrem Händedruck«. Heute macht ihm auch in der Schweiz der Wein aus den Trauben der Silvaner-, Gutedel- und Müller-Thurgaurebe immer mehr Konkurrenz. Für Deutschland ist er praktisch ohne Bedeutung mehr. Ein rechter, alter Weinzahn kann trotzdem an ihm seinen Spaß haben; denn er liefert einen Wein, den man ›beißen‹ muß. Nach dem dritten Glas spürt man, was in ihm steckt.

Faber

Er ist eine Neuzüchtung wie der Ehrenfelser und wie manche andere Rebe, die wir noch kennenlernen werden. Und zwar eine gelungene Kreuzung, die der Landesanstalt für Rebenzüchtung des Landes Rheinland-Pfalz in Alzey gelang. Eltern dieser sich immer mehr bewährenden Rebe sind Weißburgunder und Müller-Thurgau. Wo die Silvanerrebe gedeiht, da fühlt sich auch die Faberrebe wohl. Abgesehen von ausgesprochen schlechten Jahren erreichen die Trauben dieses Weißweins regelmäßig ein Mostgewicht von 80 bis 85 Öchsle. Der Säuregrad schwankt zwischen 9 und 11 ‰ pro Liter. Diese Eigenschaften prädestinieren die Faberrebe zu Spätlesen von frischem und kräftigem Ausdruck.

Freisamer

Silvaner und Ruländer sind die Eltern dieser Weißwein-Neuzüchtung des Staatlichen Weinbauinstituts und der Forschungsanstalt für Weinbau und Weinbehandlung in Freiburg i. Br. Vom Silvaner besitzt er ungefähr die gleiche Reifezeit und vom Ruländer eine gewisse Trockenheit. Nur ist das Mostgewicht der Trauben höher als das des Ruländers. Allerdings verlangt der Freisamer nährstoffreichen Boden in guten und mittleren Lagen. Er liefert frische, kernige und vollmundige Weine.

Gutedel

Markgraf Friedrich von Baden brachte diese Rebe in der ersten Hälfte des 18. Jahrhunderts aus der Umgebung von Genf, wo er studiert hatte, in seine Heimat, die Markgrafschaft oder das Markgräfler Land, wie man auch sagt, mit. Dort nennt man sie ebenso wie in Frankreich *Chasselas* und im Wallis *Fendant*. Im Wallis gedeiht der Gutedel noch in 1200 Meter Höhe. Das beweist, daß er nicht übermäßig anspruchsvoll an Boden und Klima ist. Das wiederum prädestiniert ihn zum Lieferanten eines stets bekömmlichen Schoppenweins und erklärt, warum ihn die Badener so gern als Viertele ›schlotzen‹. Häufig hat er das, was die Schwaben ›Bodengefährtle‹ nennen, einen leicht erdigen Unterton im Geschmack. Das Mostgewicht der Trauben und der Säuregehalt sind nicht sonderlich hoch. Man wünschte sich beim Gutedel etwas mehr Bukett. Von einem Landkind aber soll man nicht die Eigenschaften einer großen Dame erwarten. Außerhalb Badens wird er wenig angebaut.

Heroldrebe

Wieder eine Neuzüchtung, diesmal aber eine Rotweinrebe. Die Züchtung gelang der Staatlichen Lehr- und Versuchsanstalt für Wein- und Obstbau Weinsberg bzw. der Abteilung für Rebenzüchtung in Lauffen am Neckar bereits 1929. Portugieser und Lemberger sind die Eltern. Was die Heroldrebe für den Winzer so verlockend macht, ist die Tatsache, daß sie keine besonderen

Ansprüche an den Boden stellt, spät blüht, unempfindlich gegen Witterungseinflüsse und auch gegen Pflanzenkrankheiten ist. Dazu kommt, daß sie gut 14 Tage später als der Portugieser geerntet werden kann. Erntet man die Trauben allerdings zu früh, erhält man unreife und grasige Weine. Im Geschmack ähnelt der Wein der Heroldrebe etwas der Portugieser, ist aber edler. Vom Lemberger besitzt er die erfrischende Spritzigkeit.

Huxelrebe

Mit dieser Rebe gelang der Landesanstalt für Rebenzüchtung von Rheinland-Pfalz in Alzey eine besonders interessante und vielversprechende Neuzüchtung, und zwar aus der Kreuzung von Gutedel- und französischen Courtillier musqué-Reben. Erreichen die Trauben dieses Weißweins das an sich zu erwartende Mostgewicht von 90 Grad Öchsle, dann liefern sie reife und rassige Weine von dezentem Muskatbukett. Und wird sie beim Anbau nicht überfordert – nicht über 1000 Liter pro Hektar –, so sind alle Voraussetzungen für einen Prädikatswein, ja, für Auslesen erfüllt. Allerdings stellt die Huxelrebe hohe Ansprüche an Boden und Lage und ist gegen kalkhaltigen Boden empfindlich.

Kerner

Beim Namen dieser Weißwein-Neuzüchtung denkt man unwillkürlich an den schwäbischen Dichter Justinus Kerner, der 1862 in Weinsberg in Württemberg starb und dem wir u. a. das schöne Lied »Wohlauf noch getrunken den funkelnden Wein« verdanken. Sicherlich ihm zu Ehren haben die Männer der Staatlichen Lehr- und Versuchsanstalt für Wein- und Obstbau in Weinsberg ihre Züchtung genannt, deren Eltern einer der für Schwaben typischsten Weine, der Trollinger, und der edle Riesling sind. Das Mostgewicht der Trauben ist mit 70 Grad Öchsle nicht sonderlich hoch. In guten Jahren und in entsprechenden Lagen werden aber auch 80 bis 85 Grad erreicht. Die Ernte liegt spät, und zwar Ende Oktober. Was den Kerner auszeichnet, sind seine Ertragstreue und seine gute Bodenanpassungsfähigkeit. Die Weine haben Körper und ein angenehmes Bukett.

Lemberger (Limberger)

Auch das ist eine Rebe, die in Deutschland nur in Württemberg zu Hause ist. In Österreich, wo sie vor allem im Burgenland angebaut wird und dort hervorragende Rotweine liefert, nennt man sie *Blaufränkischer*. Als ›Blaufränkischen‹ bezog ihn auch Bismarck aus dem Weindörfchen Pöttelsdorf am Neusiedler See. Seitdem heißt er dort auch ›Bismarckwein‹. Der eiserne Kanzler, der ja ein großer Weinkenner war, schätzte ihn sehr als täglichen Tischwein; das tat auch der erste Präsident der Bundesrepublik Deutschland, ›Papa‹ Heuss, dessen Lieblingswein der ›Brackenheimer Zweifelsberg‹ war und bei dem er manchmal zu tief ins Glas schaute. Dabei kann man Lemberger in erheblichen Mengen trinken, ohne daß einem die Augen zufallen oder die Beine unsicher werden. Lange Zeit hat man ihn mit dem ›Portugieser‹ verschnitten, ist aber neuerdings davon abgekommen, zu Nutzen und Ehren eines Weins, den selbst die Ärzte ihren Patienten empfehlen, weil er den Kreislauf belebt und den Stoffwechsel fördert. Dabei besitzt der Lemberger – manche nennen ihn auch Limberger – viel Charme, mehr Gerbstoffgehalt als der Trollinger, was ihm Frische und Fruchtigkeit verleiht. Für den Winzer hat er allerdings den Nachteil, daß seine Blüte leicht verrieselt und daß er nur mäßig winterhart und anfällig gegen Krankheiten ist.

Morio-Muskat

In Österreich, vor allem in der Steiermark, kennt man ihn schon seit längerem und nennt ihn wohl auch *Muskat-Silvaner*. Auch der Name *Feigentraube* ist gebräuchlich. Für die Franzosen, die ihn *Sauvignon blanc* nennen, ist er ein Verschnittwein. Kein Sauternes ist ohne einen Anteil von etwa 20 Prozent Sauvignon blanc denkbar. Auf reine Sauvignon blanc-Weine stößt man nur an der Loire. In Deutschland konnte man ihm längere Zeit nur auf dem Durbacher Weingut von Maria Consuela, Gräfin Wolff-Metternich begegnen. Dann nahm sich die Bundesforschungsanstalt für Rebenzüchtung in Geilweilerhof bei Siebeldingen in der Pfalz seiner an, kreuzte Silvaner mit Weißburgunder und erzielte damit einen Wein, der im wesentlichen gleichfalls nur als Verschnittwein dient, obwohl er den Müller-Thurgau in mancher Beziehung übertrifft.

Muskateller

Im Grunde ist diese vielleicht älteste Traube der Erde bei uns ein Fremdling. Ihr ist es bei uns zu rauh. Sie erinnert sich, daß sie schon von den alten Ägyptern in der Oase Fayum angebaut wurde. Ja, vielleicht war sogar die erste Rebe, die Noah nach der Sintflut pflanzte, ein Muskateller. Der Muskateller, dem man bei uns nur in besonders günstigen Lagen in der Pfalz und am Kaiserstuhl begegnen kann, läßt mit seinen weitverästelten und knorrigen Stöcken und den schön gezackten Blättern das Herz jedes Weinfreundes höher schlagen. Nur reinen Muskateller wird man kaum zu kosten bekommen. Wie in Frankreich ist er auch bei uns ein Verschnittwein. Wer ihn unverschnitten probieren will, muß schon in den Balkan, nach Griechenland, Spanien, Portugal (Setúbal) und noch weiter nach Chile, Südafrika und Australien reisen.

Muskat-Ottonel

Wie der Morio-Muskat ist er für die Österreicher gleichfalls ein alter Bekannter. Aber auch sie pflanzen ihn im wesentlichen nur zu Verschnittzwecken an, nicht zuletzt, weil er hohe Ansprüche an Boden, Düngung, Stickstoff und Feuchtigkeit stellt und außerdem keine scharfen Winde vertragen kann. Auch ist seine Blüte äußerst frostempfindlich. Sein Nachgeschmack oder ›Schleppe‹, wie die Weinkenner sagen, ist so stark und fast penetrant süß, daß man ihn schon allein aus diesem Grund meistens mit weniger ausgeprägten Weinen verschneidet. Nicht anders hält man es bei uns, wo die Versuche mit dieser Rebe erst im Anfangsstadium stehen.

Müller-Thurgau

Mit dieser Rebe ist es so eine Sache. Zwar weiß man, daß Professor Hermann Müller, der aus Tägerswilen im Schweizer Thurgau stammte, sie als neue Züchtung ankündigte, als er 1882 an der berühmten Weinbauschule in Geisenheim (Rheingau) als Rebforscher und Lehrer tätig war. Er kennzeichnete seine Züchtung als Kreuzung von Riesling und Silvaner. Die Sämlinge aber nahm er später in seine schweizerische Heimat mit. Erst dreißig

Jahre später brachte sie ein Dr. Dern nach Deutschland zurück, und wieder acht Jahre später nahm sich der fränkische Rebenzüchter Dr. Ziegler in Veitshöchheim ihrer an und entdeckte an ihr Eigenschaften, die für den Weinbau in Franken wie geschaffen schienen. Denn die Trauben reifen sehr früh, so daß der Winzer um frühe Fröste nicht zu bangen braucht, ist dicht mit Beeren besetzt, verlangt allerdings tiefgründigen Boden, am liebsten Lehm und Löß, und viel Sonne. Sind die optimalen Voraussetzungen erfüllt wie zum Beispiel im österreichischen Burgenland, dann liefert die Müller-Thurgau hervorragende Weine. Die Frage ist nur, ob Silvaner und Riesling wirklich seine Stammeltern sind. So wichtig ist diese Frage aber gar nicht mehr, da der Müller-Thurgau längst zu einer selbständigen Rebsorte geworden ist, die selbständige Weine liefert. Außerdem kommt der Wein dem Zeitgeschmack entgegen, der vollmundige, frische, milde und duftige Tropfen verlangt. Der kritische Etikettenleser muß nur wissen, daß er keinen Müller-Thurgau vor sich hat, wenn auf dem Etikett Riesling & Silvaner steht. Der Weinfreund sollte aber auch wissen, daß Müller-Thurgau-Weine sich nicht sehr lange auf der Flasche halten. Nach spätestens drei Jahren sollte man die Bouteillen geleert haben.

Perle

Als man im fränkischen Weinland darüber nachzusinnen begann, ob man nicht eine Rebe züchten könnte, die man auch in klimatisch weniger günstigen Lagen wie zum Beispiel am Oberlauf des Mains noch vorteilhaft anbauen könnte, kamen die Rebforscher und -züchter an der Bayerischen Landesanstalt für Wein-, Obst- und Gartenbau in Würzburg auf den Gedanken, Müller-Thurgau und Gewürztraminer miteinander zu kreuzen. Das Ergebnis war eine Rebe, die sie ›Perle‹ nannten und die sie 1961 zum Sortenschutz anmeldeten. Gleiche Versuche wurden an der Landesanstalt für Rebenzüchtung von Rheinland-Pfalz in Alzey angestellt. Die Erfahrungen, die man bisher mit dieser neuen Rebsorte gemacht hat, erlauben noch kein abschließendes Urteil. Was am meisten für sie spricht, ist ihre Frostunempfindlichkeit. Große Weine wurden noch nicht geerntet, sondern milde Tropfen mit einer zarten Blume.

Portugieser (Blauer)

Die Rebe heißt zwar so; aber in Portugal ist und war sie nirgends zu finden. Wahrscheinlich stammt sie aus Österreich und Nordungarn. Die Franzosen nennen sie darum auch *Autrichien*, bauen sie aber nicht an; denn sie ist zwar ein dankbarer und bescheidener Massenträger, liefert aber Weine ohne viel Charakter, die sich zwar angenehm schöppeln lassen, mehr noch zu Verschnitten verwendet werden und sich selbst noch den Verschnitt mit ausländischen Rotweinen gefallen lassen müssen (solange das das neue deutsche Weingesetz erlaubt), weniger des Geschmacks als der Farbe willen; denn das Rot des Portugiesers ist etwas schwach. Verschneidet man ihn mit dem edlen Spätburgunder, dann läßt sich auch unter Weingenießern über ihn sprechen.

Rieslaner

Was beim Müller-Thurgau fraglich ist, beim Rieslaner trifft es zu: Seine Stammeltern sind Riesling und Silvaner, und seine Wiege stand in Würzburg am Residenzplatz 3, dem Sitz der Bayerischen Landesanstalt für Wein-, Obst- und Gartenbau, bzw. in deren Lehr- und Versuchsanstalt für Wein- und Obstbau im nahegelegenen Veitshöchheim.

Auch besitzt er alle guten Eigenschaften seiner Eltern, die Rassigkeit und Blume des Rieslings und die milde Ausgeglichenheit des Silvaners. Was die Mostgewichte der Trauben betrifft, ist er seinem Vater Riesling sogar überlegen. Öchslegrade von 90 bis 100 sind nicht selten. Dafür fehlt es ihm etwas an der feinen Säure, die dem Riesling ›Spiel‹ verleiht und ihn Weinkennern so schätzbar macht. Im Sprachgebrauch ist auch die Bezeichnung *Mainriesling* gebräuchlich.

Riesling

Eigentlich sollte man ihn, wie das auch die Österreicher tun, *Rheinriesling* nennen oder auch *Weißen Riesling*, im Unterschied nämlich zu Reben, die sich auch Riesling nennen, aber im Grunde Weine liefern, die durchaus nicht übel sind, nur keinen Rieslingcharakter besitzen. Da ist zum Beispiel der *Schwarzriesling*, ein Abkömmling der burgundischen Pinot-noir-Traube, oder der *Welschriesling*, der in Massen in Ungarn, Jugoslawien und Norditalien (Friaul) angebaut wird. Zwar gilt der Riesling unter alten ›Weinzähnen‹ als der König unter den deutschen Reben. Der Weinlaie dagegen ist oft anderer Auffassung. Ihm ist reiner Rieslingwein – manchmal wird er mit Silvaner, manchmal auch mit Gewürztraminer verschnitten – einfach zu sauer. Man soll dem Laien keine Vorwürfe machen. Rieslingweine können in weniger guten Jahren bös sauer sein, einfach aus dem Grund, weil er sehr spät reift und in fast jedem dritten Jahr zu früh geerntet werden muß, ehe die Trauben ihre volle Reife erlangt haben. Ist das indessen wie bei den Spätlesen und erst recht bei den Auslesen, Beeren- und Trockenbeerenauslesen nicht der Fall, dann liefert der Riesling einen Wein, den man unbedingt zu den Königen unter den Weinen rechnen kann.

Scheurebe

In der Beurteilung dieser Neuzüchtung der Landesanstalt für Rebenzüchtung des Landes Rheinland-Pfalz in Alzey heißt es: »In geeigneten Lagen übertrifft die Qualität die des Silvaners und Rieslings und ist bei gutem Mostgewicht 70 bis 80 Grad Öchsle selbständig.« Das ist ein großes Lob für eine Rebe, die in diesem Fall ihr Entstehen Herrn Scheu, der als Züchter an dieser Anstalt tätig ist, verdankt. Die Scheurebe ist eine Kreuzung von Silvaner und Riesling. Das muß auf den ersten Blick stutzig machen; denn auch der Rieslaner ist es. Erklärbar ist die gleiche Abstammung und trotzdem das verschiedene Ergebnis damit, daß keine andere auf deutschem Boden wachsende Rebe so zu Mutationen – der Fachausdruck heißt in diesem Fall ›Klone‹ – neigt wie der Silvaner, auf den wir noch ausführlicher zu sprechen kommen. Die Scheurebe stellt keine großen Ansprüche an den Boden, verlangt aber günstige Lagen, da die Trauben zwar eher reifen als die des Silvaners, aber später geerntet werden wollen. Besonders gute Erfahrungen hat man mit ihr in Franken gemacht.

Siegerrebe

Bei ihr haben es die Rebenzüchter in Alzey mit einer französischen Rebe, der Madeleine angevine, versucht und diese mit Gewürztraminer gekreuzt. Es bleibe dahingestellt, ob sie über ihre Neuzüchtung restlos glücklich sind. Zwar liegen die Mostgewichte der Trauben in guten Jahren mit 85 bis 95 Grad Öchsle relativ hoch, und der Säuregrad ist mit 4,5 bis 6 Promille pro Liter auch befriedigend. Aber die Blüte ist höchst maifrostempfindlich und der Ertrag demgemäß höchst schwankend, im Jahresdurchschnitt nicht mehr als 50 kg pro Ar. Auch können durch Wespen-, Vogel- und Wildfraß große Schäden auftreten. Was zum Anbau dieses Weins verlockt, der sich als selbständige Marke bisher nur auf Rheinhessen und die Pfalz erstreckt, sind die hochgradigen Moste, die er liefert und Verschnittzwecken besonders geeignet macht.

Silvaner

Beim Klang seines Namens denkt man an das lateinische Wort für Wald oder Hain, ›silva‹, aber auch Transsilvanien, wie man früher Siebenbürgen, das Land ›trans silvan‹, jenseits des Karpathenwaldes, bezeichnete. Vielleicht stammt die auf deutschem Boden am meisten angepflanzte Rebe tatsächlich daher, zumal sie früher auch die Bezeichnung *Österreicher* trug. In Österreich selbst, wo man ihr eigentlich nur in der Steiermark begegnet, heißt sie *Fliegentraube*. Die Franzosen wiederum nennen sie *Plant du Rhin* (Rheinpflanze), was darauf schließen läßt, daß sie an die österreichische Herkunft nicht recht glauben. Und in der Tat hat der Silvaner längst Heimatrecht in Deutschland. In Rheinhessen und Franken deckt er fast 60 Prozent der Rebfläche, an der Nahe 48 Prozent. Wie lange noch, ist eine andere Frage. Riesling und Neuzüchtungen wie Rieslaner, Scheurebe und Perle machen ihm wachsende Konkurrenz, der er sich mit Hilfe seiner außerordentlichen Mutationsfähigkeit doch nicht ohne Erfolg widersetzt. So hat er es in Franken, wo er charaktervollere Weine liefert als in Rheinhessen, auf 20 verschiedene Lokalklassen, sogenannte ›Klone‹ gebracht, trägt bald blaue, bald rote, bald gelbe, bald grüne, bald graue, bald farblose Trauben, liefert aber immer wieder einen Wein, von dem man fälschlich behauptet, daß er ein wenig zu charakterlos, ja, zu milde sei, mit anderen Worten, daß er zu wenig Säure besitze, um die Rassigkeit des Rieslings zu erreichen. Wo er aber auf kernigem Boden wächst – nur schwere Kalk- und Mergelböden behagen ihm nicht –, da zeigt er, was in ihm stecken kann. Man probiere nur eine ›Würzburger Leiste‹ oder einen ›Iphöfer Julius-Echterberg‹. Auch die Kaiserstühler und Pfälzer Silvaner, etwa ein ›Maikammerer Immengarten‹, haben es in sich. Und wenn etwa an der Untermosel der Most des Rieslings nicht erfüllt, was der Winzer erhofft hatte, dann nimmt er den Most des Silvaner zum Verschnitt.

Saint-Laurent

Es ist eine dem Spätburgunder (Pinot noir) verwandte Rebe, ohne deren Adel zu besitzen, ist weniger klimaempfindlich als dieser, stellt aber hohe Ansprüche an den Boden, wobei er kalkhaltige Böden bevorzugt. Häufig wird er mit Portugieser verschnitten und liefert, auch unverschnitten, dunkelrote, feurige Weine. Die Elsässer nennen ihn *Schwarzer*. Im Zusammenhang mit ihm sei an dieser Stelle auch die *Müllerrebe*, in Frankreich *Meunier* geheißen, genannt. (Auch die Bezeichnung *Schwarzriesling* ist gebräuchlich, obwohl diese Rebe mit einem Riesling überhaupt nichts zu tun hat.) Auch sie ist eine Variante des Spätburgunders.

Traminer

Traminer oder Gewürztraminer, das ist hier die Frage. Gemeint ist natürlich der Gewürztraminer, der nur die Spielart einer Rebe bzw. Traube ist, die Kenner zu den edelsten Trauben unseres Erdballs zählen und die dem Riesling mindestens gleichwertig ist, ihn an Bukett, Aromastoffen, Alkoholgehalt und Säurearmut sogar übertrifft. Im Grunde ist es nur eine Geschmacksfrage, wer dem Traminer mehr zuneigt als dem Riesling. Natürlich stellt er hohe Ansprüche an den Boden, liebt vulkanisches Gestein, warum es ihm im Kaiserstuhl auch so behagt, nimmt aber auch mit anderen, nicht zu trockenen Böden vorlieb, ist einigermaßen winterfest, und seine dickschaligen rötlich-gelben Beeren sind gegen Schädlinge wenig anfällig und erlauben, daß man sie, was man tunlich immer tun sollte, völlig ausreifen läßt. Sie belohnen das Warten und eine sorgfältige Lese mit hohen Mostgewichten. Ausgesprochene Rieslingfanatiker müssen sich freilich erst an die extraktreiche Fülle eines Weines gewöhnen, der eben eine Klasse für sich ist. Mit dem Weinstädtchen Tramin in Südtirol hat er übrigens nichts zu tun. Bestellt man dort einen Traminer, bekommt man einen Rotwein vorgesetzt, den die Bewohner seiner Farbe wegen auch *Flaischweiner* nennen. In Baden nennt man ihn übrigens *Clevner* (auch *Klevner)*. In der Pfalz pflanzt man ihn zusammen mit Riesling, allerdings nicht im Mischsatz, sondern jeden schön für sich auf den Basaltverwitterungsböden so berühmter Lagen wie ›Deidesheimer Leinhöhle‹, ›Forster Kirchenstück‹ und ›Wachenheimer Goldbächel‹.

Trollinger

Schon die Römer brachten diese Traube aus Südtirol nach Germanien. Karl der Große tat es noch einmal und ließ ›Tirolinger‹ in seinen Weinbergen pflanzen. Mitte des 17. Jahrhunderts holten ihn die Herzöge von Württemberg ins Land. Aus dem ›Tirolinger‹ wurde in Schwaben der ›Trollinger‹. Es gefiel ihm dort so gut, daß er fast die Hausrebe und Haustraube der Schwaben wurde, und er deckt heute noch ein knappes Viertel ihres Rebengeländes. In Südtirol, wo er *Groß-Vernatsch* heißt und wo er vor allem in Meran die sonnigen Höhen des Etschtales emporklettert, liefert er die berühmte Kurtraube. Weiter südlich, so bereits in Kaltern und später in Trentino, verschneidet man ihn häufig mit dem ›Klein-Vernatsch‹ oder ›Schiave‹ und der italienischen Rosaratraube. Gibt man dem Trollinger die richtigen Wachstumsbedingungen, warme, steinige Muschelkalk- und Keuperböden, läßt man die herrlichen, großen, dunkelblauen Trauben völlig ausreifen – leider ist das in Württemberg nicht immer möglich –, und schützt man ihn vor überraschenden Spätfrösten, dann ergibt das lichtrote Weine von Kraft und Feuer, die noch dazu den Vorteil haben, gut zu altern und dann erst ihren ganzen Wert zu offenbaren. Auf dem Weingut des Grafen Adelmann in Kleinbottwar erntet man den *Mukat-Trollinger*. Der ist eine Sache für sich, ein Hochgenuß, an den selbst ein Rametzer Schloßberg oder Meraner Küchelberg nicht heranreicht. In der Pfalz nennt man den Trollinger übrigens *Blauer Malvasier*, baut ihn aber kaum an.

Veltliner

Neuerdings hat man in der Bundesrepublik auch der am meisten in Österreich verbreiteten Traube, die im niederösterreichischen Weinviertel meilenweit die Rebflächen bedeckt und die den Heurigen der Wiener liefert, eine Heimstätte bereitet, wenn auch in beschränktem Umfang, so im Regierungsbezirk Koblenz und Rheinhessen-Pfalz. Und zwar handelt es sich um den *Grünen Veltliner*, der vom *roten* zu unterscheiden ist, den man auch *Malvasier* nennt. Die optimalen Wachstumsbedingungen findet er auf dem Lößboden des Weinviertels und in der Wachau. Seine Blüten sind ziemlich frostempfindlich. Und hält man ihn beim Schnitt nicht kurz, wird er leicht zum Massenträger und bringt dann keine sonderlich charaktervollen Weine.

Was sagt das Gesetz?

Seitdem die Menschen, in welchen Ländern und Erdteilen auch immer, in einer staatlichen Ordnung leben, hat die Obrigkeit auch in ihr wirtschaftliches Leben regelnd, mahnend und Zuwiderhandlungen mit Strafen bedrohend eingegriffen. Selten tat sie das aus reiner Nächstenliebe. Indem sie Untertanen oder Bürger vor Unrecht schützte, schützte sie sich selbst. Indem sie in das Wirtschaftsleben eingriff, suchte sie ihre eigene Wirtschaft, die ja auf der Abgabe von Steuern beruht, zu sichern. Auch Gesetze zum Schutz des Verbrauchers oder eines bestimmten Standes zielten darauf ab, eine geistig und körperlich intakte Gesellschaft zu erhalten. Denn nur eine solche wiederum war in der Lage, die ihr auch von der Obrigkeit gestellten Aufgaben einschließlich der Zahlung von Steuern zu erfüllen.

Diese Gedanken und Überlegungen lagen bereits den Verfügungen zugrunde, die der babylonische König Hammurabi erließ, der im 2. Jahrtausend vor Christus regierte, und die uns auf einer Tempelsäule erhalten sind. Sie enthalten u. a. die Vorschrift, Wein nur zu festgesetzten Preisen zu verkaufen oder während der Lese keine berauschenden Getränke auszuschenken. Nicht anders haben es auch die alten Ägypter, Hethiter, Juden, Phönizier, Griechen und Römer gehalten. Nicht anders auch Karl der Große, dem der Weinbau in seinem Reich, das ja das heutige Westdeutschland, Frankreich und große Teile Italiens umfaßte, neue Impulse verdankte, so zum Beispiel die Einführung neuer Rebsorten wie Trollinger und Orleans. Kodifiziert wurde das neue Wirtschafts- und damit auch Weinrecht in den berühmten ›Capitularia de villis‹, die zwei Jahre vor dem Tode des großen Kaisers erschienen. Sie galten zwar nur für die kaiserlichen bzw. königlichen Krongüter, besaßen trotzdem bis zu einem gewissen Grade Allgemeingültigkeit, indem sie neues Recht schufen. Anstelle der in altgermanischer Zeit üblichen freiwilligen Abgabe von zumeist landwirtschaftlichen Erzeugnissen trat ein zwingender Grundzins. Schon zu Karls Lebzeiten wurde er vielfach an die Lehnsherren delegiert, zu denen auch der Klerus gehörte, der ja die eigentliche Stütze des karolingischen und später des ottonischen Reiches war. Dieser wiederum hatte das höchste Interesse an einer gesetzlichen Ordnung des Weinbaus, der größtenteils in der Hand der Klöster lag. Er diente nicht nur der Eigenversorgung, sondern auch durch Weiterverkauf dem wirtschaftlichen Nutzen des klösterlichen Agrarbetriebes. Der Bruder Kellermeister war vielfach nicht nur Weinexperte, sondern auch finanzieller und wirtschaftlicher Verwalter des Klosterguts.

Häufig verpachteten die Grundbesitzer, die über Weinberge verfügten, waren es nun geistliche oder weltliche Herren, ihre Rebenbestände an weinbaukundige Bauern. Sie hatten noch im 13. Jahrhundert den Pachtzins in Naturalien zu zahlen. Dieser wurde im 14. Jahrhundert mehr und mehr durch den Geldzins abgelöst, ohne daß die Naturalabgabe in Form der Ablieferung eines Drittels oder Viertels der Weinernte aufhörte. Sie hat sich zum Teil bis heute erhalten. Die Verpachtung erwies sich schon deshalb als notwendig, als einige Klöster nicht über die notwendige Zahl von Mönchen oder Nonnen verfügten, die man für den Weinbau heranziehen konnte. So hatte die Kartause Grünau im Spessart zwar 100 Morgen Rebland, aber nur vier Mönche. Allerdings betrieben sie eine florierende Schankwirtschaft, zu der dreißig Bedienstete gehörten. Man muß auch bedenken, daß damals viel mehr Weinbau betrieben wurde als heute. Im späten Mittelalter betrug das Rebland zum Beispiel in Franken 40 000 Hektar; noch 1857 umfaßte es 12 000 Hektar. Heute sind es knapp 3000 Hektar. In diesen Zahlen spiegelt sich eine Entwicklung wider, die auch für das Weinrecht bedeutsam werden sollte: die Hinwendung vom Massen- zum Qualitätsweinbau.

Was zu zwei Dritteln an Wein in Franken und keineswegs nur dort als Wein verkauft wurde, war nur genießbar, wenn dem Most zuerst Honig, später dann Zucker und darüber hinaus Kräuter und Drogen zugesetzt wurden. Vielfach verschnitt man auch, so vor allem in Württemberg, den Wein mit Apfelmost. Die Hinwendung zum Qualitätswein war bereits zu Beginn des 18. Jahrhunderts zu erkennen. So verbot 1702 die fürstbischöfliche Regierung in Würzburg den Anbau des sogenannten ›Tauberschwarzen‹, des ›Groben‹, wie man in Franken den Elbling nannte, ja, sogar den Silvaner. Dafür wurde der Anbau des Rieslings, des ›Rotfränkischen‹ (Traminer), der ›Junkertraube‹ (Gutedel) und des Muskatellers empfohlen. Eine Verordnung des Rats der Stadt Würzburg teilte den Wein in drei Gruppen: ›Eigengewächs‹, was etwa mit der heutigen Erzeugerabfüllung identisch sein dürfte, ›Zehntwein‹, bei dem mehrere Traubensorten, aber nur aus bestimmten Lagen, vermischt werden durften, und ›Glühwein‹, bei dem Sorten und Lagen keine Rolle spielten. Die Hinwendung zum Qualitätswein war um so zwingender, als im zunehmenden Umfang Weine aus Italien und Ungarn importiert wurden.

Die Entwicklung zum Qualitätsweinbau war ein Prozeß, der bis in unsere Tage dauerte und dem schließlich das neue deutsche Weingesetz von 1971 am markantesten Rechnung trug. Diesem Gesetz waren zuerst auf Reichs- und später auf Bundesebene mehrere von den jeweiligen Parlamenten verabschiedete Gesetze vorangegangen, so das von 1882, 1901, 1909, 1930 mit Ergänzungen im Jahre 1935 und Neufassungen in den Jahren 1951 und 1959. Als dann 1969 dem Deutschen Bundestag wiederum ein neues Weingesetz vorgelegt und von diesem auch gebilligt wurde, zeigte es sich, daß es sich mit den im Jahre 1970 vom Rat der Europäischen Gemeinschaft in Brüssel beschlossenen Verordnungen über den Weinbau und Weinhandel auf dem gemeinsamen Agrarmarkt nicht vereinbaren ließ. Diese Verordnungen liberalisierten den Weinhandel innerhalb der Gemeinschaft, d. h. befreiten ihn von der Kontingentierung. Gegenüber Drittländern wie zum Beispiel Spanien wurde der gemeinsame Weinmarkt der sechs EG-Mitglieder, soweit in ihnen Weinbau betrieben wird, durch ein begrenztes Verschnittverbot, durch einen gemeinsamen Zolltarif und durch den sogenannten Referenzpreis, der durch Einfuhrausgleichsausgaben gewährleistet wird, geschützt. Nach zähen Verhandlungen gelang es den deutschen Vertretern in der Brüsseler Agrarkommission, daß bestimmte Qualitätsweine, deren Lieferanten die Einhaltung eines Mindestpreises garantieren müssen, von diesem Referenzpreis vorläufig ausgenommen sind.

Wer die Verordnungen des EG-Rates und der Agrarkommission vom 5. Mai, 26. Mai, 16. Juli, 5. August, 25. August, 26. August und 10. Oktober 1970 auch nur flüchtig durchblättert, wird feststellen können, daß in den insgesamt hundert Artikeln überwiegend nur Bestimmungen über ›Tafelwein‹ – früher auch Konsumwein genannt – enthalten sind. Sie gelten ausnahmslos auch für die deutschen ›Tafelweine‹ (Tischweine). Diese aber sind in sonnenarmen Jahren – und solche Jahre kehren in Deutschland fast alle drei Jahre wieder – und soweit sie dazu noch aus ungünstigen Lagen stammen, den klimatisch weit mehr begünstigten Tafelweinen aus südlicheren Breiten wie Italien und Südfrankreich von vornherein hoffnungslos unterlegen. Ihr größerer Reichtum an natürlicher Säure gleicht die Armut an natürlichem Zuckergehalt niemals aus. Vielleicht wäre das nicht so bedeutungsvoll, wenn sich der Deutsche, sofern er überhaupt ein täglicher Konsument von Wein wie der Italiener, Franzose, ja sogar der Luxemburger wäre, mit dieser Zuckerarmut und dem Säurereichtum abgefunden und an beiden sogar Gefallen gefunden hätte, so wie es durch Jahrzehnte die Leute von der Mosel taten. Aber auch Wein ist dem unwägbaren und unvoraussehbaren Geschmackswandel unterworfen. So wie die Deutschen in der Besatzungszeit nach dem Kriege Geschmack an dem amerikanischen Zigarettentyp, der Mischung von amerikanischen und mazedonischen Tabaken, gefunden hatten, so schmeckten ihnen die milderen italienischen, südfranzösischen und spanischen Weine besser, nachdem Millionen von ihnen während ihres Urlaubs die Weine dieser Länder gekostet hatten. Diese billigen Tafelweine, von denen zwei Liter manchmal weniger kosten als selbst eine Dreiviertel-Literflasche deutscher Tafelwein, mochten, kritisch und fachmännisch betrachtet, qualitativ schlechter sein. Sie flossen nun einmal angenehmer über die Zunge und durch die Kehle. Der italienische oder südfranzösische Weinerzeuger arbeitet aber nicht nur unter klimatisch günstigeren Bedingungen; er verfügt auch über die billigeren Arbeitskräfte.

Angesichts dieser Tatsache blieb dem deutschen Weinbau nichts anderes übrig als die Flucht nach vorn. Sie wurde mit deutscher Gründlichkeit angetreten. Das Weingesetz von 1971 legte an die Beurteilung von Qualitätsweinen, vor allem von Qualitätsweinen mit Prädikat – wir lernen den Sinn dieser Bezeichnung bald näher kennen – so strenge Maßstäbe, wie sie kein Weingesetz anderer Länder, selbst die viel zitierte und zum Vorbild genommene französische ›Appellation d'origine contrôlée‹ nicht kennt. Es bleibt zu hoffen, daß sich diese Flucht nach vorn für den deutschen Weinbau in Zukunft auszahlt.

Deutscher Tafelwein

Bei ihm sind die Dinge noch etwas in der Schwebe, da die EG die für Tafelweine der Gemeinschaft zulässigen Bezeichnungen noch nicht erlassen hat. Zwei wesentliche Grundsätze aber stehen fest:

1. Tafelweine dürfen als einzige über die einzelnen nationalen Weinbaugebiete hinaus miteinander verschnitten werden. So ist es zum Beispiel weiter gestattet, dünnere Weine etwa von der Untermosel mit wuchtigeren Weinen von der Pfalz zu verschneiden.

2. Tafelweine dürfen nicht mit Qualitätsweinen bestimmter Anbaugebiete (b. A.) verwechselt werden können. Um solche Verwechslungen zu vermeiden, hat das neue Weingesetz vier neue, großräumige Weingebietsnamen für deutsche Tafelweine festgelegt.

a) Rhein und Mosel (umfaßt die Rebflächen von Rheinland-Pfalz und Hessen)
b) Main (umfaßt die Rebflächen von Bayern)
c) Neckar (umfaßt die Rebflächen von Württemberg)
d) Oberrhein (umfaßt die Rebflächen von Baden).

Deutscher Tafelwein muß hundertprozentig aus deutschen Weinen hergestellt sein. Für Tafelrotweine bestehen bis 1979 gewisse Ausnahmen. Bei ihnen dürfen bis zu 25 Prozent ausländische Rotweine als sogenannte ›Deckweine‹ vor allem zu einer intensiveren Farbgebung mitverschnitten werden.
Der deutsche Gesetzgeber war sich von vornherein darüber klar, daß die deutschen Tafelweine gegenüber denen aus den Mittelmeerländern überregional eine untergeordnete Rolle spielen dürften. Deshalb hatte er auch keine Bedenken, bei ihnen für eine begrenzte Übergangszeit die viel umstrittene Naßzuckerung weiter zuzulassen. Wir wollen nicht ungerecht sein. Ein Schoppen oberrheinischer Tafelwein, an einem schönen Sommerabend im nußbaumbestandenen Garten eines Gasthofes im Markgräfler Land geschlotzt, kann ebenso gut schmecken wie eine Flasche ›Winkeler Hasensprung‹ aus dem Rheingau auf der Terrasse des ›Schwanen‹ in Oestrich. Wein ist schließlich auch Stimmungssache. Und zum

DIE 5 TAFELWEINANBAUGEBIETE

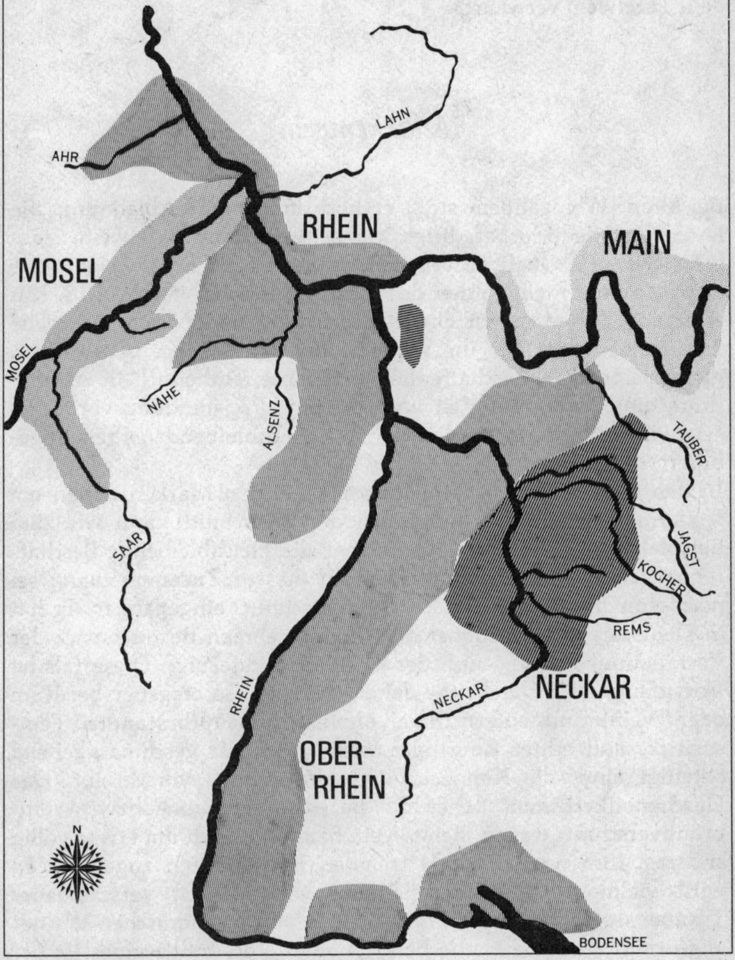

Glück gibt das neue deutsche Weingesetz dem Freund des schlichten Tafelweins wenigstens noch die Möglichkeit, sich nicht mit einem der vier Anbaugebiete und ihren vier Untergebieten abzufinden. Stammt der Wein zu 75 Prozent aus einem Bereich – wir kommen noch darauf zurück – und einer Gemeinde, so ist deren Nennung auf dem Etikett erlaubt. Nur Lagebezeichnungen sind dem Tafelwein verwehrt.

Markenwein

Bei alten ›Weinzähnen‹ stößt er noch immer auf Ablehnung. Sie ist im Grunde nicht berechtigt. Markenwein kann Tafelwein, Qualitätswein und Qualitätswein mit Prädikat sein. Er ist *kein Weinbegriff*, sondern ein solcher des wirtschaftlichen Wettbewerbs. Mit anderen Worten: er ist ein Markenartikel mit Waren- oder Firmenbezeichnung, der im Verkehr auf dem Markt bekannt ist, gleichbleibend in Beschaffenheit und Güte, einheitlich in Aufmachung und Verpackung ist und der, eine Preisbindung vorausgesetzt, überall zu einem gleichen und gleichbleibenden Preis angeboten wird.

In den meisten Fällen handelt es sich bei den Markenweinen um Verschnittweine; denn nur durch den Verschnitt kann wie zum Beispiel beim Sekt und Champagner die gleichbleibende Beschaffenheit und Güte erzielt werden. In diesem Zusammenhang sei noch einmal kurz auf den Begriff ›Verschnitt‹ eingegangen. Er hat in Deutschland noch immer den unangenehmen Beigeschmack der Verfälschung; häufig auch der Qualitätsminderung. Diese falsche Vorstellung rührt vielleicht daher, daß der Gesetzgeber bei Rum oder Weinbrand, sofern ihr alkoholischer Hauptbestandteil Feinsprit ist und echter Rum oder Weinbrand nur geschmackgebend beteiligt sind, die Kennzeichnung ›Verschnitt‹ vorschreibt. Das Flaschenetikett muß daher die Bezeichnung Rum- bzw. Weinbrandverschnitt tragen. Beim Wein handelt es sich um etwas völlig anderes. Ihm werden keine fremden Ingredienzen zugesetzt. Es wird vielmehr durch Vermischung von Mosten verschiedener Traubensorten die Herstellung eines in sich harmonischen Weines angestrebt. Das klassische Beispiel eines Verschnittweines ist der

Bordeaux. Er stammt niemals aus nur einer Traubensorte, sondern ist stets das Erzeugnis einer kunstvollen und sehr viel kellermeisterliches Können voraussetzenden Mischung von mindestens drei verschiedenen Traubensorten. Ähnliches gilt auch für den berühmtesten italienischen Wein, den Chianti, und für eine Fülle von ausländischen Weinen, hauptsächlich Rotweinen. Bei uns ist man zum Beispiel bestrebt, einen harmonischen Wein dadurch zu erzielen, daß man Trauben des Müller-Thurgauers, die einen lieblichen Wein ergeben, mit denen des rassigen Rieslings verschneidet. Doch darf Weißwein nur mit Weißwein und Rotwein nur mit Rotwein verschnitten werden. Das Verschneiden von Weißwein- mit Rotweintrauben ist nur dann erlaubt, wenn als Ziel die Herstellung eines Weines von blaß- bis hellroter Farbe erstrebt wird. Der Fachmann bezeichnet solche Weine als ›Rotlinge‹. In Württemberg spricht man von ›Schiller‹. Die Herstellung solcher Weine geht aber mehr und mehr zurück.
Kehren wir zu den Markenweinen zurück! Vielfach hat er Menschen, die bisher kaum Weintrinker waren – und das waren bis vor wenigen Jahren bei uns relativ wenige – und die sich durch das Gestrüpp der Lagen und anderer Angaben auf dem Etikett nicht durchfanden, erst zu Weintrinkern gemacht. (So zum Beispiel die Marke ›Goldener Oktober‹.) Auch die Hersteller von Markenweinen können einen amtlichen Antrag auf Prüfung stellen, wenn es sich um Qualitätsweine oder Qualitätsweine mit Prädikat handelt. Ihm wird dann die Prüfungsnummer für die Dauer eines Jahres erteilt.

Qualitätswein b. A.

Ehe ein deutscher Wein Qualitätswein oder gar Qualitätswein mit Prädikat wird, muß er sein Examen machen. Das unterscheidet ihn grundsätzlich von den Qualitätsweinen anderer Länder, für die mehr oder minder die Bestimmungen der Herkunftskontrolle, mag sie nun ›Appellation d'origine controlée‹ (Frankreich), ›Origine controllata e garantita‹ (Italien), ›Denominazione de Origen‹ (Spanien) oder ›Designacao de Origen‹ (Portugal) heißen. Am nächsten noch kommt den deutschen Qualitätsweinen die Qualitätskontrolle des Portweins. Zwar erstreckt sich die ›Appellation d'origine controlée‹, die von dem halb staatlichen, halb privaten Institut Nationale des Appellations d'Origine in Paris reguliert wird, auch auf den Mindestzuckergehalt des Mosts und den Mindestalkoholgehalt des Weins. Im wesentlichen aber überwacht sie Weine, die ihr unterliegen, auf das Gebiet, aus dem die Trauben stammen, wobei das Gebiet eine ganze Region oder auch nur ein einzelner Weinberg sein können, auf die Zahl der Rebstöcke, die Mengenerträge und die Anbau- und Ausbaumethoden. Sie privilegiert sozusagen einzelne Anbaugebiete. Sie kümmert sich aber kaum darum, wie der Wein beschaffen ist, der schließlich im Glas schimmert.

Die deutsche Qualitätskontrolle dagegen ist eine ›Kontrolle im Glas‹. Doch ehe diese durch die amtlichen Prüfungsstellen erfolgt, müssen folgende Voraussetzungen erfüllt sein:

1. Staatliche Kontrolle der Grundstücks- und Rebsortenauswahl,

2. Beachtung der zugelassenen Anbaumethoden,

3. Einhaltung der behördlich zu genehmigenden Vor-, Haupt- und Spätlese,

4. Verarbeitung nur innerhalb der bestimmten Anbaugebiete,

5. das Erreichen unterschiedlicher Mostgewichte (siehe Seite 27) je nach Güteklasse, Rebsorte und Anbaugebiet,

6. Erhöhung des natürlichen Alkoholgehalts nur nach genau vorbestimmten, strengen Regeln,

7. Beschränkung auf die amtlich zugelassenen Behandlungsverfahren und Behandlungsstoffe (›Schönen‹),

8. Beachtung der vorgeschriebenen Lagerzeit und der verschiedenen Melde- und Buchführungspflichten,

9. Erfolg bei der amtlichen Qualitätsprüfung.

Während sich die französische Qualitätskontrolle nur auf rund 250 verschiedene Weine erstreckt und ganze Weinbaugebiete wie etwa den Jura oder Roussillon nicht einbezieht, hat es die deutsche Kontrolle mit einer ganzen Palette der unterschiedlichsten Weine zu tun.

In der Verordnung vom 15. Juli 1971 zum Weingesetz vom 14. Juli 1971 kann – wohlgemerkt *kann* und nicht *muß* – wer Wein herstellt oder abfüllt, einen Antrag auf Qualitätsprüfung bei der zuständigen Behörde, dem jeweiligen Regierungsbezirk, stellen. Dem Antrag ist ein vorher vorgenommener Untersuchungsbefund (Analyse) einer amtlich zugelassenen Fachstelle, die praktisch ein chemisches Labor ist, und drei Probeflaschen des zu prüfenden Weins beizufügen. Der amtlichen Prüfungsstelle soll damit die Arbeit erleichtert und das Prüfungsverfahren verkürzt werden. Neben der chemischen Untersuchung hat der Untersuchungsbefund auch eine sensorische Prüfung (Sinnesprüfung) zu enthalten. Die amtliche Prüfungsstelle wiederum macht eine Gegenprobe, beschränkt sich dabei aber auf die sensorische Prüfung durch ein amtliches Gutachtergremium. Der Prüfungsbescheid, dem die Prüfungsnummer beigefügt ist, kann den Antrag aber auch ablehnen. In letzterem Fall wird keine Prüfungsnummer erteilt. Ein ablehnender Bescheid kann im Rechtsmittelweg überprüft werden. Die amtliche Prüfungsstelle kann aber auch ein niedrigeres Prädikat ausstellen, als der Antragsteller erwartet hat. Mit der Erteilung der amtlichen Prüfungsnummer (A.P.), die sich aus der Betriebsnummer, welche in der amtlichen Weinrolle verzeichnet ist, der Antragsnummer und den beiden letzten Ziffern des Jahres, in dem der Antrag gestellt wurde, zusammensetzt, ist die Verpflichtung verbunden, diese Prüfungsnummer der Qualitätsbezeichnung auf dem Etikett beizufügen. Diese Regelung gilt sowohl für Qualitätsweine als auch für Qualitätsweine mit Prädikat. Das Etikett eines Qualitätsweins mit Prädikat sieht beispielsweise so aus:

1973er
RHEINHESSEN
Qualitätswein mit Prädikat

AP Nr. 4311 20906 74

Osthofener Liebenberg

Siegerrebe-Riesling Auslese
Erzeugerabfüllung

Qualitätswein ist innerhalb der EG stets ein Qualitätswein bestimmter Anbaugebiete (b. A.). Die Bezeichnung ›Qualitätswein‹ ist schließlich nach Paragraph 1 Abs. 2 des deutschen Weingesetzes an die Erfüllung folgender Bedingungen gebunden:

1. Die verwendeten Trauben müssen ausschließlich von geeigneten Rebsorten stammen, in einem einzigen bestimmten Anbaugebiet geerntet worden sein und der aus ihnen gewonnene Most muß mindestens den vorgeschriebenen natürlichen Mindestalkoholgehalt besitzen.

2. Der Wein muß im Aussehen, Geruch und Geschmack frei von Fehlern und für die angegebene Herkunft und bei Angabe der Rebsorte für diese typisch sein.

3. Der Wein muß im übrigen den EG-Verordnungen, allen anderen gesetzlichen Bestimmungen und zu ihrer Durchführung erlassenen Rechtsvorschriften – in der Bundesrepublik sind diese Sache der Länderregierung – entsprechen.

4. Es muß eine amtliche Prüfungsnummer erteilt sein. Was den Mindestalkoholgehalt betrifft, so ergibt dieser sich aus dem sogenannten ›Mostgewicht‹ (siehe Seite 27), das je nach Anbaugebiet und Rebsorte in der Bundesrepublik zwischen 57 und 72 Grad Öchsle (siehe Seite 27) liegt. Die EG-Bestimmungen fordern nur ein Mindestmostgewicht von 50 Grad Öchsle.

Qualitätswein ohne Prädikat darf zur Erhöhung des Alkoholgehalts – wohlgemerkt zur Erhöhung des Alkoholgehalts und nicht zur Süßung – gezuckert werden; dagegen ist der Zusatz von konzentriertem Traubenmost untersagt. Zur Zuckerung darf nur Trockenzucker (Saccharose) verwendet werden, während beim Tafelwein für eine begrenzte Übergangszeit die Naßzuckerung weiter erlaubt ist. Über die weitere Behandlung im Keller, die bei allen Weinen fast überall in der Welt die gleiche ist und bei der sich das deutsche Weinrecht nach den EG-Vorschriften richtet, wird in dem Kapitel »Wie entsteht Wein« berichtet.

Qualitätsweine mit Prädikat

Sie stellen die Spitze der deutschen Weinpyramide dar. Sofern es sich um Auslesen handelt, sind es diese Weine, die dem deutschen Wein, um mit Hoffmann von Fallersleben zu sprechen, seinen »alten, guten Klang« bewahrten. Sie gliedern sich in:
Kabinett
Spätlesen
Auslesen
Beerenauslesen
Trockenbeerenauslesen (einschließlich Eiswein).
Generell gilt für alle Qualitätsweine mit Prädikat, daß sie nicht gezuckert werden dürfen. Man fordert bei ihnen von vornherein ein Mostgewicht von 70 Grad Öchsle bei den Kabinettweinen und mindestens 150 Grad Öchsle bei den Trockenbeerenauslesen. Ebenso gilt generell, daß diese Weine erst nach dem auf die Ernte folgenden ersten Januar abgefüllt in Verkehr gebracht werden. Sie besitzen damit mindestens ein Jahr Faßlagerung.

Kabinett

Die Bezeichnung stammt noch aus der Zeit, da die deutschen Fürsten Wein für ihren mehr privaten Haushalt, das ›Cabinet‹, kauften. Kabinettwein war bereits vor dem Inkrafttreten des neuen Weingesetzes ein Wein der gehobenen Klasse, der meist aus dem Rheingau stammte. Für ihn gelten heute folgende Bestimmungen:
1. Die verwendeten Trauben müssen in einem einzigen Bereich geerntet worden sein.
2. Die natürlichen Mindestalkoholgehalte werden je nach Prädikat abgestuft, müssen aber mindestens 7 Grad betragen.
3. Zucker darf nicht zugesetzt werden.

Spätlese

Bei diesen müssen zusätzlich die Weintrauben in der Spätlese geerntet und vollreif sein.

Auslese

Bei diesen dürfen zusätzlich zu dem unter ›Kabinett‹ Gesagten nur vollreife Weintrauben unter Aussonderung aller kranken und unreifen Beeren verwendet werden.

Beerenauslese

Bei diesen dürfen außer dem Gesagten nur edelfaule oder wenigstens überreife Beeren verwendet werden. Die Edelfäule entsteht dadurch, daß die Trauben im Spätherbst von einem Grauschimmel (Botrytis cinera) befallen werden. Dieser Schimmel, ein Pilz, durchwächst die Schalen, entzieht damit den Beeren Wasser und läßt sie allmählich einschrumpfen.

Trockenbeerenauslese

Bei diesen dürfen nur weitgehend eingeschrumpfte, also rosinenartige, edelfaule Beeren verwendet werden. Ist wegen der Rebsorte oder Witterung ausnahmsweise keine Edelfäule eingetreten, genügt auch eine Überreife der eingeschrumpften Beeren.

Eiswein

Ist ein Wein ausschließlich aus Weintrauben hergestellt, die bei ihrer Lese und Kelterung gefroren waren, kann dem Wein das Prädikat ›Eiswein‹ zuerkannt werden. Wurden die Trauben am 6. Dezember geerntet, so kommt dieser Wein auch als ›Nikolauswein‹ in den Handel (diese Bezeichnung ist jedoch nicht im Weingesetz vorgesehen).

Bei Beerenauslesen, Trockenbeerenauslesen und Eisweinen genügt ein Mindestalkoholgehalt des Mostes von 5,5 Grad, da zu erwarten ist, daß der reiche Zuckergehalt der Trauben während der Gärung den Alkoholgehalt des Weins noch wesentlich anreichert. Wie bei den Qualitätsweinen b. A. (eines bestimmten Anbaugebietes) ist die Zuteilung einer amtlichen Prüfungsnummer die unabdingbare Voraussetzung für die Benennung ›Qualitätswein mit Prädikat‹.

Lagen und Bereiche

Als sich die vierzehn Mitglieder eines besonderen Unterausschusses des Gesundheitsausschusses des deutschen Bundestages zur Beratung des ursprünglichen 1969 zu verabschiedenden neuen Weingesetzes zusammensetzten, sahen sie sich rund 20 000 Lagennamen gegenüber. Es verdient übrigens festgehalten zu werden, daß in diesem Unterausschuß Vertreter aller Berufe, Ärzte, Lehrer, kaufmännische Angestellte, Journalisten, Hausfrauen und natürlich auch Winzer und landwirtschaftliche Sachverständige vertreten waren. Diese Zusammensetzung verbürgte in hohem Maße die Berücksichtigung auch der Verbraucherinteressen. Aber gerade der Verbraucher sah in dem Wald von Lagennamen den Baum, d. h. Charakter und Art des jeweiligen Weins, nicht mehr. So ging man daran, diesen Wald zu lichten mit dem Ergebnis, daß 2000 bis 3000 Lagebezeichnungen übrigblieben. Für den einfachen ›Deutschen Tafelwein‹ hatte das insofern weniger Bedeutung, als dieser ohnehin keinen Lagennamen auf dem Etikett nennen darf. Wohl aber darf er außer den für ihn neu geschaffenen vier *Hauptanbaugebieten* Rhein (mit den beiden Untergebieten Rhein und Mosel), Main, Neckar und Oberrhein mit den Untergebieten Römertor (Nordbaden) und Burgengau (Südbaden) den Bereich und die Gemeinde nennen, »wenn 75 Prozent der Trauben aus dem betreffenden Gebiet stammen, ihr Anteil die Art des Weins bestimmt und die zur Herstellung verwendeten Erzeugnisse anderer örtlicher Herkunft gleichwertig und ausschließlich aus demselben Anbaugebiet geerntet worden sind«.

Für sämtliche Qualitätsweine wurden folgende 11 Anbaugebiete festgelegt:

1. Ahr
2. Baden
3. Franken
4. Hessische Bergstraße
5. Mittelrhein
6. Mosel – Saar – Ruwer
7. Nahe
8. Rheingau
9. Rheinhessen
10. Rheinpfalz
11. Württemberg

Diese Anbaugebiete wurden wiederum untergliedert in 30 Bereiche. Damit nicht genug, teilte man die Bereiche in sogenannte ›Großlagen‹ auf. Ihre Zahl beträgt rund 135. (Wir können nur eine runde Zahl nennen, da bei Abschluß dieses Buches die Benennung der Großlagen noch nicht abgeschlossen war.)

Der Name der Gemeinde spielt keine so entscheidende Rolle mehr, da Großlagen und in manchen Fällen auch Einzellagen auf das Gebiet verschiedener Gemeinden entfallen. So gehören zum Beispiel zur Großlage ›Münzlay‹ im Bereich ›Bernkastel‹ die Gemeinden Graach, Wehlen und Zeltingen-Rachtig. Mit ganz wenigen Ausnahmen in Fällen, wo sich mit dem Lagenamen die Vorstellung eines traditionell besonders hochqualitativen Weins verbindet, muß jede Lage, wenn sie in die amtlich vorgeschriebene Weinbergsrolle (Katasternummer) aufgenommen werden soll, mindestens 5 Hektar umfassen.

Alte Weinfreunde haben das Aufhören der Fülle von rund 20 000 Lagenamen bedauert, und für manchen hieß es Abschied nehmen von lieben, alten und vertrauten Namen. Für den Verbraucher und Nichtfachmann bedeutet dagegen die Flurbereinigung in den deutschen Weinbaugebieten mehr Klarheit und Verständlichkeit. Ganz konnte und durfte man auf Lagebezeichnungen gerade bei den Qualitätsweinen nicht verzichten, da sich wie in allen Weinbaugebieten der Welt das sogenannte *Kleinklima* von Lage zu Lage ändert. Es ist abhängig von der Höhe (Talsohle bis Gebirgskamm), Gefälleneigung, Bodenzusammensetzung, Sonneneinstrahlung, Windeinfall und noch anderen Faktoren.

Das Weingesetz definiert die Lage wie folgt: »Eine Lage ist eine bestimmte Rebfläche (Einzellage) oder die Zusammenfassung solcher Flächen (Großlage), aus deren Erträgen gleichwertige Weine gleichartiger Geschmacksrichtung hergestellt zu werden pflegen und die in einer Gemeinde oder in mehreren Gemeinden desselben Anbaugebietes gelegen sind.«

Erstreckt sich nun eine Lage über mehrere Gemeinden, so erfüllt jeder einzelne Gemeindename diese Bedingung. Ein Wein mit Namen ›Münzlay‹ braucht daher in Zukunft nicht mehr ausschließlich wie bisher aus Graach zu stammen, sondern kann auch aus Wehlen oder Zeltinger-Rachtig stammen. Nur muß der Name der Gemeinde auf dem Etikett genannt sein. Der Winzer oder Abfüller in diesen drei Gemeinden, die ja eine Großlage bilden, darf sogar, wenn es notwendig sein sollte, eine Anleihe innerhalb der

DIE 11 BESTIMMTEN ANBAUGEBIETE

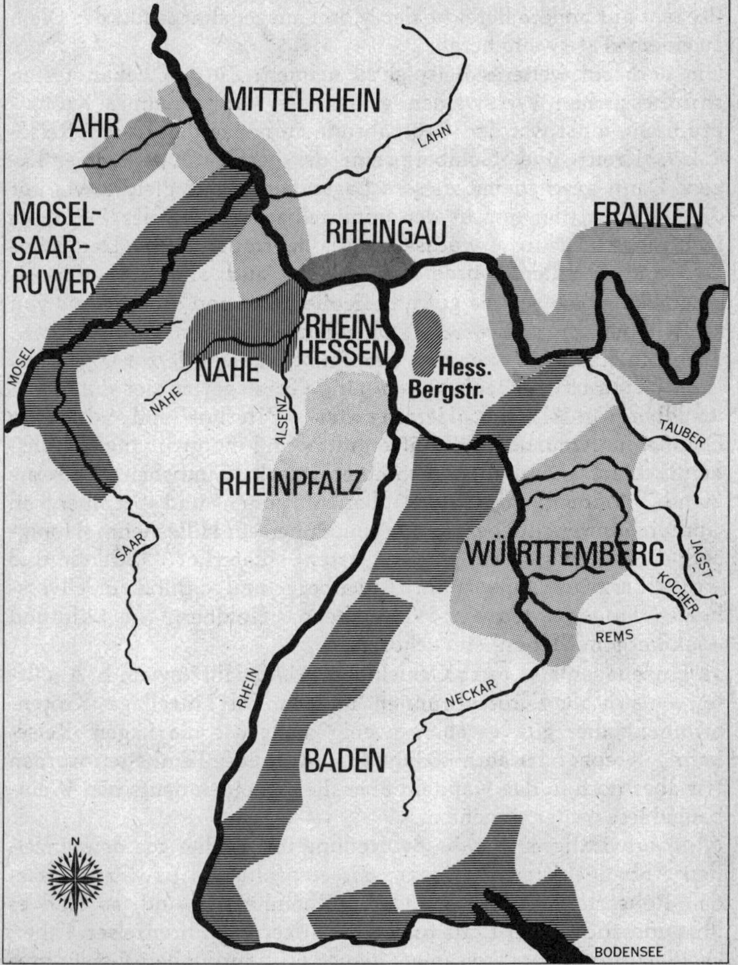

Weine seines Bereichs, in diesem Fall Bernkastel, machen, allerdings nur unter der Voraussetzung, daß diese Anleihe 25 Prozent des Anteils aus seiner Großlage nicht überschreitet. Tut sie das, so wird dieser Wein, sofern die Trauben aus dem Bereich Bernkastel stammen, zu einem Bereichswein, bleibt aber immer noch ein ›Qualitätswein b. A.‹. Wird aber die Traubenanleihe zu über 25 Prozent auf andere Bereiche der Mosel ausgedehnt, sinkt der Wein zu einem ›Tafelwein‹ herab.

Um noch ein weiteres Beispiel zu nennen: Zu den bekanntesten rheinhessischen Weißweinen gehört der ›Oppenheimer Krötenbrunnen‹. Einst war der ›Krötenbrunnen‹ neben den Lagen ›Reisekahr‹, ›Kreuz‹ und ›Goldberg‹ eine der besten Oppenheimer Lagen. Dann geschah mit diesem Lagennamen das gleiche wie mit den Weinen, die nur in der unmittelbaren Nähe der Wormser Liebfrauenstiftskirche wuchsen, der ›Liebfrauenmilch‹. Den Winzern und Abfüllern wurde 1909 erlaubt, auch andere rheinhessische Weine, »soweit sie gut und lieblich sind und im Umkreis von 30 Kilometern wachsen«, ›Oppenheimer Krötenbrunnen‹ bzw. ›Liebfrauenmilch‹ zu nennen. Eine Einzellage wurde zur Gattungslage. Heute ist ›Krötenbrunnen‹ eine Großlage, zu der die Lagen ›Goldberg‹ in Alsheim, ›Herrengarten‹, ›Paterhof‹ und ›Schloß‹ in Dienheim, ›Kreuzberg‹, ›Schützenhütte‹ und ›Sonnenhang‹ in Einsheim, ›Liebfrauenthal‹ und ›Sonnenweg‹ in Gimbsheim, ›Eiserne Hand‹, ›Sonnenberg‹, ›Sankt Julianenbrunnen‹ und ›Steinberg‹ in Guntersblum, ›Altenberg‹ und ›Sonnenheil‹ in Hillesheim, ›Honigberg‹ in Ludwigshöhe, ›Herrengarten‹, ›Paterhof‹, ›Schloß‹ und ›Schloßberg‹ in Oppenheim, ›Aulenberg‹ und ›Schloß‹ in Ülversheim, ›Frauengarten‹ in Wintersheim, ›Goldberg‹ in Eich und ›Goldberg‹ in Mettenheim gehören.

28 Einzellagen also in 13 Gemeinden. Als Qualitätswein b. A. dürfen sie sich alle ›Krötenbrunnen‹ nennen. Die Einzellage ›Krötenbrunnen‹ aber gibt es ebensowenig mehr wie die Lagen ›Reisekahr‹, ›Kreuz‹ oder auch ›Daubhaus‹. Auf diese Feinheiten werden wir aber noch in den Kapiteln über die einzelnen deutschen Weinbaugebiete weiter eingehen.

Nicht unwichtig ist für die Beurteilung der Weine aus den einzelnen Anbaugebieten der Name der empfohlenen bzw. zugelassenen Rebsorten. Da wir gerade in Rheinhessen sind, so sind es dort und auch in der Pfalz folgende: Auxerrois, Ehrenfelser, Faber, Weißer Burgunder, Freisamer, Blauer Frühburgunder, Gewürztra-

miner, Helfensteiner, Heroldrebe, Huxelrebe, Kerner, Kanzler, Blauer Lemberger, Morio-Muskat, Müller-Thurgau, Gelber Muskateller, Muskat-Ottonel, Perle, Blauer Portugieser, Rieslaner, Weißer Riesling, Ruländer, Scheurebe, Siegerrebe, Grüner Silvaner, Blauer Spätburgunder (ausschließlich in den Landkreisen Mainz-Bingen und Alzey-Worms), Saint-Laurent und Veltliner. Zugelassen sind: Färbertraube, Roter Gutedel, Weißer Gutedel, Früher Malingré (nur im Landkreis Landau-Bad Bergzabern für die Gemeinden Maikammer, Kirrweiler und Edenkoben), Roter Muskateller, Müllerrebe und Blauer Trollinger.
Es gibt auch Weinbaugebiete, wo nur empfohlene Rebsorten angebaut werden dürfen. Zu ihnen gehören zum Beispiel der Landkreis Bamberg im Regierungsbezirk Oberfranken oder der Landkreis Lindau im Regierungsbezirk Schwaben. Diese Klassifizierung der Rebsorten erfolgte auf Grund einer Verordnung der Brüsseler EWG-Kommission vom 6. Oktober 1970.

Warum gibt es keinen Naturwein mehr?

Paragraph 15 Abs. 4 des neuen deutschen Weingesetzes lautet: »Die Angabe ›natur‹ darf weder für sich allein noch in einer Zusammensetzung oder in abgeleiteter Form zugelassen werden. Das gleiche gilt für Angaben, die darauf hinweisen, daß dem Wein bei der Herstellung Zucker nicht zugesetzt wurde.« Damit ist unsere Frage aber nicht erschöpfend beantwortet. Der Gesetzgeber muß ja einen Grund gehabt haben, warum er sich zu diesem strengen Verbot entschloß, dies um so mehr, als mit dem Wort ›Naturwein‹ oder ›natürlicher Wein‹ vorher geradezu eine Art Kult getrieben wurde, ein Kult überdies, den andere weinbautreibende Länder niemals kannten. Einer der Gründe für das Verbot war der, daß nach dem allgemeinen deutschen Lebens- und Genußmittelrecht die Bezeichnung ›naturrein‹ nur einem Lebens- und Genußmittel zusteht, das frei von Zusätzen ist. Frei von Zusätzen war aber auch der ungezuckerte ›Naturwein‹ nicht. Jedenfalls wurden bei seiner Entstehung, vor allem bei der Schönung und beim Stoppen der Gärung, auf die wir in dem Kapitel »Wie entsteht Wein?« zu sprechen kamen, fremde Stoffe wie Hausenblase, Ei-

weiß oder Schwefelsäure zugesetzt. Außerdem war die Bezeichnung ›Naturwein‹ insofern irreführend, als sie beim Verbraucher Erwartungen erweckte, die sich bei der Weinprobe als unberechtigt erwiesen. ›Naturwein‹ konnte ein ungezuckerter Moselwein aus einer weniger günstigen Lage ebenso sein wie eine Beerenauslese aus dem Rheingau. An die Stelle des früheren Naturweins trat der Qualitätswein mit Prädikat.
Es soll indessen nicht verschwiegen werden, daß sich Fachverbände wie etwa die ›Vereinigung Rheingauer Weingüter e. V. im Verband Deutscher Naturwein-Versteigerer e. V.‹ außerordentliche Verdienste um den deutschen Qualitätswein erworben haben. Und es wäre nur zu wünschen, daß diese Verbände ihre segensreiche Tätigkeit auch in Zukunft, wenn auch unter anderem Namen, fortsetzen würden.

Die Abfüllungsbezeichnungen

Das neue deutsche Weingesetz hat aber nicht nur mit dem Begriff ›Naturwein‹ aufgeräumt, sondern auch mit anderen, den Verbraucher womöglich täuschenden oder sogar schädigenden Angaben. Zu diesen Angaben gehörte zum Beispiel die ›Originalabfüllung‹, die früher als Kriterium für einen ungezuckerten Qualitätswein galt. Dabei blieb offen, ob der Erzeuger seinen Wein selbst auf Flaschen abfüllte oder dies der befreundeten Weinfirma überließ. An die Stelle der ›Originalabfüllung‹ traten folgende drei Bezeichnungen:

1. Erzeugerabfüllung
2. Aus eigenem Lesegut
3. Aus dem Lesegut des Winzers ...

Die dritte Bezeichnung ist nur zulässig, wenn die für die Herstellung des Weins verwendeten Trauben ausschließlich von einem Erzeuger stammen.
Vorbei ist es auch mit den Bezeichnungen wie ›rein‹, ›echt‹, ›Wachstum‹, ›Eigengewächs‹, ›Kreszenz‹, ›Schloßabfüllung‹. Auch der Korkbrand, d. h. der Namenszug des Erzeugers oder Abfüllers auf dem Korken, ist zwar erlaubt, aber kein Gütezeichen mehr, jedenfalls keine Garantie dafür, daß der betreffende Wein nicht gezukkert wurde.

Beschaffenheitsangaben

Es gibt eine Ausnahme bei dem generellen Verbot von Geschmacks- und Beschaffenheitsangaben. Diese bezieht sich auf die Bezeichnung ›trocken‹. Diese Bezeichnung darf auf den Etiketten geführt werden, wenn der Wein höchstens 4 Gramm unvergorenen Zucker auf den Liter enthält. Ein solcher Wein, wie sie etwa die Elsässer Weine darstellen, sind etwas für Liebhaber frischer und rassiger Weine. Auch an die Diabetiker wurde gedacht. Für sie wurde analog zum roten Deutschen Weinsiegel, auf das wir noch zu sprechen kommen, das gelbe Diabetikersiegel neu geschaffen. Bei diesen Weinen, die gleichfalls höchstens 4 Gramm Zucker auf den Liter Wein und nicht mehr als 12 Grad Alkoholgehalt aufweisen dürfen, darf das Etikett den Hinweis tragen ›Für Diabetiker geeignet – nur nach Befragen des Arztes‹.

Das Weinsiegel und andere Auszeichnungen

Da nur Qualitätsweine b. A. und Qualitätsweine mit Prädikat mit dem 1950 von der Deutschen Landwirtschaftlichen Gesellschaft (DLG) geschaffenen Deutschen Weinsiegel ausgezeichnet werden dürfen, hat der Gesetzgeber keine Bedenken gehabt, dieses Beschaffenheitsmerkmal beizubehalten. Das gleiche gilt für das Badische Weinsiegel.
Über die Berechtigung, das Weinsiegel am Flaschenhals anzubringen, entscheiden neutrale Kommissionen der DLG in den einzelnen Weinbaugebieten und in Westberlin. Die Prüfung ist insofern neutral, als sie verdeckt und ohne Kenntnis des Betriebes und der Herkunft, der seinen Wein zur Bewertung bei den Kommissionen eingereicht hat, erfolgt. Für die Prüfung ist ein Bewertungsschema geschaffen, das unterteilt ist in Mindest- und Höchstpunkte für Farbe, Klarheit, Geruch und Geschmack.

1971 wurden von den einzelnen Kommissionen 15 500 Flaschen Wein kritisch verkostet und das Deutsche Weinsiegel an 80 Millionen Flaschen verliehen.

Vergegenwärtigen wir uns am Schluß dieses, wir geben es zu, etwas trockenen und mitunter schwierigen Kapitels, wie sich das Bild der deutschen Qualitätsweine, und zwar für den Sonnen- und vielleicht Jahrhundertjahrgang 1971 im einzelnen zusammensetzt.

Die zehn Prüfstellen in den weinbautreibenden Bundesländern haben im Jahr 1972 insgesamt 89 459 angestellte Proben geprüft. Nach Abzug der Ablehnungen wurde für rund 86 600 Weinpartien mit einer Gesamtmenge von 356 Millionen Litern die amtliche Prüfungsnummer erteilt.

Damit dürften im ersten Jahr der amtlichen Prüfung knapp 500 Millionen Flaschen deutscher Qualitätsweine dieses Garantiezeichen für geprüfte Qualität tragen. Von dem Jahrgang 1971 haben also fast 60 Prozent das dreistufige Prüfungsverfahren durchlaufen. Der größte Anteil entfällt hierbei auf Qualitätswein b. A. und Weine mit dem Prädikat Kabinett. Von den bereits geprüften Weinen nehmen die Spätlesen die zweite Rangstelle mit 32 000 geprüften Partien ein. Bei den noch zur Prüfung gelangenden Weinen des Jahrgangs 1971 werden die höherwertigen Prädikatsweine ab Spätlese wegen der längeren Ausbauzeit voraussichtlich den Hauptanteil stellen.

Kauf, Lagerung und Pflege

Kein Kauf ist so sehr Vertrauenssache wie der von Wein. Sicherlich, man kann zum nächsten Einzelhandelsgeschäft gehen, das heute meistens einer genossenschaftlichen oder auch nicht genossenschaftlichen Großhandelsgruppe angehört, oder zu einem Großmarkt, Discountshop oder den Lebensmittelabteilungen der Warenhäuser. Überall wird man heute ein relativ breites Angebot an Weinen finden. Aber wer garantiert einem dort dafür, daß der angebotene Wein den gehegten Erwartungen entspricht? Hinzu kommt, daß die Weine in manchen Fällen, das gilt besonders für Weißweine, zu warm lagern. Für denjenigen, der zu Hause über keinen geeigneten Kellerraum verfügt, bleibt häufig nichts anderes übrig. Für diese gibt es heute Kühlschränke, denen man es nicht einmal ansieht, daß es solche sind und die etwa zwei Dutzend Flaschen Wein bei einer konstanten Temperatur von 8 bis 10 Grad aufnehmen. Das ist genau die Temperatur, die auch der Weinkeller besitzen sollte. Doch bleiben wir vorerst beim Kauf. Der sicherste Weg führt immer über den Kauf bei einem renommierten Weinhändler oder direkt vom Weingut oder Winzer. Der Kauf bei Winzergenossenschaften ist selten möglich, weil diese ihre Weine größtenteils über den Großhandel absetzen. Geht man diesen Weg, so bildet sich zwischen Käufer und Verkäufer im Verlauf weniger Jahre ein echtes Vertrauensverhältnis, das auch den Bezug von verbilligten Sonderangeboten nicht zu einer Enttäuschung werden läßt.

Am preiswertesten ist natürlich eine Groß- oder Sammelbestellung direkt beim Weingut der Winzer. Viele Winzer geben allerdings ihre Weine nicht unter einem Fuder ab. Das sind immerhin rund 1000 Liter Wein, bei Moselweinen sogar 1200 Liter. Da muß der Keller schon ein beträchtliches Fassungsvermögen besitzen. Besitzt er dieses nicht, kann man sich mit Freunden oder Bekannten zusammentun und mit ihnen den Einkauf tätigen. Manche

Winzer lagern den so erworbenen Wein gegen einen geringen Aufschlag auf Abruf. Selbst wenn man die Verkorkung, Verkapslung und Etikettierung zurechnet, kommt der Direkteinkauf etwa 30 Prozent, manchmal auch mehr, billiger.
Nicht jeder aber ist gerade auf den Wein eingeschworen, den ein Winzer oder Weingut zu bieten hat. Wer die Abwechslung liebt und seinen Gästen gern Wein aus verschiedenen deutschen Anbaugebieten vorsetzt, dem ist ganz besonders der Bezug über renommierte Weinhändler anzuraten. Für den Weinfreund gehört es darüber hinaus zu den schönsten Mußestunden, in einem Weinkatalog zu blättern und das Angebot andachtsvoll zu studieren. Auf Inserate hin zu bestellen, bleibt stets riskant. Man kann Glück haben; man kann aber auch hereinfallen. Wenig ist auch von der Methode zu halten, die manche Weinfirmen praktizieren. Sie schicken dem häufig Weinunkundigen Vertreter mit Probeflaschen ins Haus. Der Wein, den man dann probieren darf, ehe man sich zum Kauf entschließt, mag nicht übel sein! Übles ist ihm aber widerfahren. Denn Wein braucht, um alle seine Qualitäten zu entfalten, Ruhe. Wie aber soll ein Wein zur Ruhe kommen, wenn er in der dicken Ledertasche des Vertreters einen ganzen Tag über treppauf und treppab geschleppt wird, und dazu noch an heißen Sommertagen.

Die Lagerung

Wein wird heute größtenteils in festen Pappkartons zu je sechs Flaschen verkauft. Unsere Väter mußten sich noch mit großen, festvernagelten und eisenbandverschnürten Kisten plagen. Die Kisten konnte man freilich zurückschicken; die Pappkartons nimmt keiner zurück. Man achte übrigens auf die Lieferbedingungen. Viele Weinhandlungen, Weingüter und Winzer liefern heute bei größeren Bestellungen frachtfrei ins Haus, manche schon bei einem Gesamtwert von DM 100.–. Sind die Kartons in den Keller geschafft, so lasse man sie erst einmal eine gute Woche ruhig liegen, packe sie dann aus und gönne dem Wein mindestens noch eine Woche Ruhe. Alle deutschen Weine wollen liegend gelagert sein, damit der Inhalt der Flaschen den Korken umspülen kann, was ihn vor

Austrocknen, Rissigwerden und damit Undichtigkeit schützt. Jede Sorte wird für sich gelagert, damit man nicht lange zu suchen braucht und dabei den Wein in seiner Ruhe stört. Das Etikett kommt selbstverständlich nach oben. Wer einen großen Weinkeller hat, tut gut daran, ein Kellerbuch zu führen, in das von Zeit zu Zeit die Anzahl der noch vorhandenen Flaschen jeder Sorte notiert wird. Klug ist auch, wer seine Weinbeobachtungen in diesem Buch notiert, so zum Beispiel, ob diese oder jene Sorte einem selbst, aber auch Gästen geschmeckt hat. Schon der große deutsche Philosoph Immanuel Kant hat das getan und ist gut dabei verfahren. Der Herr Professor in Königsberg legte nämlich Wert darauf zu wissen, welche Weine er seinen Freunden beim nächsten Zusammentreffen bedenkenlos anbieten könnte. (Übrigens notierte er sich auch deren Lieblingsgerichte.)
Zur Lagerung eignet sich jedes stabile Regal, ob aus Holz, Eisen, Stahl oder Kunststoff. Als ideal für Spitzenweine (Auslesen) haben sich röhrenartige Regale aus porösem Gestein erwiesen. Man kann von jeder Sorte Wein, sofern es sich um einen größeren Posten handelt, ruhig drei Lagen übereinander packen, indem man die erste Lage mit dem Flaschenhals nach vorn, die zweite mit dem Flaschenhals nach hinten und die dritte wieder mit dem Flaschenhals nach vorn legt. Nur bei Bocksbeutelflaschen ist das etwas schwieriger. Es erleichtert die Übersicht, wenn man an die Regale Zettel mit Angabe der jeweiligen Sorte anbringt.

Wie soll der Weinkeller beschaffen sein?

Ungeeignet ist jeder Kellerraum, der direkt neben dem Heizungskeller liegt, ganz gleich, ob es sich um Öl-, Koks- oder Gasheizung handelt. Auch Räume, in die im Sommer die Sonne hineinfallen kann, sind nicht zu empfehlen. Überhaupt liebt es Wein, vor allem deutscher Weißwein, im Dunklen oder doch Halbdunklen zu liegen. Eine leichte Feuchtigkeit, die ja manche Kellerräume aufweisen, ist kein großer Schaden. Nur Keller, in denen sich wegen zu großer Feuchtigkeit Salpeter an den Wänden absetzt oder die Feuchtigkeitsflecken aufweisen, sind ungeeignet. Auch in bezug auf die Umgebung ist Wein wählerisch. Mit Äpfeln, die in einer Horde lagern, verträgt er sich noch, nicht aber mit Kartoffeln oder Wurzelgemüse. Die Kellertemperatur soll, wie gesagt, nicht mehr als zehn Grad Celsius betragen. Wer es sich leisten kann, baut eine Kühlanlage und einen Thermostat ein. Von Zeit zu Zeit sollte man den Keller durchlüften, damit die Luft in ihm nicht zu muffig wird. Trotz der Kapseln können dann die Korken Schimmel ansetzen und damit den Wein ungenießbar machen.

Die Weinprobe

Nicht jeder wird mit einer feinen Zunge und einem empfindlichen Gaumen geboren, und auch mit dem Riechvermögen ist es bei den Menschen verschieden bestellt. Schlechtem Sehvermögen kann man mit einer Brille nachhelfen; bei Nase und Zunge gibt es keine Hilfsmittel. Die Zunge bleibt das wichtigste Organ jeder Weinprobe. Sie ist Träger des Geschmackssinnes in des Wortes engster Bedeutung. In sie hineingebettet und ein wenig unter der Haut liegend sitzen die ›Geschmacksknospen‹, becherartige, winzige Gebilde, die durch die Vereinigung der ›Sinneszellen‹ entstehen. Durch den Geschmacksnerv stehen sie mit dem kompliziertesten Registrierapparat der Welt, dem Gehirn, in Verbindung. Je nachdem wo die Geschmacksknospen in der Zunge und auch noch im Gaumen sitzen, werden die verschiedenen Geschmacksnuancen wahrgenommen: an der Zungenspitze das Süße, am mittleren Rand das Saure, am Vorderrand das Salzige und am Zungenrand das Bittere. Die Gaumen-Geschmacksknospen ziehen schließlich aus dem Gesamteindruck der Zungen-Gaumenknospen das Resümee. Tun sie das nicht, dann hat der Wein, wie die Kenner sagen, keinen ›Abgang‹. Es muß deshalb kein schlechter Wein sein, aber er besitzt nicht das, was man von einem edlen Tropfen erwartet. Weniger fein ist für den Ausdruck ›Abgang‹ die Bezeichnung ›Schwanz‹ oder ›Schleppe‹. Der Gaumen bestätigt auch, ob ein Wein ›Extrakt‹, ›Körper‹ oder ›Bodengeschmack‹ hat. Für ›Blume‹ und ›Bukett‹ ist wiederum in der Hauptsache die Nase zuständig. Was es mit diesen Ausdrücken auf sich hat, erfahren wir aus dem

Kapitel ›Kleines Wein-Abc‹. Und die Augen? Sie haben festzustellen, ob der Wein klar ist. Bei hellem Tages- oder viel künstlichem Licht können sie das nicht. Bei der Weinprobe wird deshalb das stets nur zu einem Viertel gefüllte Weinglas gegen das Licht einer Kerze vor hellem Hintergrund gehalten. Nun kann es vorkommen, daß sich in dem sonst klaren Wein dünnstreifige Schatten zeigen, die an dünne Wolkenschleier an einem sonst strahlend blauen Himmel erinnern. Der Fachmann nennt sie ›Schlieren‹. Er ist, vor allem bei Rieslingweinen, zufrieden, wenn er sie feststellen kann. Sie sind ein Zeichen für ›Körper‹ und verschwinden bald, so wie ein Windstoß die Wolkenschleier vertreibt.

Der Fachmann spricht übrigens nicht von einer ›Weinprobe‹, sondern ›Weinkost‹. Er probiert nicht den Wein, er ›verkostet‹ ihn, und die Männer, die das für größere Weinfirmen von Berufs wegen tun, heißen ›Verkoster‹. Sie sind im Weingeschäft ebenso unentbehrlich wie im Kaffee- und Teegeschäft. Sie müssen eine überdurchschnittliche Begabung der drei Sinne Gesicht, Geruch und Geschmack besitzen, verbunden mit einem ausgeprägten Geschmackserinnerungsvermögen. Außerdem müssen sie alles vermeiden, was die Geschmacksknospen und -nerven abstumpfen könnte; vor allem dürfen sie nicht rauchen. Bei der ›Weinkost‹ sollten das auch Nichtverkoster von Fach unterlassen und außerdem möglichst nichts essen, was von sich aus stark schmeckt. Dazu gehören Süßes und Bitteres ebenso wie Saures. Das schlimmste ist alles Saure. Wer eine eingelegte Gurke oder einen Rollmops, kurzum alles, was mit Essig in Verbindung steht, zu sich nimmt, darf sich nicht wundern, wenn die schönste Auslese nicht schmeckt. Weniger schlimm ist das Salzige, wie sich überhaupt die meisten Gewürze und Kräuter mit Wein gut vertragen.

Wer es mit der Weinprobe – bleiben wir als Nichtfachleute ruhig bei ihr – ernst meint, wird sich als Zukost auf Brot und Käse beschränken. In vielen Fällen ist Käse sogar ein idealer Weinbegleiter. Nicht jeder ›Stinkador‹ natürlich wie etwa ein Limburger oder Bayerischer Bierkäse. Auch paßt nicht jeder Käse zu jedem Wein. Es gibt aber trotzdem einen Käse, der mit jedem Wein harmoniert. Es ist der ›Schweizer‹, ob nun echter Schweizer in Form von Emmentaler, Gruyère (Greierzer) oder Appenzeller oder ob aus dem Allgäu, Savoyen, Dänemark und Norwegen. Seine rassige Zartheit und sein feiner Nußgeschmack werden von einem Rheingauer Riesling ebenso akzeptiert und goutiert wie von einem stahligen Saar- oder Ruwerwein, einem fränkischen Silvaner, einem badischen Ruländer oder schwäbischen Trollinger. Ein wuchtiger Ruländer oder Rieslaner vertragen sich auch mit kräftigeren Schnittkäsen wie Gouda, Edamer, Tilsiter, Münsterer. Letzterer ist übrigens ein idealer Käse zum Weißburgunder (Pinot Blanc). Herbe, rassige und dabei leichte Weine befreunden sich rasch mit Schimmelkäse wie Brie und Camembert. Edelpilzkäse wie Gorgonzola, Roquefort und Stilton sollte man, reicht man sie zu Weißweinen, mit Butter mischen. Rotweinen kann man ruhig so mit ihnen kommen, wie sie sind. Aber Hände weg von Rotwein, wenn man zusammen ein Käse-Fondue auslöffelt! Der Magen würde sehr ungnädig reagieren. Auch bei der ›Quiche Lorraine‹, der lothringischen Käsetorte, wäre zu einem trockenen, völlig ausgegorenen Weißwein zu raten. Ausnahmsweise hier das Rezept.

Quiche Lorraine

Aus 125 g Mehl, 1 Prise Salz, 80 g Butter und 1 TL Backpulver einen geschmeidigen Knetteig anrühren und dann 1 Stunde kalt stellen. Dann eine ausgefettete Form mit der ausgerollten Teigmasse ausfüllen und etwa 15 Minuten bei mittlerer Hitze vorbacken. Darauf den Boden mit 125 g streifig geschnittenem gekochten Schinken belegen. Aus 250 g geriebenem alten Käse, 2 Eidottern und ⅛ l saurer Sahne sowie etwas Paprikapulver auf kleiner Flamme eine Masse anrühren, über den Schinken gießen und das Ganze im jetzt heißen Backofen (250 Grad) etwa 20 Minuten backen und heiß servieren.

Die Quiche Lorraine hat uns etwas vom eigentlichen Thema, der Weinprobe, fortgeführt. Setzen wir uns also, möglichst bei Kerzenlicht, um einen runden Tisch oder Couchtisch, nachdem wir darauf geachtet haben, daß die unbedingt farblosen Gläser blitzblank sind und der zu verkostende Wein die richtige Temperatur hat. (Davon später etwas mehr!) Auf dem Tisch stehen Schalen oder Körbchen mit Weißbrot- und Käsewürfeln oder auch nur Käsestangen. Füllen wir die Gläser etwa bis zur Hälfte, halten wir sie gegen eine Kerze und lassen wir dabei das Glas leicht kreisen. Lassen wir auch die Nase zu ihrem Recht kommen! Schnuppern wir also und suchen wir den Geruch, die ›Blume‹ zu registrieren. Sagen wir nicht gleich »nein«, wenn der Wein wenig oder gar keine Blume hat. Beim Auxerrois und Weißburgunder ist das z. B. der Fall, und trotzdem kann es ein edler Wein sein. Vom Riesling aber können wir ›Blume‹ fordern.

Jetzt kommt der erste Schluck, gerade so viel, daß der Wein die Zunge umspülen kann, ein Spielchen, dem man sich mit Andacht hingeben muß. Nun kann der Wein, nachdem alle Geschmacksknospen mit ihm Bekanntschaft geschlossen haben, langsam in den Gaumen rollen. Auch dort verweilt er noch ein Sekündchen, ehe er verschluckt wird und die Speiseröhre herunterrinnt.

Ein neuer, anderer Wein ist an der Reihe. Das verlangt eine Unterbrechung des fast feierlichen, aber hoffentlich nicht zu feierlichen Zeremoniells durch ein paar Brot- oder Käsewürfel. Die Geschmacksknospen wollen neutral gestimmt sein. Wir wollen sie nicht überfordern. Ein Weinverkoster vom Fach schafft ohne große Mühe mehrere Dutzend Weine während einer Verkostung. Beim Nichtfachmann setzt das Beurteilungsvermögen meistens schon nach einem halben Dutzend Weinen aus.

Eines sollte man vermeiden: Weiß- und Rotweine durcheinander zu probieren. Einen badischen und württembergischen Weißherbst kann man schon einmal dazwischenschalten.

Man kann die Weinprobe auch zu einem kleinen Gesellschaftsspiel umgestalten. Bei ihm geht es um Punktesammeln. Zum Beispiel kann man sechs badische Weine, alle von einer verschiedenen Rebsorte, probieren und dann raten lassen, ob es sich um einen Riesling, Ruländer, Markgräfler, Weißburgunder, Silvaner oder Müller-Thurgau handelt. Wer richtig tippt, bekommt einen Punkt. Oder man stellt sechs Rieslinge aus sechs verschiedenen Weinbaugebieten zusammen und läßt dann raten, aus welchem Gebiet jeweils der Riesling stammt. Auch deutsche Rotweine können Rätsel aufgeben, z. B. Spätburgunder von der Ahr, aus Assmannshausen, Ingelheim, Kaiserstuhl, Franken und Württemberg. Und damit kommen wir zur Frage nach der richtigen Temperatur.

Wie soll deutscher Wein temperiert sein?

Beginnen wir mit den Rotweinen! Allen Spätburgundern sollte man die gleiche Temperatur zubilligen wie ihren Brüdern von der burgundischen Côte d'Or, nämlich eine Temperatur von 15–17 Grad. Man erreicht sie am besten, wenn man die Flaschen morgens aus dem Keller holt, den Tag über ins Zimmer stellt und etwa eine Stunde vor dem Einschenken öffnet, damit sie ›atmen‹ können. Weine von der Portugieser-, Trollinger- und Lembergertraube lieben es etwas kühler, so zwischen 14 und 16 Grad. Portugieser kann man sogar, ähnlich wie den Beaujolais, noch etwas kühler trinken. Im übrigen halte man sich an die Faustregel: je älter und exquisiter der Rotwein, desto wärmer will er genossen sein. Das gilt übrigens bis zu einem gewissen Grad auch für Weißweine. Während die Weine von Mosel, Saar und Ruwer, aus Franken, Württemberg, dem Mittelrhein und zum Teil auch von der Nahe, und zwar vom einfachen Tafelwein bis zur Spätlese, in ihrer Temperatur zwischen 8 und 10 Grad liegen sollten, dürfen alle Auslesen nicht kälter als 12 Grad sein. Die Weine aus dem Rheingau, Rheinhessen und der Rheinpfalz, zum Teil auch vom Kaiserstuhl mögen es etwas wärmer und entfalten Blume und Bukett am schönsten bei etwa 12 Grad. Liegt die Kellertemperatur darunter, dann genügt es, wenn man diese Weine etwa eine Stunde vorher in einen kühlen Raum stellt. Der Kühlschrank ist nur in äußersten Notfällen erlaubt, wenn man die Flasche in die Gemüseschale legt. Besser ist Kühlung im kalten, leicht fließenden Wasser. Der besseren Übersicht wegen das Ganze noch einmal als Tabelle:

Rotweine

Spätburgunder	15–17 Grad
Trollinger und Lemberger	14–16 Grad
Portugieser	13–14 Grad

Weißweine

Tafelweine und Prädikatsweine bis zur Spätlese von Mosel, Saar, Ruwer, Mittelrhein, Nahe, Franken, Baden und Württemberg	8–10 Grad
Weine aus dem Rheingau, Rheinhessen und Rheinpfalz	10–12 Grad
Alle Auslesen	12–14 Grad
Roséweine bzw. Weißherbste	6–8 Grad

Die Sache mit dem Korken

Wenn man bei uns auch dazu übergegangen ist, Tafelweine in 1/1-Liter-Flaschen nur mit einer Kapsel oder Drehverschluß zu verschließen, wogegen auch nichts einzuwenden ist, da diese Weine durchweg pasteurisiert sind, besitzen die meisten 3/4-Liter-Flaschen, ob Tafel- oder Qualitätswein, noch immer den traditionellen Korken. Bei Tafelweinen wird häufig die Stanniolkapsel weggelassen. Der Korkenzieher muß also in Funktion treten. Neben dem schon traditionellen Zieher, der mit der Hebelwirkung arbeitet und der vor allem in der Gastronomie gebräuchlich ist, gibt es ganz raffinierte Instrumente, bei denen durch eine Kanüle Preßluft, Kohlensäure oder Gas zwischen Korken und Wein eingeführt wird und bei denen das Korkenziehen ein Kinderspiel ist, das außerdem noch den Vorteil hat, daß die Flasche und damit der Wein nicht erschüttert werden. Die meisten bedienen sich aber noch immer des guten, alten Ziehers, der aus einem Griff und einer Spirale besteht. Man achte indessen darauf, daß die Spirale 5–6 cm lang ist und der Teil, der die Spirale mit dem Griff verbindet, eckig und nicht rund ist. Und man mache es sich zur Regel, die Spirale langsam, genau in der Mitte des Korkens und senkrecht einzudrehen und den Korken noch langsamer und behutsamer herauszuziehen. Die Flaschenöffnung wischt man dann mit einem blitzsauberen Tuch aus. Ehe man schließlich einschenkt, schnuppert man am Korken, der allenfalls etwas nach Wein, aber nach nichts anderem riechen darf.

Die deutschen Weinlagen

Ahr

Dunkler, heiliger Wein!
Sieh, ich dürfte dich trinken.
Doch in dein mystisches Blinken
Schau ich mit Andacht hinein.

Friedrich Hebbel

Das Ahrtal ist mit einer Rebfläche von 495 Hektar das geschlossenste Rotweingebiet auf Deutschlands Weinkarte. Das bedeutet natürlich nicht, daß es etwa an das Bordelais oder Burgund heranreicht. Trotzdem hat es mit diesen beiden berühmtesten Weinbaugebieten etwas Gemeinsames. Zwar herrscht der Rotwein vor, aber nicht ausschließlich. In das Rotweingebiet eingesprengt sind sozusagen weiße Enklaven. Im Bordelais und Burgund sind es Sauternes und Chablis, von den Gebieten, in denen sowohl ein guter roter und weißer Tropfen die Flaschen füllt wie etwa Graves und Côte d'Or ganz abgesehen. Auch das Ahrtal hat seine weiße Enklave. Es ist das Gebiet um Rech und Dernau, wo den Besucher ein guter Riesling erwartet. Sonst aber dominieren die Trauben der Spätburgunder- und der Portugieser-Rebe der burgundischen Côte d'Or, dort Pinot-Noir genannt. Nur daß sie im Ahrtal ihre Wurzeln in Böden von Grauwacke und Schiefer treiben muß, während es in der Côte d'Or Kalksandstein ist.

Es hat Zeiten gegeben, da beschränkte sich der Weinbau in diesem südöstlichen Teil der Eifel nicht auf das untere Ahrtal. Weiter

westlich in dem Land der Mare, kahlen Hochflächen, Waldbergen, Äcker und Ruinen, diesem so beliebten Ausflugsziel der Menschen aus den Ballungszentren des Niederrheins und des ›Ruhrpotts‹ liegt Prüm, ehemals unabhängige Reichsabtei, dann mit dem Erzbistum Trier vereinigt. Auch dort hat man es einmal mit dem Weinbau versucht, mußte aber bald vor dem rauhen Klima die Waffen strecken. Dann fanden sich noch von der Römerzeit her ein paar verlassene Weinberge im Ahrtal. Sie gingen in den Besitz der Abtei über. Lagennamen wie ›Klosterberg‹, ›Klostergarten‹ und ›Mönchsgarten‹ deuten noch darauf hin. Das Land war ursprünglich Besitz der salischen Könige, später wurde es kurkölnisch und schließlich 1795 preußisch. Wie die übrige Eifel war das Ahrtal kein besonders reiches Erbe, das der Regierung im fernen Berlin in den Schoß fiel. Während sich rechts des Rheins eine mächtige Industrie entwickelte, von deren Entfaltung auch das ehemalige Erzbistum Köln profitierte, in dessen Nähe später große Braunkohlenvorkommen erschlossen wurden, dämmerte das Ahrtal dahin. Wäre Bad Neuenahr mit seinen 36 Grad warmen alkalischen Quellen, die so gut gegen Stoffwechselkrankheiten sind, nicht gewesen, so wäre es vielleicht weiter still geblieben zwischen Kreuzberg und Sinzig, dann hätten es vielleicht die kleinen Winzer im Ahrtal nicht einmal mehr für nützlich erachtet, die hier besonders beschwerliche Arbeit im Weinberg fortzuführen.
Aber wovon sollten sie in dem engen, von bizarren Felsformationen umsäumten Tal leben, wenn sie nicht in die Industrie abwanderten wie zum Beispiel nach Andernach mit seinen Bimssteinwerken, als vom Wein. An Acker- und Gemüsebau war nicht zu denken. Man konnte zufrieden sein, wenn man an den Ufern des zur Schneeschmelze und bei vielem Regen ungebärdigen Flusses Kartoffeln anbauen konnte. Die Winzer waren auch am Ende des vorigen Jahrhunderts nahe daran aufzugeben, bis auch ihnen, genauso wie ihren badischen Berufskollegen, der genossenschaftliche Zusammenschluß zur Hilfe kam. Ohne die Winzergenossenschaften und -vereine gäbe es vielleicht heute keinen Ahrwein mehr, und Deutschland wäre um einen Wein ärmer, der unbedingt seine Qualitäten hat, wenn uns auch die Behauptung übertrieben erscheint, daß der Ahrburgunder der beste deutsche Rotwein sei. Immerhin gibt es ja auch die guten, zum Teil vorzüglichen Tropfen von Assmannshausen, Ingelheim, Bad Dürkheim, Kaiserstuhl, Ortenau, Klingenberg am Main, Stuttgart und Cannstatt.

Einst war der Rotwein aus dem Ahrtal ein etwas bleicher Geselle und hieß darum auch mit Recht ›Bleichert‹. Auch er hatte seine Freunde, sogar im Ausland, vor allem in England. Engländer, die in Bad Neuenahr zur Kur weilten, nahmen sich gern ein Fäßlein mit. Heute ist er fast eine Rarität. Man hat von den Franzosen gelernt, und die Landeslehr- und Versuchsanstalt des Landes Nordrhein-Westfalen in Ahrweiler, die auch die staatliche Weinbaudomäne Mariental betreut, hat das ihrige dazu getan, den etwa 2000 Winzerfamilien den Umgang mit Rebsorten wie Spät- und Frühburgunder, Portugieser, Riesling und Malinger vertraut zu machen. Der ›Malinger‹, eine auch früher im Ahrtal angebaute Rebsorte, hieß früher einfach ›Weißer‹. Sein Anbau geht zugunsten des Riesling und des Müller-Thurgau immer mehr zurück. Wo Boden und Mikroklima für den Spätburgunder nicht mehr ausreichen, zieht man Frühburgunder oder Portugieser.

Das Weinbaugebiet des Ahrtals hat man, wenn man nicht Station macht, in einer Stunde durchfahren; ist es ja nicht mehr als knappe 45 Kilometer lang. Von Sinzig am Rhein bis Mayschoss ist die Landschaft etwas eintönig. Das ändert sich wie mit einem Paukenschlag mit dem Felsgebilde der ›Bunten Kuh‹, die sich bei Mayschoss in den Himmel reckt. Das Tal wird enger, das Ufer rechts und links immer steiler. Manchmal wundert man sich, wie die Winzer es überhaupt schaffen, mit ihren Geräten die steilen Treppchen heraufzusteigen, um zu ihren wie grüne Fetzen zwischen den bald bewaldeten, bald kahlen Felsen liegenden Weinbergen zu gelangen. Sie müssen es schaffen und sie schaffen es auch, wenn ihnen auch abends der Rücken schmerzt vom Tragen der vielen Kiepen mit Stalldung, sofern dieser zur Verfügung steht, Kunstdünger, Sprühgeräten und zur Zeit der Lese mit Trauben. Aber schon Sebastina Münster, erst Freund, dann Widersacher Martin Luthers, hat von ihnen gemeint: »Die Einwohner sind gar arbeitssam und haben sinnreiche Köpfe, wo sie geübt werden.« Fröhlich, ja, lustig können sie obendrein sein. Dafür sorgt ihr Wein oder auch der ›Weinhefen‹, ein Tresterschnaps, den es in gleicher Qualität erst in Baden wieder gibt.

An Gästen mangelt es im Ahrtal nie. Es sei überhaupt davor gewarnt, das Ahrtal an den sommerlichen und herbstlichen Wochen-

Anbaugebiet Ahr >
mit dem Bereich Walporzheim/Ahr

AHR

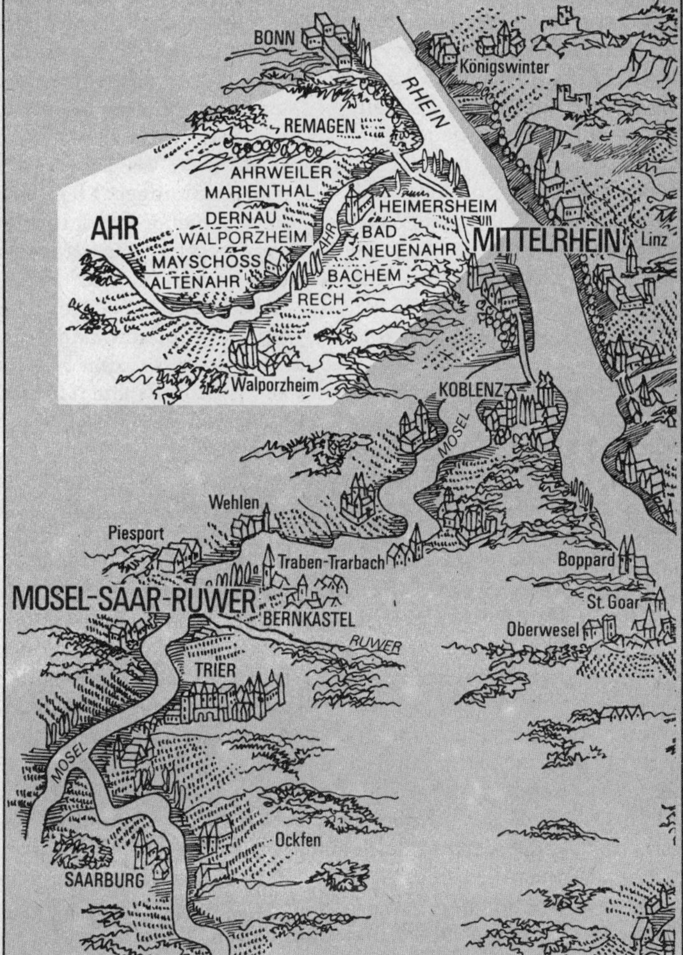

BONN
Königswinter
RHEIN
REMAGEN
AHRWEILER
MARIENTHAL
HEIMERSHEIM
DERNAU
AHR
WALPORZHEIM
BAD
NEUENAHR
MITTELRHEIN
Linz
MAYSCHOSS
ALTENAHR
BACHEM
RECH
Walporzheim
KOBLENZ
MOSEL
Wehlen
Piesport
Traben-Trarbach
Boppard
MOSEL-SAAR-RUWER
BERNKASTEL
St. Goar
Oberwesel
RUWER
TRIER
MOSEL
Ockfen
SAARBURG

enden aufzusuchen. Dann geht es dort nicht viel anders zu als in der Drosselgasse von Rüdesheim.

Das Weinbaugebiet Ahr besitzt nur eine Großlage namens ›Klosterberg‹. Diese Großlage wiederum verfügt über 43 Einzellagen. Das will bei einer Mindestfläche von fünf Hektar pro Lage schon etwas heißen. Welchem Wein die Krone geben? Karl Sautmann, Besitzer der renommierten ›Lochmühle‹ in Mayschoss, wiegt den Kopf. Ihm gehört ja die Lage ›Lochmühlerley‹. Schließlich meint er, daß die Heimersheimer ›Landskrone‹ und der Walporzheimer ›Kräuterberg‹ ungefähr die gleichen Meriten hätten. Und als Jahrgang empfahl er uns den 1966er. Man müsse dem Ahrburgunder Zeit lassen, sich zu entwickeln, zuerst im Faß, bei Spitzenweinen am besten im 300-Liter-Faß, wo er dreimal abgestochen werden müßte, und dann in der Flasche. Behandle man ihn richtig, so verliere er eine gewisse Härte und Schwere und gewönne trotz anderen Bodens und anderen Klimas die samtige und doch rassige Weichheit eines Edelweins von der burgundischen Côte d'Or. Habe man sogar das Glück, einen 1959er zu probieren, dann sehe man wie zu ›St. Peter‹ in Walporzheim den Schlüssel zum Himmel an der Decke hängen. Herr Sautmann zog gleichfalls einen Schlüssel aus der Tasche, winkte einen Kellner heran und flüsterte diesem etwas ins Ohr. Nach einiger Zeit kam dieser mit einer verstaubten Flasche im Dekantierkörbchen heran. Wir wunderten uns ein wenig, da die Flasche die Form der üblichen Schlegelflaschen mit Weißwein hatte. Aber Weißwein wird ja nicht dekantiert. Herr Sautmann besorgte das vor einer brennenden Kerze mit großer Behutsamkeit. In der kristallenen Dekantierflasche schimmerte der Wein purpurgolden. Es war ein 1950 Marienthaler Klostergarten Beerenauslese aus dem Besitz der staatlichen Domäne. Als einziger Weingutsbesitzer füllt sie ihre Spätburgunder nicht in die klassischen Burgunderflaschen um. Noch erstaunlicher und überraschender war indessen für uns, daß die Ahrburgunder Weine in guten Jahren Auslesen und Beerenauslesen ergeben, ohne daß letztere von der Edelfäule (Botrytis) befallen werden. Die Sonne kann auf dem einst vulkanischen Gestein so heiß brennen, daß die Beeren zu Rosinen zusammenschrumpfen und Moste von einem Öchslegewicht von 117 bis 125 Grad bei 7 bis 8 Prozent Säure ergeben. Aber wie oft geschieht das schon in diesem neben dem Siebengebirge nördlichsten Weinbaugebiet der Welt!

Empfehlenswerte Einzellagen

Ahrweiler:	Rosenthal (Spätburgunder)
Altenahr:	Ursulinengarten (Spätburgunder)
Dernau:	Hardtberg (Spätburgunder)
Heimersheim:	Landskrone (Spätburgunder). – Heimersheim ist wie Altenahr und Walporzheim heute ein Teil von Bad Neuenahr.
Marienthal:	Klostergarten (Spätburgunder)
Mayschoss:	Mönchsberg (Spätburgunder), Schieferley (Riesling)
Rech:	Herrenberg (Riesling)
Walporzheim:	Kräuterberg (Spätburgunder), Gärkamer (Spätburgunder), Domlay (Spätburgunder).

Baden

Anni, stell e Doppellyter
Oelfer uf en Ofedisch,
Trinket uus un machet wyter,
Zugehockt, wer kai Sürmel isch!
Dusse sauts, do inne dunklets,
Also weimer haiter sy:
Lueg, in alle Gläser funklets:
Wy, dasch flüssige Sonneschy.

Hermann Burte

Als es zu dämmern begann, fingen die Rebhänge auf dem kegelartigen Schloßberg von Staufen die letzten Strahlen der Sonne auf, die als roter Ball in dem blaugrauen Dunst der Rheinebene versank. Es war Ende September, und das Weinlaub begann sich gelb und bräunlich zu färben. Zwischen dem Laub leuchteten die Trauben auf. Dem Süden zugewandt waren sie blaßgrün und die Beeren klein, gedrungen und dicht aneinander sitzend. Es konnten nur Rieslingtrauben sein. Am Westhang des Berges waren sie dunkelblau und violett. Man sah gleich, daß hier Spätburgunder gedieh, aus deren Trauben die Winzer von Staufen gern den Weißherbst keltern. Die Straßen des alten Städtchens lagen schon im Schatten. Im Schatten lag auch der Renaissancegiebel des kleinen, weißgetünchten Rathauses mit hohem Schieferdach und Dachreiter, auf dessen Front man über dem hohen Torbogen acht Wappen eingemeißelt hat. Achtmal hat das Städtchen im Laufe der Geschichte den Besitzer gewechselt. Staufen am Ausgang des Münstertals, welches sich rühmt, daß in seinen Mauern der Teufel den ›Weyt beschreyten Zauberer‹ Doktor Faustus geholt habe – an den Mauern des dem Rathause benachbarten Gasthauses kann man die erschröckliche Sage nachlesen –, ist so ein Spiegelbild des Landes Baden selbst.

Aus der Vereinigung einzelner Territorien der Grafen von Zähringen im Herzogtum Schwaben entsteht im 12. Jahrhundert die Markgrafschaft Baden. 1535 zerfällt sie in zwei Teile: Baden-Ba-

den und Baden-Durlach. Durlach wird 1715 von der dort regierenden Linie als Residenz aufgegeben und an seiner Stelle Karlsruhe als Landeshauptstadt zum Teil neu gegründet. 1771 vereinigen sich beide Linien wieder. Südbaden ging eigene Wege. So wird Freiburg im Br. 1368 habsburgisch und nach dem Dreißigjährigen Kriege bis 1805 Sitz der sogenannten vorderösterreichischen Regierung. Reste der alten Zähringer Territorien zwischen Freiburg und Basel bleiben jedoch unabhängig und bilden die Markgrafschaft, auch Markgräfler Land genannt. Im nördlichsten Baden dagegen regieren von Heidelberg aus die Pfalzgrafen, später Kurfürsten am Rhein, deren Kurfürstenwürde 1805 an das Herzogtum Baden übergeht, das 1806 Großherzogtum wird und bis 1918 bleibt.
Bereits 1803 hatte Badens große Stunde geschlagen. Die Gunst Napoleons – Herzog Karl Ludwig Friedrich war der Gemahl von Stephanie de Beauharnais, einer Schwester der ersten Frau des französischen Kaisers – und des Zaren Alexander I. von Rußland, der eine badische Prinzessin zur Frau hat, brachte dem bisher zersplitterten Herzogtum einen Landgewinn wie keinem anderen deutschen Land. Badens Territorium vergrößerte sich um das Zehnfache. Für den Verlust der Grafschaft Sponheim im Hunsrück und einiger kleinerer linksrheinischer Güter erhielt es das Bistum Konstanz, die rechtsrheinischen Teile der Hochstifter Straßburg, Speyer, Basel und von der Pfalz u. a. Heidelberg und Mannheim, ferner eine Fülle von reichsfreien Abteien und Städten wie zum Beispiel Gengenbach in der Ortenau.
Das alles erzählte uns ein Professor der Universität Freiburg, der von dort nach dem nahen Staufen gekommen war und mit uns im ›Hirschen‹ an dem runden Stammtisch saß. Dabei leerte er bedächtig ein Viertele nach dem anderen. Die Leute, so sagte er versonnen, machten sich selten klar, daß Baden vom Bodensee und damit vom Rhein bis zum Main reiche. Die meisten glaubten, mit Karlsruhe, allenfalls Heidelberg sei es zu Ende. Wer aber denke schon daran, daß das Neckartal von Wimpfen bis Heidelberg und das Taubertal von Bad Mergentheim bis Wertheim badisch seien, daß auch an der Jagst badische Weine wüchsen, Weine die man überhaupt erst entdecken müßte, so wie auch die Weine des Kraich- und Pfinz-Enzgau überhaupt noch auf die schnuppernden Nasen und gewölbten Lippen wahrer Weinkenner warteten. Was wüßten die Leute schon viel vom badischen Wein, so viel reden er von

sich in den letzten Jahren auch gemacht habe. Mit dem Kaiserstühler und Markgräfler sei meistens ihre badische Weinweisheit zu Ende. Das Sammelwort ›Badischer Wein‹ sei ihm überhaupt zu vage und nichtssagend. Man spreche ja auch nicht von rheinischen Weinen, sondern unterscheide fein zwischen Wein von der Mosel, Saar, Ruwer, Nahe, Rheinhessen und Rheinpfalz.
Der Professor hatte recht, und doch auch wieder nicht. Denn was 1803 aus vielen Territorientüchern und -fetzen zu einem neuen staatlichen Gewand zusammengenäht wurde, wurde im Laufe der Jahrzehnte zu einem Kleid, das allen Badenern wie auf den Leib geschnitten paßte, ob sie nun in Meersburg am Bodensee, in Breisach, Offenburg, Pforzheim, Eberbach oder Tauberbischofsheim zu Hause waren. Man hat sie dann nach 1945 mit Württemberg und Hohenzollern zu einem ›Südweststaat‹ vereinigt und später das Land Württemberg-Baden daraus gemacht. Baden ist trotzdem Baden geblieben, und erst recht blieben die Badener Badener. Es hat ihnen ja auch nicht viel geschadet, daß sie von nun an von Stuttgart und nicht mehr von Karlsruhe regiert werden. Vom Wein allein kann man schließlich nicht leben, obwohl es sich vom Wein besser leben läßt als noch vor drei Jahrzehnten, worauf wir noch zu sprechen kommen. Und noch immer gibt es die Badische Weinstraße; noch immer kann man sie fast von Hagnau am Bodensee bis Heidelberg entlang bummeln, immer das Schild mit der Aufschrift ›Badische Weinstraße‹ und der Traube in drei ineinandergreifenden Ringen und dem badischen Wappen, dem dicken roten Streifen auf gelbem Feld, vor Augen. Beginnen wir unsere Weinreise in Hagnau und schließen wir zuerst Bekanntschaft mit den Seeweinen.

Anbaugebiet Baden
mit den Bereichen Bodensee, Markgräflerland, Kaiserstuhl/Tuniberg, Breisgau, Ortenau, Badische Bergstraße/Kraichgau und Badisches Frankenland

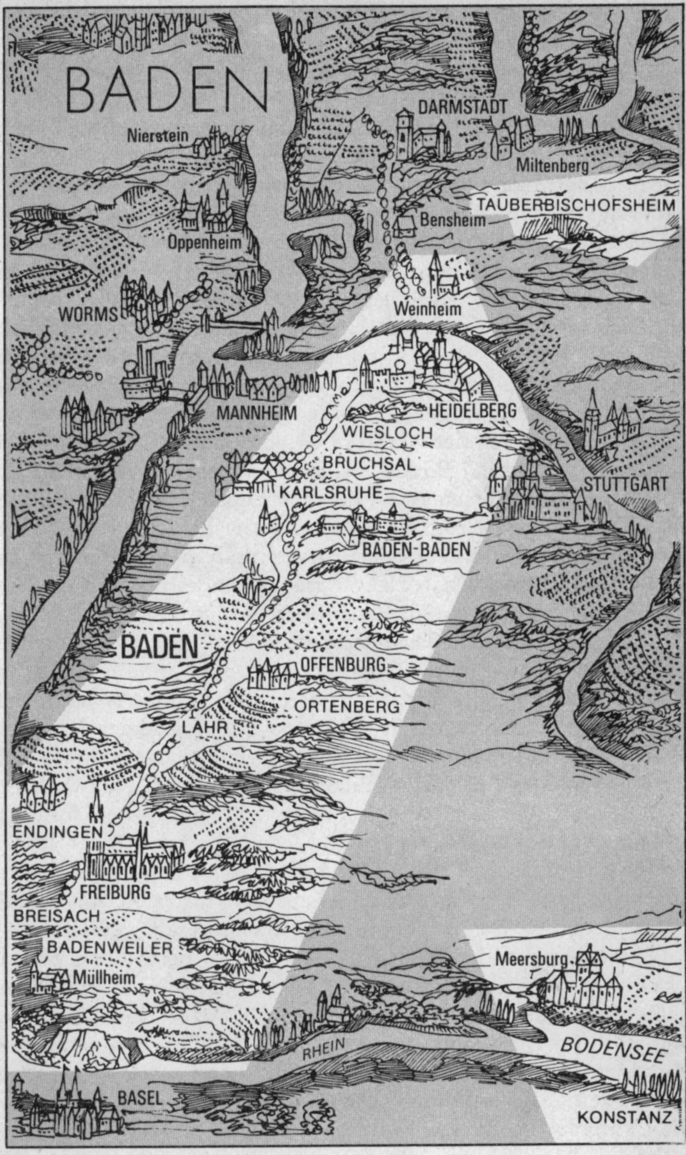
BADEN
Nierstein
DARMSTADT
Miltenberg
TAUBERBISCHOFSHEIM
Bensheim
Oppenheim
Weinheim
WORMS
MANNHEIM
HEIDELBERG
WIESLOCH
NECKAR
BRUCHSAL
KARLSRUHE
STUTTGART
BADEN-BADEN
BADEN
OFFENBURG
ORTENBERG
LAHR
ENDINGEN
FREIBURG
BREISACH
BADENWEILER
Müllheim
Meersburg
RHEIN
BODENSEE
BASEL
KONSTANZ

Bodensee

Die meisten, die vom bayerischen Lindau kommen und das württembergische Friedrichshafen durchquert haben, machen in Hagnau nicht halt, sondern streben eilig Meersburg zu, um dort ein paar Tage zu verweilen oder die Fähre nach Konstanz zu benutzen. Hagnau hat keine zwei Schlösser wie Meersburg (das eine Deutschlands älteste Burg überhaupt und das zweite von Balthasar Neumann um die Mitte des 18. Jahrhunderts erbaut). Hagnau kann sich auch nicht rühmen, eine Dichterin als Bürgerin gehabt zu haben. Trotzdem ist dort gut sein, und wahrscheinlich ist Annette von Droste-Hülshoff auch dort zu Besuch gewesen. Ein Schloß gibt es ganz in der Nähe. Es ist Schloß Kirchberg und gehört den Nachfahren der Markgrafen von Baden. Und etwas weiter gibt es wieder ein Schloß, Schloß Hersberg. Heute ist es ein katholisches Priesterseminar. Als die Droste-Hülshoff 1848 in Meersburg starb, betrug die Rebfläche des badischen Bodenseeufers und einiger Gebiete landeinwärts noch rund 2000 Hektar; heute ist sie auf etwa 350 Hektar zusammengeschrumpft. Das ist jammerschade. Denn welche köstlichen Weine könnten hier zusätzlich erzeugt werden. Zwar setzt die Höhenlage (bis zu 400 Meter) dem Weinbau gewisse Grenzen. Aber das Klima ist mild; im Oktober kann noch die Sonne brennen, so daß selbst späte Sorten wie der Traminer ganz ausreifen können. Der Spiegel des Sees wirft die Sonnenstrahlen zurück und verdoppelt gleichsam ihre Kraft. Häufige Nebel im Frühjahr schützen vor tückischen Nachtfrösten. Teils steinige, teils tiefgründige Böden, bei Meersburg Moränenschotter, bei Hagnau leichter Lehm, Kies und Sand, bei Überlingen Molasse, das alles sind Voraussetzungen für gute, ja, volle Weine. Allerdings begünstigt das milde Klima das Auftreten von Schädlingen. Gegen sie ist aber heute mehr als ein Kraut gewachsen.

Probieren wir also den Wein aus den Kellern des Winzervereins in Hagnau! Er ist übrigens die erste Winzergenossenschaft Badens, ja, Deutschlands. Gegründet hat sie der Pfarrer Hansjakob, ein Heimatdichter wie Johann Peter Hebel, wenn auch kein so begnadeter Lyriker und Schnurrenerzähler. Er kannte seine Hagnauer Pfarrkinder und ihre Munterkeit und hat ihre vorzüglichen Kirschen, ihren Abscheu vor Wasser, ihren großen Durst und ihren

Wein gelobt. Sie taten sich indessen wirtschaftlich schwer, die guten Hagnauer, und nicht nur sie, sondern auch ihre Seenachbarn in Meersburg, Immenstaad, Bermatingen, Markdorf, Öhningen, Überlingen, Singen am Hohentwiel, Stetten, Kippenhausen, Bohlingen, Horn, Allensbach, Konstanz und auf der Insel Reichenau, wenn sie nicht große Herren waren wie der Markgraf von Baden, dem ja auch Salem mit seinem berühmten Internat gehört, oder staatliche Betriebe wie das Staatsweingut in Meersburg, das mit 30 Hektar über den größten Weinbergbesitz ganz Badens verfügt. Der Markgraf von Baden läßt auf zehn Hektar Wein gedeihen sowohl in Meersburg als auch in Hagnau, auf Schloß Kirchberg und in Bermatingen.

Da der Pfarrer Hansjakob wußte, wo seinen Leuten der Schuh drückte, gründete er, wie gesagt, 1881 den ›Verband Oberbadischer Winzergenossenschaften am Bodensee‹. Den Rückgang des Anbaus hat er nicht verhindern können. Weinberge verwandelten sich in Obstgärten, Villengrundstücke, Hotels, Pensionen und Restaurants oder auch Industriegelände. Die Winzer waren auch schwer dazu zu bewegen, anstatt des Massenträgers Elbling edlere Reben anzubauen. Noch 1952 bestand der Rebsatz in Hagnau zu 40 Prozent aus Elbling, in Kippenhausen waren es sogar 80 Prozent. Das änderte sich im Grunde erst, als nach dem Zweiten Weltkrieg die Zentralkellerei Badischer Winzergenossenschaften in Breisach am Kaiserstuhl ins Leben gerufen wurde. Von ihr erzählen wir später.

Heute sind Blauer Spätburgunder, Ruländer, Müller-Thurgau, Rieslaner, wohl auch etwas Silvaner und Gewürztraminer an Stelle des Elbling getreten. Wie am Kaiserstuhl und Tuniberg oder auch in der Ortenau, läßt man die Schalen der Spätburgundertrauben häufig nicht mitvergären, so daß der ›Weißherbst‹ hellrötlich im Glas schimmert. Man möchte ihn fast *den* Wein des Bodensees nennen. Den besten gibt es wohl in Meersburg, stamme er nun aus dem Staatlichen Weingut, Städtischen Rebgut oder der Winzergenossenschaft. Aber auch der Hagnauer ist nicht zu verachten. Von hier aus sind 1963 die Leute acht Kilometer weit über den zugefrorenen See nach dem schweizerischen Münsterlingen gewandert, wo sie aber nur einen Elbling zu trinken bekamen.

Natürlich haben wir Felchen dazu gegessen, nicht etwa nur blau gesotten, sondern in Butter gebraten, nachdem sie vorher in Mandelsplittern gewälzt worden waren. Zuletzt wurde ein tüchtiger

Schuß frischer Rahm in die Pfanne gegossen. Zwischendurch sind wir zum zwei Kilometer entfernten Schloß Kirchberg der Markgrafen von Baden gepilgert, das manchen guten Tropfen in seinem Keller liegen hat, und haben Brot mit Rahmkäse dazu verspeist. Der Kirchberger Rahmkäse ist in der ganzen Umgebung berühmt.

Schließlich sind wir doch nach Meersburg weitergefahren. Es mußte ja auch das Weinmuseum im Mesmerhaus besichtigt werden mit seinem alten gewaltigen ›Torkel‹, wie man hierzulande früher die Kelter nannte, dem ›Türkenfaß‹, das einst 150 000 Liter aufnehmen konnte, und vielem anderen Winzer- und Küferhandwerkszeug.

Auf der Insel Reichenau reifen die Trauben wenigstens auf 10 Hektar. Doch was sollen diese 10 Hektar schon sagen angesichts der Geschichtsträchtigkeit dieses Eilands, auf dem Anno Domini 724 der heilige Pirmin aus Irland ein Kloster gründete und zwei Jahrzehnte später der Konfrater Ermenich seine lateinischen Hexameter auf Pergament niederschrieb. Viktor von Scheffel, der Verfasser des ›Ekkehard‹, hat sie ins Deutsche übersetzt:

Reichenau, grünendes Eiland,
wie bist du vor andern gesegnet,
Reich an Schätzen des Wissens
und heiligen Sinns der Bewohner,
Reich an des Obstbaums Frucht
und schwellender Traube des Weinstocks!

Viktor von Scheffel, der ja auch den ›Trompeter von Säckingen‹ schrieb und unsere Großeltern mit seiner Butzenscheibenpoesie ergötzte, hatte auf der Mettnau bei Radolfzell einen eigenen Weinberg besessen. Von da nach Säckingen am Oberrhein war es ja nicht weit. Der ›Trompeter von Säckingen‹, 1853 entstanden, war auch ein Hohes Lied auf den Wein vom Oberrhein, vor allem den Grenzacher, heißt es doch in ihm: »S' ist ein alter, auserlesener Wein von Grenzach / Glänzend blinkt er im Pokale: Schwer gediegen, lauterm Gold gleich / Und er haucht ein Düftlein, feiner / als die feinsten Blum' im Treibhaus . . .«

Vom Wein des Oberrheins zwischen Bodensee und Basel kann man eigentlich nur noch mit dem jungen Werner, dem Trompeter von Säckingen, sprechen: »Gehab dich wohl, es wär so schön gewesen / gehab dich wohl / es hätt nicht sollen sein ...« Ganze 70 Hektar Rebland auf dem badischen Ufer des Rheins sind von dem einst reichen Weinbau zurückgeblieben, am meisten noch in Enzingen. Grenzach selbst ist eine betriebsame Industriestadt geworden.

Empfehlenswerte Einzellagen

Hagnau:	Burgstall (Riesling + Silvaner und Spätburgunder Weißherbst)
Konstanz:	Sonnenhalde (Spätburgunder Weißherbst)
Meersburg:	Chorherrenhalde (Spätburgunder Weißherbst), Fohrenberg (Riesling + Silvaner), Lerchenberg (Riesling + Silvaner, Spätburgunder), Haltnau (Ruländer), Rieschen (Traminer), Sängerhalde (Ruländer und Spätburgunder)
Reichenau:	Hochwart (Riesling + Silvaner)
Überlingen:	Felsengarten (Riesling + Silvaner, Spätburgunder und Ruländer)

Markgräfler Land

Gleich hinter Basel, wo sich der Rhein darauf besinnt, daß er nach Norden zu fließen habe, beginnt das Markgräfler Land, um kurz vor den Toren Freiburgs zu enden. Millionen von Urlaubern haben es auf der Autobahn Frankfurt–Basel durchfahren; aber sie können nicht mitreden, wenn von diesem Ländle gesprochen wird. Die rund siebzig Weinbaugemeinden liegen abseits, meist links der Autobahn, wenn man von Frankfurt kommt, und schmiegen sich mit ihren Rebhängen in die Vorhöhen des Schwarzwaldes. Nur einmal kommt man ihnen auf der Autobahn ganz nahe, bei Istein und dem Isteiner Klotz, diesem Brocken aus Muschelkalk, der wie ein Schiffsbug in die Rheinebene hineinragt und der noch viel mächtiger wirken würde, hätte er nach dem Zweiten Weltkrieg nicht durch Sprengungen der dort angelegten Festungsanlagen gelitten. Im Sommer mißt man auf seinem Boden Temperaturen bis 75 Grad in der Sonne. Hier können Edelkastanien reifen, Maulbeerbäume und Oleander blühen, und in den nahen Wäldern entfaltet die Stechpalme ihre glänzenden Blätter. Von der nahen Burgundischen Pforte, von den Bewohnern des Markgräfler Landes das ›Belforter Loch‹ genannt, kommen die fast noch mideteranen Winde des Rhônetals.
Das alles behagt natürlich dem Wein, der hier wächst. Bis Ende des 18. Jahrhunderts war es meist Elbling. Das änderte sich erst 1780. Damals ließ Markgraf Friedrich aus dem Hause Baden-Durlach Reiser aus Vevey am Genfer See kommen, die Stammväter und Stammütter des heutigen Gutedel. Der Name ›Vivisier‹, den alte Markgräfler heute noch gebrauchen, erinnert daran. Der Markgraf ließ auch Tabak, Mais und Zuckerrüben anpflanzen. Er war ein Landesvater im besten Sinne des Wortes. So ist es auch schon richtig, wenn man den Gutedel auch ›Markgräfler‹ nennt.
Natürlich hätten wir in Badenweiler absteigen können. Aber dort schlägt das Herz des Markgräfler Landes nur schwach. Immerhin verfügt selbst Badenweiler über zehn Hektar Rebland. Wir zogen es jedoch vor, in Müllheim unser Standquartier aufzuschlagen. Von dort ist es nicht weit nach Auggen, Hügelheim, Laufen, Vögisheim, Britzingen, Zunzingen, Obereggen, Niedereggen, Mau-

chen und Schliengen, eigentlich nur ein Katzensprung. Sie alle gehören zusammen noch mit neun anderen Gemeinden zur Großlage ›Burg Neuenfels‹ innerhalb des Bereichs ›Markgräfler Land‹.

Da sind noch die Großlagen ›Vogtei Rötteln‹ und ›Lorettoberg‹. Rötteln heißt eine mächtige Burgruine nicht weit von Lörrach. Sie liegt über 400 Meter hoch, und der Blick von ihr auf das sich dem Rhein abflachende Land ist wirklich schön. Eine Burgschenke gibt es auch. Dort schenkt man den ›Schlipf‹ aus Weil, das ›Steingässle‹ und den ›Oelberg‹ aus Efringen-Kirchen aus. Am Isteiner Klotz, der gleichfalls zur Großlage ›Vogtei Rötteln‹ gehört, besitzt die Stadt Karlsruhe ein Rebgut. Die größte Weinbaugemeinde ist mit rund 35 Hektar Rebfläche Efringen-Kirchen. Wo man aber auch einkehrt, ob in Binzen, Eimeldingen, Herten, Riedlingen, Blansingen, Kleinkrems, Weil am Rhein oder Lörrach, überall begegnet man zu früher Abendstunde den Männern beim Viertel ›Markgräfler‹ oder Gutedel, wie die Traube amtlich heißt. Es bleibt nicht bei einem, und das schadet auch nichts. Denn der Wein, den diese Traube liefert, ist ein ehrlicher und biederer Wein mit einem harmonischen Verhältnis zwischen Alkoholgehalt, der nicht sehr hoch ist, und Säure. Fast in keinem Jahr braucht man ihn anzureichern. Sein Bukett ist freilich nicht gerade berauschend und sein Körper etwas mager. Aber dafür ist er ein Wein, zu dessen Genuß es keiner großen Anlässe bedarf – dafür gibt es den Ruländer und Spätburgunder auch im Markgräfler Land – und der »des Menschen Herz erfreut«, wie es in der Bibel heißt.
Und nicht anders ist es innerhalb der Großlage ›Lorettoberg‹, in Mengen, Grunern, Kirchhofen, Pfaffenweiler, Buggingen, Ehrenstetten, Heitersheim, Bollschwil, Bad Krozingen, Staufen und schließlich in Freiburg i. Br. Der Lorettoberg gehört ja zu Freiburg wie der Schloßberg und der Schauinsland. Auf letzterem aber wächst kein Wein mehr. Man weiß überhaupt nicht recht, warum man die schöne alte Stadt, der man die Kriegswunden nur noch wenig anmerkt, nicht zur Großlage ›Burg Zähringen‹ im Bereich ›Breisgau‹ geschlagen hat. Aber es ist nun einmal so. Die Einzellagen ›Jesuitenberg‹ (den gibt es ja auch noch) und ›Steiner‹ hat man noch dem Bereich ›Markgräfler Land‹ zugeordnet, ›Schloßberg‹ und ›Bergle‹ dagegen dem Breisgau. Dabei sind die Badener doch besonders ordentliche Leute und stolz auf ihr ›Muschterländle‹.

In der Großlage ›Lorettoberg‹ sieht es nicht viel anders aus als in der Großlage ›Burg Neuenfels‹ und ›Vogtei Rötteln‹. Noch im Zweiten Weltkrieg fing man mit der Flurbereinigung an und ist bis heute noch dabei. Alte Männer, Frauen, Halbwüchsige und wohl auch Kriegsgefangene ebneten zuerst die alten Rebstöcke und Wege ein. Auch bis zehn Ochsen oder Pferde zogen den schweren Rigolpflug, der die dicken Schollen aufwarf, die dann wieder glattgestrichen wurden, um neuen Rebstöcken und Reben Kraft zu geben. Auseinandergerissener Rebbesitz wurde zusammengelegt, Wege geschottert und asphaltiert, um den Transport da zu erleichtern, wo man früher nur Stufen und Pfade kannte. Die Todesstunde des Elbling hatte geschlagen. An seine Stelle traten der Gutedel, wo Boden, Sonnenlage und andere Faktoren sich als besonders günstig erwiesen, auch Ruländer, Spätburgunder, Gewürztraminer, neuerdings auch etwas Muskat-Ottonel, Silvaner, Müller-Thurgau und Rieslaner. Bewußt strebte man die Erzeugung von Qualitätswein an. Mit erheblicher Unterstützung des Landwirtschaftsministeriums in Stuttgart taten sich das Landesamt für Flurbereinigung und Siedlung, die Regierungspräsidien, das Staatliche Weinbauinstitut in Freiburg, die Staatliche Rebveredlungsanstalt in Durlach, die Flurbereinigungsämter und die Gemeinden selbst mit ihren Winzergenossenschaften und der Badische Weinbauverband zusammen und vollbrachten innerhalb von zwanzig Jahren auf evolutionärem Wege ein fast revolutionäres Werk. Und das, wie wir gleich festhalten wollen, nicht nur im Markgräfler Land, sondern in ganz Baden. Zwanzig Jahre alt ist bereits auch das badische Weingütesiegel oder ›Sonnenmännchen‹, wie es die Badener liebevoll nennen. Es hat auch im neuen deutschen Weingesetz Anerkennung gefunden und steht dem Deutschen Weinsiegel ebenbürtig zur Seite.

Was hätte wohl der gute Johann Peter Hebel dazu gesagt? Der stammte zwar nicht aus dem heiteren Markgräfler Land, sondern aus Basel bzw. Hausen droben im Schwarzwald und war dann Gymnasiallehrer in Karlsruhe. Aber auch ihn zog es immer wieder ins ›Ländle‹, nach Pfaffenweiler, wo das Gasthaus ›Stube‹ mit seinem Renaissancegiebel von 1575 gleichzeitig Festsaal und Ratstube der Gemeinde war, nach Ebringen mit seinem 1711 erbauten zierlichen Rokokoschloß, nach Kirchhofen, in dessen Wasserschloß der kaiserliche Feldoberist Lazarus von Schwendi, ein großer Förderer des Weinbaus, 1583 starb, nach dem Johanniterschloß in Heitersheim, das einmal Sitz des Großpriors dieses Ordens in Deutschland war, nach Schliengen mit seiner schönen Barockkirche und natürlich auch nach Auggen, das heute die größte Rebfläche des Markgräfler Landes besitzt. Denn in Auggen wächst der ›Letten‹, nach dem Boden genannt, auf dem er gedeiht. In besonders guten Jahren kann sich der ›Auggener Letten‹ durchaus neben einem Bickensohler ›Eichberg‹ Ruländer vom Kaiserstuhl und Durbacher ›Staufenberg‹ Riesling aus der Ortenau sehen lassen. Kann sein, daß er den Johann Peter Hebel, der ja nicht nur in allemannischer Mundart dichtete und schrieb, zu dem Poem beflügelte, das wie folgt beginnt:

Jetzt schwingen wir den Hut.
Der Wein, der war so gut.
Der Kaiser trinkt Burgunder Wein,
Der schönste Junker schenkt ihm ein,
Und schmeckt ihm doch nicht besser . . .

Am besten schmeckt er, auch wenn er jetzt in alle deutschen Lande geht, in der alten Markgrafschaft selbst. Ist es die Luft? Ist es der feine Dunst im Sommer und der Nebel im Frühjahr und Herbst, der vom Rhein her herüberstreicht? Ist es der Geruch von Tannen und Fichten, der sich vom dunkelblauen Schwarzwald auf die Rebhänge herabsenkt? Ist es die Sonne, die manchmal gewaltig strahlen kann? Sind es die frischen Nüsse, die man zum Sauser, wie man hier den Federwein nennt, knappert? Sind es die vielen Blumen, meist rot leuchtende Geranien, die an den Fenstern stehen? Wenn man nicht dort ist und seine Beine unter dem schweren, hölzernen Tisch an der Ofenbank strecken kann, vermag man es nur zu ahnen. Ist man dort, so weiß man es.

Empfehlenswerte Einzellagen

Auggen:	Letten (Gutedel, Gewürztraminer, Silvaner, Weißburgunder), Schäf (Weißburgunder, Freisamer, Nobling, Gutedel)
Bad Krozingen:	Steingrüble (Spätburgunder Rot)
Ballrechten:	Castellberg (Gutedel, Riesling + Silvaner)
Britzingen:	Sonnhole (Silvaner, Ruländer und Freisamer), Rosenberg (Weißburgunder, Ruländer, Gewürztraminer)
Ebringen:	Sommerberg (Gutedel)
Efringen-Kirchen:	Vogtei Rötteln (Weißburgunder, Spätburgunder Weißherbst)
Ehrenstetten:	Ölberg (Gutedel, Weißburgunder, Spätburgunder Rot, Auxerrois)
Haltingen:	Stiege (Gutedel)
Heitersheim:	Maltesergarten (Gutedel), Sonnhohle (Spätburgunder Weißherbst)
Hügelheim:	Höllberg (Riesling + Silvaner), Schloßgarten (Gutedel)
Istein:	Kirchberg (Ruländer)
Kirchhofen:	Batzenberg (Gutedel)
Laufen:	Altenberg (Riesling + Silvaner, Freisamer, Weißburgunder)
Mauchen:	Frauenberg (Spätburgunder Roto, Gewürztraminer), Sonnenstück (Spätburgunder Weißherbst)
Müllheim:	Sonnhalde (Riesling + Silvaner, Gewürztraminer)
Pfaffenweiler:	Batzenberg (Gutedel), Oberdürrenberg (Weißburgunder)
Schliengen:	Sonnenstück (Gutedel, Weißburgunder)
Staufen:	Schloßberg (Riesling, Gewürztraminer, Spätburgunder Weißherbst, Weißburgunder)
Wolfenweiler:	Batzenberg (Gutedel), Dürrenberg (Gutedel)

Kaiserstuhl-Tuniberg

Um Badens bekanntestes Weinbaugebiet zu erreichen, mußten wir für eine Weile die ›Badische Weinstraße‹ verlassen und der ›Grünen Straße‹ folgen, die von Freiburg und Breisach nach Colmar und von dort weiter über die Vogesen nach Lothringen führt.

Schon aus der Ferne hatten wir einen langgestreckten Gebirgsrücken von nicht beträchtlicher Höhe wahrgenommen, der etwa die Form eines Hufeisens hat: den Kaiserstuhl und den ihm südwestlich vorgelagerten Tuniberg. Auf seiner höchsten Erhebung, dem 550 Meter hohen Totenkopf, sollen einer alten Volkssage nach die deutschen Kaiser des Mittelalters Gericht gehalten haben. Daher also der Name! Woher der Name ›Tuniberg‹ stammt, konnten wir nicht ermitteln. Auch der Besitzer des Gasthauses ›Winzerstube‹ in Ihrigen konnte uns keinen Aufschluß geben. Was schadete es, da der Wein, den er ausschenkte, vorzüglich war, der Schwarzwälder Bauernspeck über jeden Zweifel erhaben und die schlichten ›Schäufele‹, leicht gepökelte und geräucherte Schweineschulter, mit Zwiebeln und einem Lorbeerblatt gelinde gesotten und zusammen mit Essiggurken und ›Schupfnudeln‹, eine Art Spätzle, serviert, geradezu eine Delikatesse. Wir tranken einen Ihringer Spätburgunder Fohrenberg, einen rötlich schimmernden Weißherbst, dazu.

Es gibt auf und um den Kaiserstuhl und Tuniberg sicherlich hübschere und malerischere Orte als Ihringen, die größte Weinbaugemeinde dieses Anbaugebiets. Nur mit der Unterkunft ist es in ihnen etwas schwierig. Natürlich hätten wir in Breisach Quartier nehmen können. Die ›Winzerstube‹ in Ihringen war uns aber nicht zu Unrecht empfohlen worden. 1828 bis 1829 hatte in Ihrigen ein ehemaliger Wundarzt aus dem bunt zusammengewürfelten Heer Kaiser Napoleons I., dessen Truppen auch gegen den bourbonischen König von Neapel gekämpft hatten, namens Ernst Georg Lydtin, der Ähnlichkeiten mit den vulkanischen Hängen des Vesuvs entdeckt hatte, einen Hang mit Edelreben aus Italien bepflanzt und damit den Ruhm des Winklerbergs begründet. Seinem Beispiel folgten zwei Jahrzehnte später die Brüder Blankenhorn aus Müllheim. Sie holten sich Edelsorten wie Rheinriesling, Traminer, Ruländer und Spätburgunder als Setzlinge vom Rheingau, der Pfalz und Burgund und pflanzten sie in den dunklen, nährstoffreichen und heißen Tephritboden des Südhangs des Kaiserstuhls nicht weit von der Stelle, an der Lydtin den Anfang mit dem Anbau von Qualitätsweinen gemacht hatte. Heute trägt das von ihnen angelegte Rebgelände ihren Namen und ist zu einem Staatsweingut geworden.

Man glaubt allgemein, daß der Kaiserstuhl-Tuniberg in seiner Ganzheit vulkanischen Ursprungs ist, und ist versucht, das flache Becken zwischen dem eigentlichen Kaiserstuhl und Tuniberg für einen ehemaligen Krater zu halten. Aber nur der westliche Teil ist feurigen Ursprungs. Die östliche Hälfte baut sich aus Sedimentgesteinen, meist Mergel auf, und schließlich haben die Aufwinde des Rheintals in längst vergangener Zeit den Faltenwurf des Gebirges mit einer bis zu zwanzig Meter dicken Lößschicht überzogen. Auch er behagt der Rebe, verleiht dem Wein Bukett, während ihm das Vulkangestein Feuer gibt. In Bischoffingen – der Ort gehörte den Bischöfen von Basel –, Burkheim, Oberrotweil, Oberbergen, Bickensohl, Achkarren, Blankenhornsberg und Ihringen, da ist der Boden vulkanisch. Hier ist auch der Weinbau am intensivsten. Er erreicht in Ihringen 27 Prozent der landwirtschaftlichen Nutzfläche, ein Prozentsatz, der sich in ganz Baden nicht wiederholt. Früher hatten die Winzer nur die Lößböden bepflanzt. Erst mit dem Wundarzt Lydtin und den Brüdern Blankenhorn entdeckte man, was man an den vulkanischen Böden hatte.

Mit einem Sprung über den Rhein ist man im Elsaß und damit in Frankreich. Man hat das Land beiderseits des Rheins mit einem goldenen Apfel verglichen, von dem die eine Hälfte Baden, die andere Hälfte dem Elsaß zufiel. Was für die Badener der ›Weißherbst‹ ist, das ist für die Elsässer der Pinot noir, sofern die Beerenschale nicht mitvergoren wurde. Nur sind die französischen Zöllner viel weniger großzügig als die deutschen. Wer etwa auf der Heimfahrt vom Kaiserstuhl einen Karton mit ›Achkarrer Schloßberg‹ im Kofferraum seines Wagens mitnimmt und dann die Elsässische Weinstraße entlang über Weißenburg nach Hause fährt, dem kann passieren, daß ihm die Douaniers entweder den Karton wegnehmen oder ein Sündengeld an Zoll verlangen. Die Zöllner in Breisach aber fragen kaum danach, wenn man einen Karton Elsässer Riesling, Wachstum Hügel, mit sich führt. Und das alles im Zeichen der EG!

Die Breisacher lassen es sich trotzdem nicht verdrießen. Auf dem Eckartsberg über der immer wieder von der Kriegsfurie heimgesuchten Stadt – der Zweite Weltkrieg ließ kaum etwas von ihr übrig – weht über Rebzeilen die grüne Europaflagge und grüßt über den Rhein herüber. Breisach ist wieder auferstanden, das Münster, dessen Schutzpatron der Heilige Sebastian ist, steht im alten Glanz mit Schongauers Jüngstem Gericht und dem Hochaltar des Meisters H. L.

Sicherlich, die Leute pilgern auch zum Münster, aber noch mehr zur Zentralkellerei der Badischen Winzergenossenschaften, mit vierzig Millionen Fassungsvermögen die größte Erzeugerkellerei Deutschlands. In ihren riesigen Kellern liegen übereinander mächtige, stählerne Gär- und Lagertanks mit einem Fassungsvermögen von 1 200 bis zu 50 000 Litern. 22 300 badische Winzerbetriebe und Genossenschaften schicken Jahr für Jahr ihr Lesegut in die Breisacher Zentralkellerei, die 80 Millionen Liter aufnehmen und 160 000 Flaschen pro Tag abfüllen kann. Dabei wird, ob es sich nun um einen anspruchslosen, aber sauberen Tafelwein oder eine Trockenbeerenauslese handelt, stets auf Qualität gehalten. Die Zentralkellerei hat seit ihrer Errichtung vor nunmehr 22 Jahren viele Ehrenpreise erhalten, darunter die Silbermedaille des Bundesernährungsministeriums, die nur Betrieben verliehen wird, die dreimal hintereinander prämiiert wurden. Und wer sich die Preisliste der ZWB schicken läßt, hat die Wahl zwischen 250 Sorten und Lagen aus dem ganzen Badener Weinland.

Natürlich haben wir uns die Kellerei angesehen, und es wurde uns fast ein wenig schwindlig bei dem Anblick höchstentwickelter Weintechnik. Vielleicht war uns darum wieder erst etwas wohler, als wir in Wasenweiler den viel kleineren, aber ebenso modernen Keller der dortigen Winzergenossenschaft besuchten. Dort entdeckte man bei Restaurierungsarbeiten den Spruch: »Wer in Wasenweiler will wohnen, pflanze einen elbnen Rebstock, arbeite recht fleißig und trage einen dauerhaften Zwilch(Leinen)rock. Lasse sich niemals zu schwer fallen, einen Trunk zu holen an der Brunnenröhre. Denn der Wein reist im Herbst schon früh fort und hat gar keins Bleiben an diesem Ort.«

In diesem Spruch stecken zwei Jahrtausende Kaiserstühler Weingeschichte. Man fand in Resten keltischer Siedlungen Traubenkerne. In Breisach und Riegel lagen römische Garnisonen, die ohne Weinbau kaum denkbar sind. Dann kamen die Klosterherren. Die

ersten schriftlichen Urkunden stammen aus dem 8. Jahrhundert. Nach dem Dreißigjährigen Kriege siedelten sich Schweizer an. Und wieder begegnet man wie im Markgräfler Land dem kaiserlichen Feldherrn Lazarus von Schwendix, Reichsfreiherr von Hohenlandsberg (1522–1584). Er kämpfte für Kaiser Karl V. im Schmalkaldischen Krieg und blieb doch Lutheraner. Er zog 1564 bis 1568 gegen die Türken in Ungarn ins Feld, und so sagt man ihm nach, daß er von dort die Rebe, welche den edlen Tokayer liefert, mitgebracht habe. Baden und das Elsaß waren damals ja noch eine regionale Einheit. So ist es erklärlich, daß die Elsässer und zum Teil auch die Schweizer den Ruländer ›Tokayer‹ nennen, obwohl dieser mit der Furminttraube wenig gemeinsam hat und angeblich erst 1711 von dem Speyrer Kaufmann Ruland aus Burgund, wo sie Pinot gris heißt, nach Deutschland gebracht worden sein soll. Nun, der Herr Feldobrist hatte sein Schloß in Burkheim, schaute, wenn er einmal zu Hause war, auf die Auwälder am Rhein herunter, wo noch die Wildrebe üppig wuchs, sorgte sich um den Weinbau und hätte seine Freude an einem Burkheimer Schloßberg Ruländer gehabt, wie überhaupt an den Weinen, die die Großlage ›Vulkanfelsen‹ im Bereich ›Kaiserstuhl-Tuniberg‹ hervorbringt. Es gibt nur noch eine weitere Großlage. Sie wurde ›Attilafelsen‹ getauft. Vielleicht hat der Hunnenkönig Attila oder Etzel mal hier gehaust. Nachzuweisen ist es nicht. Wir wissen ja aus dem Kapitel über das neue deutsche Weinrecht, daß sich alle Weine einer Großlage, sofern sie nicht besonderen Wert auf eine Einzellage legen und zu 75 Prozent aus einer solchen stammen, mit dem Namen der Großlage zieren dürfen. Das erklärt wohl auch die vielen »Attilafelsen« auf den Etiketten der Breisacher Zentralkellerei, ganz gleich ob die Weine aus Merdingen, Oberrimsingen, Niederrimsingen, Munzingen, Gottenheim, Tiengen, Opfingen oder Waltershofen stammen. Die meisten dieser Orte liegen am Süd- und Ostrand des Tunibergs, mit Ausnahme von Merdingen. Opfingen ist insofern bemerkenswert, als dort auch ein vorzüglicher Silvaner, ein an sich seltener Gast im Badischen, geerntet wird.
Am Tuniberg kann man ganz besonders merken, was die große Flurbereinigung nach dem Zweiten Weltkrieg Gutes mit sich gebracht hat. Wie mit der Schnur gezogen reihen sich die Rebstöcke bandartig an den in den fahlen Löß ausgehauenen Terrassen und überziehen auf seiner Höhe das ganze Plateau in eindrucksvoller Breite. Freilich fehlt dem Tuniberg das vulkanische Gestein, und

deshalb erreichen seine Weine nicht die Wucht der edlen Tropfen von der Westseite des Kaiserstuhls. Der blaue Spätburgunder aber fühlt sich wohl hier. In weniger begnadeten Jahren mangelt es dem Spätburgunder oft an dem in der Haut der Beeren eingelagerten Farbstoff, auch wenn die Trauben völlig ausgereift sind. Dann keltert man aus den Trauben den zartrötlichen Weißherbst, geradezu eine Spezialität Badens. Häufig verzichtet man aber auch bewußt auf die kompliziertere Rotweinherstellung, weil dabei die zerdrückten Beeren samt Schale in der Maische vergären und die Schalen dann entfernt werden müssen. Zudem hat sich der Weißherbst, der ja ein Rosé ist, immer mehr Freunde erworben, weil er ein Wein ist, der so gut wie zu jedem Gericht paßt. Nicht zuletzt zu Schnecken, die eine badische Spezialität sind. Gerade in Südbaden, so auch am Kaiserstuhl-Tuniberg, gibt es Schneckenzüchtereien, die große Mengen der Gattung Helices Pomatae nach Frankreich exportieren. Diese Weinbergschnecken sind kleiner und grauer und unterscheiden sich in dieser Beziehung von den größeren und fast weißen Schnecken Burgunds, schmecken aber ausgezeichnet. In der ›Winzerstube‹ zu Ihringen bekamen wir sie auf Art der Winzerin serviert. Die frisch abgekochten Schnecken wurden noch warm in Butter zusammen mit etwas Zwiebel und Knoblauch, Salz und Pfeffer fünf Minuten gedünstet und dann in einem Teig gewälzt, der aus Mehl, zerquirlten Eiern, etwas Wasser und fein geschnittenem Schnittlauch bestand. Sodann wurden sie in Fett ausgebacken und mit Pilzbutter serviert.
Trotz Weißherbst und Schnecken – der Kaiserstuhl ist das eigentliche Reich des Ruländers, wozu die Herauszüchtung neuer Klone mit verbesserten Eigenschaften, hohe Qualität bei gutem Ertrag, wesentlich beigetragen hat. Auch in weniger guten Jahren liefert er edle und milde, in reichen Sonnenjahren feurige, schwere und fast süße Weine mit feinem Sortenbukett, das man weniger mit dem Geruch als mit dem Geschmack wahrnimmt.
Drei Tage blieb die ›Winzerstube‹ zu Ihringen unser Quartier. Drei Tage sind wir mit dem Wagen, häufig aber auch zu Fuß durch den Kaiserstuhl und Tuniberg gestreift, diesem Amphitheater der edlen Reben. Es ist ja nicht nur ein Eldorado der Wein-, sondern auch der Pflanzen- und Blumenfreunde. Denn die Sonne kann hier im Hochsommer Temperaturen bis zu 70 Grad erzeugen. Die Küchenschelle läutet das Frühjahr ein, und der Enzian begrüßt den Herbst. In dem lichten Waldgürtel oberhalb des Rebgeländes ge-

deiht die südeuropäische Flaumeiche und strömt der Diptam seinen ätherischen Ölgeruch aus. Traubenhyazinthen, Milchstern, Osterluzei und Judenkirsche wachsen wild. Und erst die Orchideen! Drei Dutzend Arten hat man festgestellt, darunter der Frauenschuh, den die Frauen der Winzer früher in Töpfen auf dem Freiburger Wochenmarkt verkauften, bis er unter Naturschutz gestellt wurde. Wir waren in Burkheim mit seinen prächtigen Fachwerkhäusern und dem behäbigen Nordtor, bestiegen den Blankenhorns- und Winklerberg, setzten uns in Endingen auf den Rand des gotischen Brunnens vor dem 1527 erbauten Rathaus, besuchten die Burk Sponeck bei Jechtingen an dem steilen Abfall des Kaiserstuhls zu den Auwäldern der Rheinebene, sahen vom Eckartsberg über Breisach zur Rechten die Vogesen und zur Linken den Schwarzwald dunkel schimmern. Wir grüßten herüber zum Münster von Freiburg, das wir uns als Standquartier für den Breisgau und seine Weine ausgewählt hatten.

Empfehlenswerte Lagen

Achkarren:	Castellberg (Riesling + Silvaner, Spätburgunder Weißherbst, Spätburgunder Rot, Weißburgunder, Ruländer, Muskateller), Schloßberg (Spätburgunder Weißherbst, Spätburgunder Rot, Ruländer)
Bahlingen:	Silberberg (Riesling + Silvaner, Weißburgunder)
Bickensohl:	Steinfelsen (Ruländer), Herrenstück (Ruländer, Weißburgunder)
Bischoffingen:	Steinbuck (Spätburgunder Rot), Enselberg (Riesling + Silvaner, Ruländer)

Bötzingen:	Eckberg (Silvaner, Spätburgunder Weißherbst), Lasenberg (Ruländer, Muskat-Ottonel)
Breisach:	Eckartsberg (Silvaner, Ruländer)
Burkheim:	Feuerberg (Riesling + Silvaner, Spätburgunder Rot, Ruländer), Schloßgarten (Silvaner, Spätburgunder Weißherbst)
Eichstetten:	Lerchenberg (Riesling + Silvaner)
Endingen:	Elgelsberg (Freisamer)
Ihringen:	Fohrenberg (Spätburgunder Weißherbst), Winklerberg (Silvaner, Riesling, Ruländer, Scheurebe, Spätburgunder Weißherbst, Spätburgunder Rot)
Jechtingen:	Steingrube (Spätburgunder Weißherbst), Eichert (Gewürztraminer), Hochberg (Ruländer)
Kiechlinsbergen:	Teufelsburg (Spätburgunder Rot), Ölberg (Spätburgunder Weißherbst, Ruländer)
Königschaffhausen:	Hasenberg (Riesling + Silvaner, Ruländer), Steingrüble (Spätburgunder Weißherbst)
Oberbergen:	Baßgeige (Weißburgunder), Pulverbuck (Silvaner)
Oberrotweil:	Henkenberg (Ruländer), Käsleberg (Spätburgunder Rot, Silvaner), Eichberg (Spätburgunder Rot)
Sasbach:	Scheibenbuck (Spätburgunder Rot), Rote Halde (Spätburgunder Weißherbst)
Wasenweiler:	Lotberg (Riesling + Silvaner), Kreuzhalde (Silvaner, Spätburgunder Weißherbst, Gewürztraminer)

Breisgau

Aus den Fenstern des ›Falken‹ in Freiburg sieht man auf das Rathaus. Die Universitätskirche und St. Ursula sind ganz nahe, und über die Dächer des Erzbischöflichen Palais und des Baseler Hofs, heute Sitz des Regierungspräsidenten, erblickt man den Filigranturm des Münsters, zu dessen Füßen der Wochenmarkt stattfindet. Wie dem Münster haben Bomben und Feuer des Zweiten Weltkriegs dem ›Falken‹ nichts anhaben können. Sie stehen noch immer, die drei schmalbrüstigen Häuser aus dem 14. und 15. Jahrhundert, die später zu einer Fassade verschmolzen und deren Räume im Stil der alten Schwarzwaldhäuser Behaglichkeit ausstrahlen.
Wir wählten den ›Falken‹, weil wir uns gesagt hatten, daß wir dort, sollte uns der Wein aus dem Breisgau nicht so recht schmekken, immer noch auf den Achkarrener vom Kaiserstuhl ausweichen konnten. Denn dort hat der Wirt, Fred Haas-Ihringer, einen eigenen Weinberg. Den Wein hatten wir in Ihringen probiert und als mehr als gut befunden. Aber nicht nur sein Achkarrener ist zu loben, sondern auch seine Küche, die außer mit typisch badischen Gerichten mit Hummerschwänzen am Spieß und Sauce Tatare, frischer Bachforelle aus dem Birkenrauch, Wels in Ruländersud, Elztäler Dillschleie, Rebhuhnpastete und Scheiterhaufen in Kirschwasserflammen aufzuwarten weiß. Der Küche ebenbürtig ist der Keller. Und dieser birgt so manchen guten Breisgauer Tropfen. Es mag sein, daß diese Weine nicht den Glanz und die Gloria der Kaiserstühler und Ortenauer besitzen. Sie sind von bescheidenerer Natur wie etwa der Markgräfler. Im Grunde ist man ja auch noch in Freiburg in der alten Markgrafschaft. Man nennt den Breisgau mitunter die ›untere Markgrafschaft‹. Nur ging sie historisch und politisch andere Wege. 1368 hatten es die Freiburger vorgezogen, sich von der Herrschaft der aus Urach in Schwaben stammenden Grafen von Freiburg, die nach dem Aussterben der Zähringer über die Stadt und das umliegende Land geboten, durch eine hohe Geldsumme freizukaufen und sich dem Hause Habsburg-Österreich anzuschließen. Seitdem regierten in ›Vorderösterreich‹, wie der Breisgau dann auch hieß, Habsburgische Erzherzöge. Einer von ihnen, Albrecht IV., gründete 1457 die Universität. Bis 1805 blieb der Breisgau österreichisch.

Heute versteht man als Weinbaugebiet oder, wie es neuerdings heißt, als Bereich das Gebiet zwischen Freiburg und Lahr mit den drei Großlagen ›Burg Zähringen‹, ›Burg Lichteneck‹ und ›Schutterlindenberg‹ mit rund fünfzig Weinorten und zweiundvierzig Einzellagen. Vor 50 Jahren herrschte hier als Rebe noch der Elbling vor und bestand das Rebland aus lauter kleinen, vereinzelten Fetzen. Nach dem Zweiten Weltkrieg und der großen Flurbereinigung hat es sich gesund geschrumpft. Viel dazu hat das Wirken der badischen Landwirtschaftskammer in Freiburg beigetragen, die schon 1931 auf dem Hecklinger Schloßberg ein Musterweingut mit Ruländer, Spätburgunder, Riesling, Gewürztraminer, ja sogar Muskateller Reben anlegte. Und auch das Staatliche Weininstitut, die allgemeine Stiftungsverwaltung und die Heiliggeistspitalstiftung in Freiburg schlugen in das Elblingdickicht eine Bresche. Diesen öffentlichen Einrichtungen, aber auch der oberrheinischen Weingutsbesitzer und Weingüter GmbH und privaten Winzern wie Erich Pyhrr, Fritz Bühler und Gebr. Hüglin gelang es, gerade für die Weine in der unmittelbaren Umgebung der ›Schwarzwaldhauptstadt‹, so etwa auf dem Schloßberg, Lorettoberg und Dürrberg, mustergültige Anlagen zu schaffen und auf diesen Trauben zu erzeugen, die mit zu den besten des Breisgaus gehören.
Älteren Ruhms ist der Glottertäler, der Wein der Freiburger Studenten. In diesem lieblichen, fruchtbaren, der Sonne zugewandten Tal, in dem an Festtagen die Frauen noch die alte Tracht, das besteckte Mieder aus schwarzem Samt, die blitzweißen Blusen mit den dicken Puffärmeln und auf dem Haupt die schwarzweißen Schaubenhüte mit der roten Stoffblume tragen, gedeiht auf Gneisgestein der Spätburgunder und liefert köstliche Weißherbste, die es in sich haben und die man nicht Viertele für Viertele schlotzen kann wie den Gutedel, wenn man sicheren Fußes nach Hause kommen will. Letzterer besitzt nicht wie in der eigentlichen Markgrafschaft die Vorherrschaft. Er muß sie mit Spätburgunder, Müller-Thurgau, Ruländer, Traminer, Silvaner und Rheinriesling teilen. So kommt es, daß sich in diesem trinkfreudigen und eßlustigen Ländle zu jedem Gericht der passende Wein findet. Wie sagte uns, den ›Hergeloffenen‹, doch ein Mann, mit dem wir vor ›Oberkirchs Weinstuben‹ am Münsterplatz auf einfachen Gartenstühlen und an Tischen mit buntkarierten Decken vor Römern mit Herbholzheimer Riesling + Silvaner zusammensaßen? »In Erkenntnis der Kürze des Lebens ist es nicht zu verantworten, auch

nur ein einziges Mal schlecht zu essen.« Mag sein, daß die Nachbarschaft des Elsaß und damit Frankreichs, aber auch die lange Zugehörigkeit zu Österreich, das seine weniger beliebten Beamten in den Breisgau abschob, damit aber auch manch delikatem k. u. k.-Rezept zur Verbreitung half, zur delikaten Küche des Breisgaues beigetragen zu haben. Von welch schlichter Raffinesse ist allein der Speck, unter dem monatelang der Rauch des Wacholderfeuers qualmt, bis er eine fast gläserne Durchsichtigkeit erlangt hat. Man kann ihn bei vertrauenswürdigen Bäuerinnen auf dem Freiburger Wochenmarkt kaufen oder auch Schälripple, Kinnbäckle und Schäufele. Vor ihrem Genuß muß man freilich ein ›Wässerli‹ oder einen ›Geischt‹ trinken. Und will der Magen nicht so, wie man möchte, dann kommt er durch einen schlichten Tresterschnaps wieder ins Lot. Wein und Obstbranntwein vertragen sich auf das beste. Mancher Bauernhof besitzt eigenes Brennrecht, auch wenn er nur fünf Liter Schnaps im Jahr produziert. Von den 23 600 Brennereien, die in der Bundesrepublik bis zu drei Hektoliter produzieren, also ausgesprochene Kleinbetriebe sind, liegt die Hälfte im Bereich der Oberfinanzdirektion Freiburg. Natürlich gibt es auch größere Brennereien, wie etwa die Firma Schladerer in Staufen, die Brennerei der Badischen Landwirtschaftskammer (›Kammerkirsch‹), die des Freiherrn von Seldeneck und die Firma Sutterer, ein Schwesterunternehmen der Steinhägerbrennerei König. Welches Wunder ein klares ›Wässerli‹ oder ein guter ›Geischt‹ bewirken kann, merkten wir so recht, als wir im ›Falken‹ eine seiner Spezialitäten, Rübchen mit Schweinsbauch, geschmaust hatten. Die Wirkung war so frappant wohltuend, daß wir beschlossen, nach Lahr zu fahren und dort die berühmte Großlage ›Schutterlindenberg‹ näher in Augenschein zu nehmen.

Wieder konnten wir dem vertrauten Schild ›Badische Weinstraße‹ folgen. Auf dem mit Kalk durchsetzten Mergelboden des Schutterlindenbergs gedeiht die Auxerroistraube, die in Frankreich den Chablis liefert, und auch die edle Ruländertraube, die so gut zu Schwarzwälder Bachforellen schmeckt. Der Wirt in dem kleinen Gasthof oberhalb von Oberschopfheim hatte leider keine in seinem Bassin. Dafür konnte er uns ganz frische, fast noch feuchte Walnüsse anbieten. Außer Käse gibt es kaum einen besseren kulinarischen Begleiter zu Wein! So saßen wir denn in der herbstlichen, noch immer wärmenden Sonne in den Vorbergen des Schwarzwaldes, hatten Burg Landeck im Rücken und vor uns, in blaugrauem Dunst verschwimmend, die Rheinebene, aus der die Türme der Münster von Freiburg und Straßburg hervorragten. Andächtig schlürften wir den Auxerroiswein und hätten fast fromm die Hände gefaltet ob dieses sonnen- und weinbegnadeten Landes.

Empfehlenswerte Lagen

Altdorf:	(zusammen mit Bleichheim, Broggingen, Ettenheim, Herbolzheim, Ringsheim und Tutschfelden) Kaiserberg (Spätburgunder)
Bombach:	Sommerhalde
Emmendingen:	Halde (Spätburgunder)
Freiburg:	(Ortsteil Lehen) Bergle und Schloßberg (Lorettoberg und andere Lagen gehören noch zum Bereich Markgräfler Land)
Friesenheim	Kronenbühl (Ruländer)
Glottertal:	Eichberg, Roter Bur (Spätburgunder)
Hecklingen:	Schloßberg (Riesling + Silvaner und Spätburgunder)
Kenzingen:	Roter Berg (Spätburgunder)
Kippenheim:	Haselstaude (Riesling + Silvaner)
Lahr:	Herrentisch (Auxerrois)
Malterdingen:	(zusammen mit Heimbach) Bienenberg (Rieslung + Silvaner)
Mundingen:	Alte Burg (Gewürztraminer)
Nordweil:	Herrenberg (Riesling + Silvaner)
Oberschopfheim:	Kronenbühl (Riesling + Silvaner)
Wagenstadt:	Hummelberg (Riesling + Silvaner)

Ortenau

Einer der ganz Großen der deutschen Literaturgeschichte hat diese Weinlandschaft und gleichzeitig das Kernstück des badischen Weinbaus in Worten festgehalten, die noch heute gültig sind. Es war Hans Jakob Christoffel von Grimmelshausen, der Verfasser des ›Simplizissimus‹. Er stammte zwar aus der alten Kaiserpfalz Gelnhausen am Vogelsberg, wo er 1622 geboren sein soll. Die Mitte des Lebens aber verbrachte er in der Ortenau, erst in Offenburg in der Kanzlei des Herrn von Schauenburg, dann als Wirt des ›Sternen‹ in Gaisbach und als Schultheiß in Renchen, wo er 1676 starb. Er schrieb nicht nur den ›Simplizissimus‹, sondern auch die ›Landstörzerin Courage‹, die Brecht als Vorbild für sein Drama ›Mutter Courage‹ diente, weitere Romane und Kalendergeschichten. Auch ein Tagebuch ist von ihm erhalten. In ihm lesen wir: »Ich wohnte auf einem hohen Gebürg, die Moß genannt, so ein Stück vom Schwartzwald und überall mit einem finstern Dannenwald überwachsen ist; von demselben hatte ich ein schönes Aussehen gegen Aufgang (Osten) in das Oppenauer Thal und dessen Nebenzinken, gegen Mittag (Süden) in das Kintzinger Thal und die Grafschaft Geroldteck, allwo dasselbe hohe Schloß zwischen seinen benachbarten Bergen das Ansehen hat, wie der König in einem aufgesetzten Kegelspil; gegen Niedergang (Westen) konnte ich das über und unter Elsaß sehen und gegen Mitternacht (Norden) der niedren Markgrafschaft Baden zu, den Rheinstrom hinunter in welcher Gegend die Stadt Straßburg mit ihrem hohen Münster-Thurm wie das Hertz mitten in einem Leib beschlossen, hervor pranget.«

Wir haben uns das Plätzchen angesehen, von dem Grimmelshausen in die Weite geblickt hatte. Es ist der Moßkopf zwischen Oppenau und Gengenbach, damals noch eine reichsfreie Stadt, wie denn überhaupt die Ortenau bis zu Beginn des 19. Jahrhunderts ein kunterbuntes Gemisch von kleinen und großen Herrschaften war, in das sich reichsfreie Städtchen und Dörfer, reichsfreie Barone und Grafen, Abteien und Klöster teilten, zudem ein von Kriegen immer wieder verwüstetes Land, das alles Elend des Krieges nicht überstanden und überwunden hätte ohne seinen gesunden Bauernstand. Soweit er Weinbau betrieb, schloß er sich in unserem

Jahrhundert zu Winzergenossenschaften zusammen. Daneben gibt es noch eine namhafte Reihe von adligen Weingutsbesitzern wie die Freiherrn von Neveu und Zorn von Bulach bzw. Grafen Metternich in Durbach, die Markgrafen von Baden auf Schloß Staufenberg bei Durlach und Schloß Eberstein bei Gernsbach, die Freiherren von Frankenstein in Ortenberg und Zell, die Freiherren von Röder in Diersburg, die von Kremers auf Gut Nägelforst bei Varnhalt und die Freiherren von Schauenburg bei Oberkirch. An die Klostergüter erinnern das Weingut Fremersberg bei Baden-Baden, das heute im Besitz der Familie Benckiser ist, und die St. Andreas-Hospital-Verwaltung in Offenburg. In dieser Beziehung besitzt die Ortenau Ähnlichkeit mit dem Rheingau.

Und noch eine andere Ähnlichkeit ist vorhanden: die Vorliebe für die Rieslingtraube, neben Spätburgunder, der sowohl prächtige Rotweine wie süffige Weißherbste liefert, Gewürztraminer und Ruländer, der in dieser Landschaft den Namen ›Clevner‹ trägt und Weißweine liefert, die zwar manches vom Charakter der Rieslinge aus Rheingau und Mosel besitzen, in ihrer Art aber doch etwas anders sind. Die Reben senken ihre Wurzeln nicht wie im Rheingau und Mosel in verwitterten Schiefer, sondern in verwittertes Urgestein und Rotliegendes vulkanischer Herkunft oder Zechstein aus der Permzeit, also einer sehr viel älteren Zeit der Erdgeschichte. Nur in der Ebene herrschen mit Löß und Lehm in Ortenau und Rheingau ungefähr die gleichen Böden vor. Aber dort wird kaum Wein angebaut. Er liebt nun einmal die nach Süden bzw. Südwesten und Südosten geneigten Hänge, hier die Ausläufer des Schwarzwaldes, dort die des Taunus. Man möchte die Ortenauer Rieslinge, die durchweg etwas weniger Säure besitzen, voller und fruchtiger nennen. Auch tragen oder trugen sie jedenfalls zum Teil einen anderen Namen. Man nannte sie ›Klingelberger‹, und zwar nach der gleichnamigen Lage bei Schloß Staufenberg in der Umgebung von Durbach, auf der die Markgrafen von Baden den ersten erfolgreichen Versuch mit Rieslingreben unternahmen.

Wir hatten einige Zeitlang geschwankt, wo wir Quartier nehmen sollten. Schließlich entschieden wir uns für die ›Grüne Bettlad‹ in Bühl. Bühl und das Bühlertal sind zwar mehr ein Obst- als ein Weinparadies. Aber die Wirtsleute der ›Grünen Bettlad‹, Ernst und Lilly Günther, haben in ihrem Keller beste Tropfen aus ganz Baden und auch aus anderen deutschen und ausländischen Weinbaugebieten liegen. Auch hier marschiert der Riesling an der Spitze, und zwar ist es ein Riesling mit dem aufregenden Namen ›Stich den Buben‹, ein Riesling in einer Bocksbeutelflasche, gefolgt von Spätburgunder, Riesling + Silvaner und Ruländer bzw. Clevner. Eine Spätlese ›Burg Windeck-Kastanienhalde‹ aus Bühl oder Kabinettwein ›Klotzberg‹ aus dem Bühlertal können sich ebenfalls sehen lassen.

Es gibt auch den Kinzigtaler mit guten Weinen aus Berghaupten, Bermersbach, Diersburg, Gengenbach, Hofweier, Niederschopfheim, Ohlsbach, Reichenbach und Zungsweiler. Nur südwestlich der Kinzig, die im hohen Bogen den Schwarzwald durcheilt und bei Kehl in den Rhein mündet, begnügt man sich mit schlichteren Tafelweinen. Zum Schöppeln sind sie gerade das Richtige.
Der Bereich ›Ortenau‹ umfaßt die Großlagen ›Fürsteneck‹ und ›Schloß Rodeck‹ mit rund fünfzig Weinbaugemeinden, von denen die von Durbach mit 180 Hektar Rebgelände die größte ist. Vor der herbstlichen Lese, wenn das Weinlaub golden in der Sonne schimmert, bietet es einen überwältigenden Anblick. Weinberg an Weinberg schwingt sich in einem einzigen Farbenrausch hinauf zum Schloß Staufenberg. Goethe hat diesen Anblick festgehalten, als er auf seiner zweiten Reise in die Schweiz im Jahre 1779 an Frau von Stein schrieb: »Ich fühle Himmelsluft, weich, warm und freundlich und ein willkommener Atem durchs ganze Land gab mir eine Art Behagen, das ich lange entbehrt.« In der ›Grünen Bettlad‹ ist er nicht abgestiegen. Das nahe Baden-Baden aber hat er gewiß besucht. Baden-Baden als Civitas Aquae Aurelia bereits von den Römern gegründet, begann damals schon das zu werden, zu was es sich im 19. Jahrhundert zum vollen Glanz entfaltete: ein Weltbad und die Sommerresidenz des europäischen Hoch- und Geldadels. Zur Römerzeit wuchs dort noch kein Wein. Erst mußten die zähen Herzöge von Zähringen kommen, die im 11. und 12. Jahrhundert den einst Mortenau genannten, unwegsamen und größtenteils sumpfigen Landstrich erschlossen, roden und besiedeln ließen. Dann wurde die Ortenau staufisches Reichslehen, um sich schließlich – wir erwähnten es schon – in lauter kleine und große Herrschaften aufzulösen, mit denen erst der Reichsdeputationsausschuß von Rastatt 1805 ein Ende machte, auf dessen Beschluß die Ortenau an Baden fiel. Jetzt begann auch hier überhaupt erst ein Qualitätsweinbau.

Baden brauchte hinfort keine territoriale Zersplitterung und Schmälerung mehr hinzunehmen – mit einer Ausnahme: In der Ortenau gibt es ein winziges Gebiet, über dem die französische Trikolore weht. Und zwar liegt es in dem Weindörfchen Sasbach, ziemlich am Ende des Ortes beim Hotel ›Linde‹ und umfaßt einen Fußweg und den Umkreis des Denkmals, das für den französischen Marschall Turenne errichtet wurde, der hier 1675 in einem Gefecht mit österreichischen Truppen den Tod fand. In Obersasbach wächst auf der Lage ›Eichwäldele‹ Spätburgunder; aber gefragter sind die Spätburgunder und Rieslinge des Klosterguts Schelzberg im benachbarten Sasbachwalden, wo man auch ein vorzügliches Kirschwasser und duftigen Himbeergeist brennt. Wie im weiter südlich gelegenen Breisgau vertragen sich auch in der Ortenau Wein und Obstbrände aufs beste. Schwarzwälder Bauernspeck, den es hier in nicht geringerer Güte als im Breisgau und Markgräfler Land gibt, verlangt einfach ein ›Chriesiwässerle‹ oder ein Zwetschenwasser, einen Himbeer- und Mirabellengeist.

Etwas südlich von Sasbach und Sasbachwalden verläßt die Rench den Schwarzwald, vorbei an Lautenbach, Oberkirch, Bottenau, Erlach, Nesselried, Nußbach, Odsbach, Stadelhofen, Tiergarten und Ulm. Die Weine dieser Gemeinden bilden nach dem neuen deutschen Weingesetz eine einzige Einzellage und heißen ›Renchtäler‹. Eine Ausnahme macht der ›Pfarrberg‹ von Waldulm, ein samtiger Spätburgunder. Er ist ebenso bekannt und geschätzt wie sein Traubenbruder aus dem Eisental-Affental, der ›Hex von Dasenstein‹, aus der Gemeinde Kappelrodeck, nördlich von Bühl. Noch immer wird der ›Affenthaler‹ in Flaschen verkauft, die einen vergoldeten Buckel in Gestalt eines Affen haben. Dabei müßte er eigentlich ›Avethaler‹ heißen. Denn hier hatte das Zisterzienserkloster Lichtental, dessen Namen die schöne Allee am linken Ufer der Oos in Baden-Baden trägt, Rebgelände. Zisterziensermönche aus Cîteaux in Burgund hatten reichen Anteil auch an der Erschließung der Ortenau. Leider darf der ›Affenthaler‹ wie alle deutschen Rotweine noch bis zum Jahre 1979 mit ausländischen Deckweinen verschnitten werden, auf daß sein Rot dunkler im Glas aufleuchte. Die Qualität wird nicht besser davon. Aber es gibt der unverschnittenen Spätburgunder genug. Es gibt auch eine Abart dieser edlen Traube im Umkreis von Bühl, den ›blauen Arbst‹.

Wir sind dann noch ein Stückchen weiter nach Norden gefahren bis Baden-Baden, das im ›Eckberg‹ und zusammen mit dem benachbarten Sinzheim im ›Sätzler‹ über eigene Lagen verfügt. Berühmter aber als ›Eckberg‹ und ›Sätzler‹ sind die Rieslinge des Klosterguts Fremersberg in Sinzheim und hier wiederum die Lage ›Feigenwäldchen‹. Und da sind schließlich die Mauerweine von Neuweier, auch sie größtenteils Rieslinge, ob sie nun ›Altenberg‹, ›Gänsberg‹, ›Mauerberg‹ oder ›Schloßberg‹ heißen. Sie werden als einzige deutsche Weine neben den mainfränkischen in Bocksbeutelflaschen abgefüllt, eine Tradition noch von der Zeit her, da hier die Reichsfreiherren von Katzenellnbogen Weinberge besaßen. Dieses mächtige und streitbare Adelsgeschlecht, das im Mittelalter eine wichtige Rolle gespielt hatte, stammte aus dem Mainfränkischen.

Empfehlenswerte Lagen

Achern (Oberachern):	Bienenberg (Spätburgunder)
Altschweier:	Sternenberg (Spätburgunder Weißherbst)
Bühl:	Burg Windeck-Kastanienhalde, Wolfhag (Spätburgunder Weißherbst)
Bühlertal:	Engelfelsen (Spätburgunder), Klotzberg (Spätburgunder)
Diersburg:	Schloßberg (Riesling)
Durbach:	Schloßberg (Traminer), Kochberg (Spätburgunder Weißherbst), Ölberg (Traminer, Ruländer), Plauelrain (Ruländer), Schloß Grohl (Riesling), Steinberg (Traminer)
Gengenbach:	Nollenköpfe (Spätburgunder)
Kappelrodeck:	Hex von Dasenstein (Spätburgunder)
Neuweier:	Gänsberg (Riesling), Heiligenstein (Riesling), Mauerberg (Riesling), Schloßberg (Riesling)
Ortenberg:	Schloßberg (Gewürztraminer), Freudental (Silvaner, Ruländer)
Rammersweier:	Kreuzberg (Ruländer und Riesling)
Sasbachwalden und Obersasbach:	Alter Gott (Spätburgunder), Klostergut
Steinbach:	Schelzberg (Spätburgunder) Yburgberg (Riesling), Stich den Buben (Riesling)
Varnhalt:	Sonnenberg zusammen mit Sinzheim (Riesling), Steingrübler (Riesling)
Waldulm:	Pfarrberg (Spätburgunder)
Zell-Weierbach:	Abtsberg, zusammen mit Offenburg (Ruländer)
Sinzheim:	Klostergut Fremersberger Feigenwäldchen (Riesling)

Kraichgau

Woher er seinen Namen hat, konnte uns auch das Große Duden-Lexikon nicht verraten. Wir mußten ihn als gegebene Tatsache hinnehmen, als wir bei Wiesloch die Autobahn nach Frankfurt verließen und in die Autobahn nach Heilbronn einbogen. Wir mußten uns auch mit der Tatsache abfinden, daß das Land, das wir nun durchfuhren, sich nicht übermäßig reizvoll präsentierte. Seine allzu sanft geschwungenen Hügel sind nur spärlich bewaldet, aber überall von Feldern und Äckern wie ein Flickenteppich durchzogen. Auch Rebflächen konnten wir erkennen, sogar mehr, als wir ursprünglich vermutet hatten. Dabei sind diese Rebflächen nur spärliche Überreste einer einst dicht mit Rebstöcken bestandenen Landschaft. Schon die Römer sollen in dieser alten Völkerpforte zwischen Odenwald und Schwarzwald Wein angebaut haben. Ausdrücke, die für den Weinbau nur im Kraichgau verwendet werden, deuten darauf hin, wie zum Beispiel ›sälen‹ für anbinden, von salix = Weide, oder ›wimmeln‹ für das Traubenlesen, von vindimia = Ernte.

Die Kraichgauer aber, dem Stamme nach Rheinfranken wie die Pfälzer und Rheinhessen, mit denen sie viel gemeinsam haben, tranken ihren Wein von jeher selber. Ihr Land ist auch nicht so beschaffen, daß sie unbedingt auf den Weinbau angewiesen wären. Zu ihm entschließt man sich ja nur dort, wo – einigermaßen günstige klimatische Bedingungen vorausgesetzt – kein Getreide und Gemüse und auch kein Obst gedeihen will. Dann kam die Industrie und bot der Bevölkerung leichteren Verdienst als das harte und schwere Brot des Winzers. Noch heute betreiben viele Kraichgauer den Weinbau nebenbei nach Feierabend und zum Wochenende.

Das industriereiche Wiesloch südlich von Heidelberg, von dessen 15 000 Einwohnern nur wenige direkt vom Weinbau leben, ist sozusagen das Scharnier des nordbadischen Weinbaus. Nach Norden führt der Weg zur Bergstraße, die, soweit sie nicht hessisches Gebiet umfaßt, zusammen mit dem Kraichgau ein Bereich bildet, nach Osten in den Kraichgau und darüber hinaus ins badische Weinbaugebiet Neckar-, Jagst-, Tauber- und Maintal, heute Bereich ›Badisches Frankenland‹ genannt. Immerhin weist Wiesloch mit rund 80 Hektar die größte Rebfläche auf und ist auch Sitz der ›kurpfälzischen Winzergenossenschaft‹. Auf seine Weine kann man sich verlassen, seien es Riesling-, Ruländer-, Traminer- oder Spätburgunderweine. Verläßlich, wenn auch recht deftig, ist auch das Stammgericht des Kraichgaus, der Schwartenmagen. Dieses herzhafte Gericht ist auch als Magenwurst bekannt und besteht aus einem gereinigten und entfetteten Schweinemagen, der mit einem Gemisch aus weichgekochter Schweineschwarte, würflig geschnittener Schweineschulter und Speck, mit Salz, Nelken, Kardamom und Majoran gewürzt, mit etwas Schweineblut und Wellfleischbrühe angefeuchtet, dann zusammengebunden, in Wellfleischbrühe gekocht, zwei Tage fest zusammengepreßt und zehn bis zwölf Tage in den Rauch gehängt wird. Was ein richtiger Kraichgauer ist, schafft mit Leichtigkeit einen Schwartenmagen allein und begießt ihn mit einem Liter Wein. Bier und Schlehengeist sind in diesem Fall das Richtige dazu. Hat er es geschafft, dann sagt er wohl: »Man muß der Natur als emol en Stoß gewe.« Man hat den Kraichgauern auch einen Stoß geben müssen, damit sie sich auf Qualitätsweinbau besannen. Das haben die Winzergenossenschaften besorgt.

Nun, wir können die rund dreißig Weinorte des Kraichgaus nicht alle nennen, zumal nach dem neuen deutschen Weingesetz auch die Weinorte von Pfinz-, Enz- und Albtal und damit auch Karlsruhe, Bruchsal und Durlach dem Bereich Kraichgau-Bergstraße zugeordnet werden. Hinzu kommt, daß sich die Großlagen überschneiden. So gehört Bruchsal der Großlage ›Mannaberg‹ an, das nahe Grötzingen dagegen der Großlage ›Hohenberg‹.

Empfehlenswerte Lagen

Bruchsal:	Klosterberg (Riesling)
Eichelberg:	Kapellenberg (Riesling)
Heidelsheim:	Altenberg (Ruländer)
Malsch:	Rotsteig und Ölbaum (Weißburgunder)
Sulzfeld:	Burg Ravensburger Dicker Franz (Riesling), Burg Ravensburger Husarenkappe (Riesling), Burg Ravensburger Löchle (Riesling)
Tiefenbach:	Schellenbrunnen (Riesling)
Wiesloch:	Spitzenberg (Riesling)
Zeutern:	Himmelreich (Riesling + Silvaner)

Die Weine der Orte Eppingen, Bauerbach, Flehingen, Kraichtal (Ortsteile: Gochsheim, Oberacker und Bahnbrücken), Kürnbach, Rohrbach und Zaisenfeld wurden in der Einzel-Großlage ›Lerchenberg‹ zusammengefaßt.

Ein Abstecher: Badische und Hessische Bergstraße

Als wir im ›Hotel Vorfelder‹ in Walldorf nahe Wiesloch zu Tisch saßen, vor uns auf den Tellern frisch gestochener Stangenspargel, zarter Räucherschinken, neue Kartoffeln, geschmolzene Butter und in den Gläsern einen 1971er Wieslocher Spitzenberg Riesling aus den Kellern der Kurpfälzischen Winzergenossenschaft, machten wir uns doch Gedanken darüber, warum die Schöpfer des neuen deutschen Weingesetzes von 1971 die Bergstraße, die bei Wiesloch beginnt und etwas südlich von Darmstadt endet und sich an den Hängen des Odenwaldes entlangzieht, in einen badischen Teil, zu dem dann noch der Kraichgau geschlagen wurde, und einen hessischen Teil trennten. Die Landschaft ist die gleiche, die Menschen die gleichen, und auch die Weine unterscheiden sich kaum voneinander. Es konnte keinen anderen Grund gegeben haben, als daß der Partikularismus auch in diesem Fall Sieger bleiben sollte.
Zuständigkeiten müssen ja sein. So ist für den badischen Teil der Regierungsdirektor in Karlsruhe zuständig und für den hessischen Teil, das für Qualitätsweine als neues und selbständiges Anbaugebiet aus der Taufe gehoben wurde, der Regierungsdirektor in Darmstadt. Damit mußten wir uns abfinden, so sehr wir das in spätfrühlingshafter Blüte stehende Land zwischen Wiesloch und Seeheim auch als Einheit empfanden. In Heidelberg blühten Flieder und Goldregen nicht anders als in Schriesheim und Weinheim oder im bereits hessischen Bensheim und Jugenheim. Getrennt hatte man dieses alte Kulturland allerdings bereits vor rund 170 Jahren bei dem großen Kehraus, der sich Reichsdeputationsausschuß nannte. 1803 wurde die Bergstraße, die alte ›Strata Montana‹ der Römer, halb badisch, halb hessisch. Die Grenze verläuft heute ungefähr bei Laudenbach.
Bevor die Franken von ihr Besitz ergriffen, hatten hier die Burgunder gesessen. Man kann das in der Nibelungensage nachlesen. Karl der Große gründete hier sein Eigenkloster Lorsch und schlug diesem den größten Teil der Bergstraße zu. 1232 wurde es samt seinen Gütern, darunter vielen Weingütern, von Kaiser Friedrich II. an das geistliche Kurfürstentum Mainz übertragen. Die

Mainzer Erzbischöfe operierten indessen nicht gerade glücklich und mußten 1461 diesen Besitz an die Kurpfalz verpfänden. 1650 wendete sich das Blatt wieder; die Bergstraße wurde wieder mainzisch. Bis 1803 kam es immer wieder zu Reibereien zwischen Mainz und Kurpfalz. Schließlich wurde der nördliche Teil der Bergstraße zu dem neu geschaffenen Großherzogtum Hessen geschlagen, das nun an sich nahm, was vorher den Mainzer Erzbischöfen gehört hatte, darunter auch Rheinhessen mit Worms und Speyer. Das blieb so bis zum Ende des Zweiten Weltkrieges. Jetzt wurde Rheinhessen dem neuen Bundesland Rheinland-Pfalz zugesprochen. Eine etwas bewegte Geschichte also!

Vielleicht wäre das Ganze glimpflicher verlaufen, wenn sich die Kurpfalz und damit auch die Bergstraße nicht als Schlachtfeld in den Machtkämpfen zwischen Frankreich einerseits und der Koalition zwischen England und Österreich (und anderen Ländern) dargeboten hätte. Was das Ludwig XIV. in den Mund gelegte Wort »Brulez le Palatinat« (Brennt die Pfalz nieder) für die Bergstraße bedeutete, dafür zeugt noch heute die Ruine des Heidelberger Schlosses. Um so erstaunlicher ist es, daß im Jahre 1751 der damalige Kurfürst von der Pfalz oder Kurfürst am Rhein, wie er sich lieber nennen ließ, das berühmte 2200-Hektoliter-Faß anfertigen ließ und mit Deputatswein auch füllen lassen konnte! Der Krieg allein konnte also nicht Schuld daran haben, daß in Durlach, wo man noch vor 200 Jahren 400 Hektoliter Wein erzeugte, heute kein Rebstock mehr steht oder daß sich jeder der braven Ettlinger Bürger, ganze zweieinhalbtausend an der Zahl, Frauen und Säuglinge mitgerechnet, 200 Liter Wein im Jahr herunterschluckten, während heute das Ettlinger Rebland nur ganze sechs Hektar beträgt.

Vielleicht wäre der Weinbau an der Bergstraße ganz vor die Hunde gegangen, wenn man sich seiner nicht höheren Ortes angenommen hätte und wenn nicht die noch vom Weinbau treibenden Bergsträßler den Nutzen des genossenschaftlichen Zusammenschlusses erkannt hätten. Die klimatischen und geologischen Voraussetzungen für einen guten Wein waren von jeher gegeben: der Sonne zugeneigte, nicht zu steile Hänge, an der nördlichen Bergstraße,

Anbaugebiet Hessische Bergstraße >
mit den Bereichen Starkenburg und Umstadt

HESSISCHE BERGSTRASSE
RHEINGAU
WIESBADEN
FRANKFURT
Rüdesheim
Eltville
MAIN
RHEIN
Hochheim
MAINZ
RHEINHESSEN
DARMSTADT
Nierstein
Miltenberg
Bensheim
Oppenheim
HEPPENHEIM
Weinheim
WORMS
HEILBRONN
MANNHEIM
HEIDELBERG
NECKAR
STUTTGART
BADEN-BADEN

also im hessischen Teil, um den Melibokus herum, den ›Vesuv‹ des Odenwaldes, Porphyrgestein vulkanischen Ursprungs, das Reben wie dem St. Laurent, einem Vetter des Blauen Spätburgunders, aber auch dem Auxerrois behagt und hitzige Tropfen liefert. Im südlichen, also badischen Teil, wo die Gesteine der Verwerfung an das Schwemmland der Rheinebene stoßen, sind es mildere Tropfen wie der Silvaner oder Müller-Thurgau. Darüber hinaus ist es eine Eigenart des Bergsträßer Winzers, der meist auch noch Obstzüchter und Feingemüsebauer ist, möglichst verschiedene Sorten in seinem Wingert zu haben. Es war schwer, ihn vom Mischsatz abzubringen. Um Wiesloch herum ist das gelungen; auch in Schriesheim und in Leimen vor den Toren Heidelbergs siegte schließlich die oenologische Vernunft. Hier sind die Gemarkungen größtenteils schon sortenrein.
Dann kam das große Sonnenjahr 1959 und gab dem Weinbau an der Bergstraße neuen Auftrieb. Plötzlich zeigte es sich, welche Qualitäten der Bergsträßer haben kann. Die Schaffung eines eigenständigen Weinbaugebiets ›Hessische Bergstraße‹ für Qualitätsweine wird sicherlich dazu führen, daß auch zwischen Heppenheim und Seeheim Weine erzeugt werden, die nicht nur als Schoppenweine in kleinen einheimischen Wirtschaften ausgeschenkt werden.
Auch »Stadt Heidelberg, die feine« besann sich auf das Erbe, zu dem sie das Große Faß und der Zwerg Perkeo verpflichteten. Sie legte auf der Sonnenseite des Neckartales »ob der Bruck«, wie die Heidelberger sagen, einen neuen Weinberg an und bepflanzte ihn mit Riesling- und Müller-Thurgaureben. Zuerst füllte man diesen Wein nur in Viertelliterflaschen ab, so rar war er. Und ausgeschenkt bekam man ihn auch nur in den stadteigenen Trinkstuben wie zum Beispiel in der Trinkstube des Ottheinrichbaus des Heidelberger Schlosses. Dort stehen noch andere Heidelberger Weine zum Probieren bereit wie zum Beispiel der ›Dachsbuckel‹ oder der ›Herrenberg‹. Aber sie stammen nicht aus dem alten Weichbild der Stadt, sondern aus eingemeindeten Orten wie Handschuhsheim, Rohrbach oder Leimen. Wir fuhren aber weiter nach Heppenheim, das schon zum Weinbaugebiet ›Hessische Bergstraße‹ gehört, und probierten dort den ›Eckweg‹, ›Guldenzoll‹, ›Steinkopf‹ und ›Zentgericht‹ der Großlage ›Wolfsmagen‹, in der die Weine von Bensheim wachsen, und die Großlage ›Rott‹, von der die Zwingenberger und Seeheimer ihren Wein holen. Schließlich wäre hier noch der Bereich ›Umstadt‹ zu nennen.

In den badischen Tälern von Neckar, Jagst und Tauber

Man mag Diskussionen, ob der Neckar schwäbisch oder auch badisch ist, auf sich beruhen lassen. Schließlich gehört er nur einem Bundesland an: Württemberg-Baden, und damit Schwaben wie Badenern. Die Badener besitzen zwar nur ein Zipfelchen von ihm und sein Hinterland. Es reicht gerade von Bad Wimpfen bis zur Mündung in den Rhein bei Mannheim. Aber dieses Zipfelchen hat es in sich, nicht nur Heidelbergs wegen, sondern auch wegen Neckarmühlbach mit Schloß Guttenberg und Burg Horneck und Neckarzimmern mit Burg Hornberg. Auf Burg Hornberg schloß Götz von Berlichingen mit der Eisernen Hand für immer seine Augen. Vielleicht stieg man schon damals Anno Domini 1534 durch Weinberge zu ihm hinauf. Heute nennt sich diese Lage mit Recht ›Götzhalde‹.

Das neue deutsche Weingesetz von 1971 hat Neckarmühlbach, Neckarzimmern und Binau, um gleich die wichtigsten Weinorte zu nennen, zur Großlage ›Stiftsberg‹ und zum Bereich ›Badische Bergstraße/Kraichgau‹ geschlagen. Bei Heidelberg, das zur ›Großlage Rittersberg‹ gehört, mag man das noch gelten lassen. Einleuchtender wäre es gewesen, diese vier Orte dem Bereich ›Badisches Frankenland‹ zuzuordnen, das wiederum nur eine Großlage aufweist: ›Tauberklinge‹. Wir halten es mehr mit der geographischen und geschichtlichen Einheit, und in dieser Beziehung sind Neckarmühlbach oder Neckarzimmern den Tauber- und Jagststädtchen, mögen sie nun Tauberbischofsheim, Reichholzheim oder Königshofen heißen, verwandter als etwa Heppenheim an der Bergstraße oder Sulzfeld im Kraichgau. Wir spürten das, als wir ›Im Alten Marstall‹ auf Schloß Hornberg Rast machten. Hier wie in Tauberbischofsheim – es gibt auch ein Neckarbischofsheim – befanden wir uns auf altem kurmainzischen Boden. Das Land zwischen Neckar und Main, das zum größten Teil die Tauber verbindet, ist sozusagen der Schaft des langen badischen Stiefels, der bis zum Bodensee reicht. 1803 wurde er badisch.

Vom Taubertal und seinen Nebentälern weiß man, daß die Rebfläche einmal 6000 Hektar betragen hat. Heute sind es in ganz Nordbaden nur noch 1250 Hektar und im Taubertal selbst knapp

100 Hektar, im Neckartal mögen es rund 25 Hektar sein und im Jagsttal schließlich 30 Hektar. Was sind schon insgesamt 155 Hektar Rebfläche! Die Gemeinde Endingen am Kaiserstuhl allein verfügt über 180 Hektar. Aber man wandert und fährt durch diese Täler ja nicht nur des Weines wegen. Dann könnte man sich auch die ›Romantische Straße‹ sparen, die von Würzburg über Tauberbischofsheim, Bad Mergentheim, Weikersheim, Creglingen, Rothenburg ob der Tauber und Dinkelsbühl nach Nördlingen und Donauwörth führt. In den Städten, Städtchen und Dörfern will man Rücksprache mit der Vergangenheit halten. Gesellt sich noch der eigene Wein dazu, um so besser. Der Wein des badischen Tauber- und des Jagsttales ist unter der Bereichsbezeichnung ›Badisches Frankenland‹ zur Großlage ›Tauberklinge‹ zusammengefaßt.

Sprechen wir von ihm! Auf der letzten Station unserer Weinreise durch Baden biegen wir hinter Bad Mergentheim ohnehin von der Romantischen Straße ab und streben über Stubbach dem Jagsttal zu, das wir bei Dörzbach erreichen.

Es ist im Jagsttal und im Taubertal nicht anders als auch im Neckartal und vorher im Kraichgau und an der Bergstraße. Es gäbe gerade noch so viel Weine, wie für einen anspruchslosen Haustrunk nötig wäre, wenn man sich nicht auch hier auf eine alte Weintradition besonnen, Vater Staat ein Vorbild gegeben und die Winzer sich zu Genossenschaften zusammengeschlossen hätten. Noch eines kam zu der Zersplitterung des Rebgeländes, der Abwanderung in die Industrie und den Befall durch Reblaus, Mehltau und Blattfallkrankheit hinzu: die tückische Bodenkälte. Die Wärme, die Neckar, Tauber und Jagst den Sommer und Herbst über aufgespeichert haben und die sie nachts abgeben, langt nicht aus, um die höher gelegenen Rebflächen zu schützen. Erst spät, eigentlich in den beiden letzten Jahrzehnten, besann man sich darauf, daß man sich gegen den Frost am besten durch große Beregnungsanlagen schützen kann, so wie das auch die Südtiroler Weinbauern in den höheren Lagen tun. Wer heute nach Beckstein kommt, in einen Seitenkessel des Umpfertales, das bei Königshofen in das Taubertal mündet, findet hier eine der größten Beregnungsanlagen Europas überhaupt. Sie ist die Schöpfung der drittältesten badischen Winzergenossenschaft, die bereits 1894 gegründet wurde. Dabei zählt Beckstein nicht mehr als 400 Einwohner; aber jeder vierte ist Mitglied der Genossenschaft. Weiter tauberab-

wärts in Lauda besteht ein staatliches Weingut, das mit Erfahrungen und Ratschlägen hilft. Gegenüber Lauda, in Marbach, hat man einen Steilhang mit neuen Reben bepflanzt. Auch Gerlachsheim pflegt seinen Wein wieder. Hier saßen im 18. Jahrhundert die Buchlers und gründeten für den von ihnen erzeugten und begehrten Tauberwein Niederlassungen in Augsburg, Frankfurt, selbst in Amsterdam. In Tauberbischofsheim ist das ehemalige kurmainzische Schloß Zentrum der Weinproduktion. Auch hier verdrängen Riesling, Riesling + Silvaner, Ruländer und neuerdings Freisamer und die ziemlich frostharte Scheurebe immer mehr den traditionellen Wein des Taubertals, den Schwarzriesling. Wie am Main wird hier wie auch in anderen Weinorten des Taubertals der Wein in die behäbigen Bocksbeutelflaschen gefüllt, aber nur, wenn es sich um Qualitätsweine mit Prädikat handelt. Sonst begnügt man sich mit den schlichten Einliter-Flaschen.
Die typische Taubergrundrebe ist heute der tauberfränkische Riesling + Silvaner. Der Muschelkalkboden zügelt seinen manchmal etwas aufdringlichen Muskatellergeschmack. Der Riesling + Silvaner liefert hier gesunde und wohlverträgliche Schoppenweine ebenso wie feinste, vollmundige, zartsüße Auslesen.
Bei Wertheim ergreift das badische Weinland noch ein Stückchen Besitz vom Main. In Bronnbach bei Wertheim hat die Gutsverwaltung der Fürsten von Löwenstein-Wertheim-Rosenberg ihren Besitz. Sie weiß, was sie ihrem Namen schuldig ist.
Sicherlich wird es an Neckar, Jagst und Tauber nie wieder so werden, wie es der Dichter Clemens von Brentano einst in Worte gefaßt hat:

Tauber heiß ich, Reben schwing ich
Trunken in den Taubergrund,
Und den Kindern Trauben bring ich
Um die Hälse golden bunt.

Eines nicht fernen Tages aber werden auch die Weine von Neckar, Jagst und Tauber auf den Weinkarten fern des badischen Frankenlandes erscheinen, wird man in Hamburg und München, Frankfurt und Düsseldorf von einem Reichholzheimer ›First‹ von der gleichnamigen Winzergenossenschaft im Taubertal oder vom Krautheimer ›Heiligenberg‹ aus dem Jagsttal mit gleicher Hochachtung sprechen wie schon früher vom Ihringer ›Winklerberg‹ vom Kaiserstuhl oder Durbacher ›Schloß Staufenberg‹ von der Ortenau.

Empfehlenswerte Weine

Neckar

Neckarmühlbach:	Hohberg (Riesling + Silvaner)
Neckarzimmern (Hornberg):	Götzhalde (Riesling)

Jagst

Krautheim-Klepsau:	Heiligenberg (Riesling + Silvaner)

Tauber

Dertingen:	Mandelberg (Freisamer, Morio-Muskat)
Gerlachsheim:	Herrenberg (Silvaner)
Königshofen-Beckstein:	Kirchberg (Riesling + Silvaner)
Lauda:	Altenberg (Scheurebe)
Marbach:	Frankenberg (Schwarzriesling)
Reichholzheim:	Kemelrain (Riesling + Silvaner), Satzenberg (Traminer)
Tauberbischofsheim:	Silberquell (Riesling + Silvaner), Edelberg (Ruländer)
Wertheim:	Schloßberg (Scheurebe)
Werbach:	Hirschberg (Weißburgunder)

Franken

Aus den Reben fleußt das Leben,
Das ist offenbar.
Ihr, der Franken Kenner!
Weingelehrte Männer!
Macht dies Sprichwort wahr!

Johann Christian Fischer (1782)

Eine weinfrohe Fahrt durch Franken sollte man in Bamberg antreten. In Bamberg wächst zwar kein Wein mehr wie noch vor ein paar Jahrhunderten, aber die Bamberger trinken immer noch Frankenwein, wenn sie auch ihr Rauchbier höchstlich schätzen. Bamberg mit seinem herrlichen Dom, dieser wiederum mit seinem weltberühmten ›Reiter‹, seinen Königsgräbern, Heiligenstandbildern und dem Altar aus der Hand von Veit Stoß, Bamberg mit seiner alten und neuen Residenz und nicht zuletzt den reizenden, geranienumsäumten Fischerhäuschen an der Regnitz, Bamberg ist schon der richtige Auftakt zu einer Reise auf der ›Pfaffengasse des Heiligen Römischen Reiches‹.
So verbrachten wir denn die erste Nacht und den ersten Vormittag in Bamberg und schluckten Rauchbier im ›Schlenkerla‹ in der Dominikanerstraße zu knackigen Bratwürsten und Sauerkraut. Das Rauchbier war gar kein schlechter Auftakt zu dem ersten Schluck Frankenwein, den wir nicht in Ebelsbach-Eltmann tranken, das etwa 20 Kilometer mainabwärts liegt und wo der Weinbau heute beginnt, sondern im nahen Ziegelanger, wo sich das Weingut des Bambergers Dr. Heß befindet, eines der Männer, denen es mit zu danken ist, daß am Obermain zwischen Schweinfurt und Bamberg überhaupt wieder Wein gebaut wird.
Ziegelanger, in dessen Umkreis heute wieder über fünfzehn Hektar mit Reben bepflanzt sind, gehört wie Steinbach, Zell und Schmachtenberg zur Großlage ›Kapellenberg‹ im Bereich ›Steigerwald‹. Nur wenige Kilometer weiter mainabwärts beginnt der Bereich ›Maindreieck‹, der in sieben Großlagen und eine größere

Anzahl großlagenfreier Orte aufgeteilt ist. Der Bereich ›Maindreieck‹ ist das Gebiet der großen Frankenweine. In ihm liegen Würzburg mit ›Stein‹ und ›Innerer Leiste‹, Randersacker mit ›Teufelskeller‹ und ›Pfülben‹, Escherndorf mit ›Lump‹ und ›Berg‹, Thüngersheim mit ›Johannisberg‹ und ›Scharlachberg‹, Volkach mit ›Ratsherr‹. Wir werden sie alle noch kennenlernen.

Zwischen Schloß Mainberg, auf dem einst die reichsfreien Grafen von Henneberg residierten, und Schweinfurt macht der Main seine erste große Schleife. Die Ausläufer der Rhön und des Spessarts zwingen ihn dazu. Vorbei fließt der größtenteils kanalisierte Strom an Obereisenheim, Volkach, Escherndorf, Nordheim, Sommerach, Dettelbach, Kitzingen und Sulzfeld. Und wieder sind es die Vorläufer eines Gebirges, diesmal die des Steigerwalds, die ihn zur zweiten großen Schleife zwingen, diesmal von Süden nach Norden. Die nördliche Schleife führt von Frickenhausen vorbei an Sommerhausen, Eibelstadt, Randersacker, Würzburg, Veitshöchheim, Erlaubrunn, nach Thüngersheim und Karlstadt und damit bis zur Mündung der Fränkischen Saale, an der bis nach Bad Kissingen hinauf noch Wein wächst. Ein natürliches Flußdreieck hat sich so gebildet, das Maindreieck.

Anbaugebiet Franken >
mit den Bereichen Steigerwald, Maindreieck und Mainviereck

FRANKEN

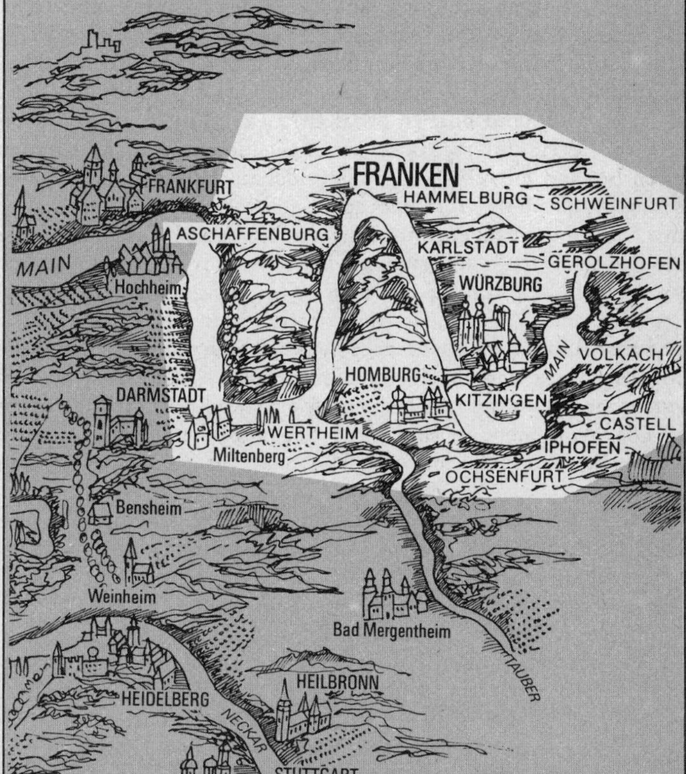
FRANKEN
FRANKFURT
HAMMELBURG
SCHWEINFURT
ASCHAFFENBURG
KARLSTADT
GEROLZHOFEN
MAIN
Hochheim
WÜRZBURG
VOLKACH
MAIN
HOMBURG
DARMSTADT
KITZINGEN
CASTELL
WERTHEIM
Miltenberg
IPHOFEN
OCHSENFURT
Bensheim
Weinheim
Bad Mergentheim
HEILBRONN
HEIDELBERG
NECKAR
TAUBER
STUTTGART
WÜRTTEMBERG
BADEN-BADEN

Steigerwald

Wir haben es vorläufig nicht abgefahren, sondern haben von Schweinfurt den Weg eingeschlagen mitten durch den fichten- und eichenbestandenen Steigerwald nach Iphofen.

Es lockte uns ein Gebiet, das Mutter Main nicht in ihre Arme geschlossen hat. Was sich sonst außerhalb des Maintals und seiner Nebenflüsse Tauber und Fränkische Saale als geschlossenes Weinbaugebiet im Laufe der Jahrhunderte nicht behaupten konnte, hier am Südosthang des Steigerwaldes blieb es Wirklichkeit. Rund 500 Hektar Rebland blieben erhalten, zwar nicht in geschlossener Fläche, sondern unterbrochen von bewaldeten Hügeln, Kuppen, breiten Senken mit Obst- und Getreidebau, Wiesen und Weiden. An der Spitze der Rebflächen steht das reizende, kleine, mauerumwehrte und turmgekrönte Iphofen, ein mainfränkisches Juwel für sich selbst, das wiederum ein Juwel in sich birgt, den ›Zehntkeller‹, den Vater und Sohn Seufert, beide gleichzeitig tüchtige Wirtsleute und Winzer, zu einem Stelldichein der Feinschmecker und zur willkommenen Herberge gemacht haben. Sie hat nur einen Fehler. Es wäre vergeblich, im ›Zehntkeller‹ Quartier zu suchen, wenn man sich nicht mindestens eine Woche vorher angemeldet hat. Die Wochenenden sind nicht zu empfehlen. Dann ist es im ›Zehntkeller‹ zu voll, und der Wirt hat für seine Gäste kaum Zeit.

Man stelle sich keine Luxus-Gaststätte vor! Der ›Zehntkeller‹, der einst Mönchshof hieß und zu einem Kloster gehörte, hat seinen Namen von dem Zehnten, den die Bauern an Naturalien, auch an Wein, sofern sie einen Weinberg zum Lehen hatten, an den Grundherrn abliefern mußten. In Iphofen war es zuerst das Kloster, das aber im großen Bauernkrieg von 1524 bis 1525 von seinen Insassen verlassen wurde, später das Rentamt der Fürstbischöfe von Würzburg. Noch heute trägt eine der besten Lagen des Schwanbergs den Namen ›Julius Echter-Berg‹ und gehört dem bischöflichen Juliusspital in Würzburg. Von dieser Lage hat Heinrich Seufert einen guten Vorrat im Keller liegen, ebenso von den Lagen ›Kalb‹, ›Kammer‹ und ›Kronsberg‹. Auch diese Lagen ziehen sich die Südhänge des sanft geschwungenen Schwanbergs hinauf. Der rötliche Keuperboden ist hier locker und warm und behagt daher auch der echten Rieslingrebe, die lange Zeit in Franken ein Fremdling war und auch heute nicht viel mehr als etwa fünf Prozent der Gesamtrebfläche bedeckt. (Einzellagen mit echten Rieslingreben sind z. B. die berühmten Würzburger Lagen ›Stein‹ und ›Leiste‹, in der Gemarkung Randersacker ›Pfülben‹, ›Spielberg‹ und ›Hohberg‹, in Escherndorf ›Lump‹, in Homburg ›Kallmuth‹.) Ansonsten behagen dem echten Riesling, der vom Rheingau her Urgestein und von der Mosel her Schieferböden gewohnt ist, die Muschelkalkböden und auch das Klima Frankens nicht so ganz recht.

Am Main ist dem Rheinriesling im Frankenriesling oder ›Rieslaner‹, wie er amtlich heißt, indessen ein höchst beachtlicher Konkurrent erwachsen (siehe auch Seite 42). Er vereinigt alle guten Eigenschaften des echten Rieslings und des Silvaners, der fränkischen Hausrebe, ist weniger anspruchsvoll als der echte Riesling und liefert in sehr guten Jahren Moste mit über 100 Grad Öchsle. Was ihm allenfalls fehlt, ist das ›Spiel‹, wie Weinkenner die feine Säure nennen, die der echte Riesling besitzt.

Das alles erzählte uns Herr Seufert, während wir in einem der drei holzgetäfelten Gasträume saßen. Wir waren durstig von unserem Aufstieg auf den Schwanberg zurückgekehrt, auf dem die Ruine einer Burg steht, die schon der Merowinger Pippin der Kurze gebaut haben soll. Seine Schwester Hadeloga, die sich nach der Bekehrung zum Christentum Adelheid nannte und heiliggesprochen wurde, hätte, so ließ Herr Seufert ins Gespräch fallen, Kitzingen gegründet und die Rebe in Franken heimisch gemacht. Er sagte das augenzwinkernd. Denn natürlich wußte er, daß die ersten Weinberge im Frankenland, alle Schenkungen an die Abtei Fulda, zwischen 770 und 776 bei Münnerstadt im Grabfeld, bei Halsheim an der Wern und bei Klingenberg zwischen Wertheim und Aschaffenburg angelegt wurden. Es dauerte noch etwas, bis die Rebe auch am Rand des Steigerwaldes Fuß faßte. Immerhin ist in und um Iphofen der Weinbau, der einmal 2000 Hektar Rebland umschloß, knappe 1200 Jahre alt.

Wir fragten uns, wer nur den vielen Wein getrunken haben mochte, der damals aus der Kelter floß. Nun, alte und in diesem Fall zuverlässige Chroniken bezeugen, daß Ende des 16. Jahrhunderts nicht nur Männer, sondern auch Frauen täglich mehrere Maß Wein getrunken haben. Das Maß entsprach einer Menge von 1,22 Litern. Ein Pfarrer, der damals auf einem Schlößchen im Steigerwald zu Besuch weilte, soll sich nach dem Abendessen als Schlaftrunk noch zwei Maß Rotwein mitgenommen haben. Was waren gegen solche Mengen schon die zwei Flaschen Bocksbeutel, die jeder von uns noch nach dem Abendessen – Mainaal in Dillsauce und Rebhuhn in Weinblatt gewickelt und mit Weinkraut – geleert hatte! Als wir auf unsere Zimmer gingen, da stand auf dem Nachttisch ein Viertelliter mit Klingenberger Schloßberg Spätburgunder. Wir schliefen wie die Ratzen, standen trotzdem früh auf, wollten wir doch noch Rödelsee auf der anderen Seite des Schwanbergs, Castell mit der alten Burgruine, dem großen Schloß der Fürsten von Castell und den Einzellagen ›Schloßberg‹, ›Hohnart‹, ›Bausch‹, ›Kirchberg‹, die den Iphöfener Lagen zumindest ebenbürtig sind, so wie etwa in Rödelsee die ›Schwanleite‹ und der ›Küchenmeister‹, Abtswind, Kloster Ebrach, Gerolzhofen, Hüttenheim und Bullenheim besuchen. Wie schon vordem in Iphofen sah man vor allem in und um Rödelsee, Abtswind und Hüttenheim die jungen Spuren der Flurbereinigung, weite Rebflächen mit wie zur Parade angetretenen Rebstöcken, schmale, aber feste Wege, auf denen auch Traktoren fahren können, neue Stützmauern und Drahtzäune. Es mag sein, daß damit die Landschaft etwas von ihrer früheren Heimeligkeit verloren hat, wie ja auch der Main nicht mehr das ist, was er einst war, ein sich selbst überlassener, mühselig schiffbar gehaltener Fluß mit unzähligen, schilfigen, mit Wasserrosen bestandenen Altwässern. Dem Wein ist die jüngste Zeit jedenfalls gut bekommen. Seine Qualität hat sich mächtig verbessert.

Maindreieck

Was aber Frankenwein wirklich sein kann, das erfuhren wir so recht erst, als wir uns zwei Tage später in den Juliusspital-Stuben in Würzburg niederließen. Auch diese mußten wie fast ganz Würzburg nach dem vernichtenden Bombenangriff vom 16. März 1945, der nur wenige tausend Menschen in einer Wüstenei zurückließ, neu aufgebaut werden. So konnten wir nicht nachprüfen, ob schon vor der Zerstörung einer der Räume die Inschrift trug: ». . . es gibt mehr alte Trinker als alte Ärzte«. Gerade dieser Spruch ließ uns darüber nachdenken, warum man gerade Frankenwein als ›Krankenwein‹ bezeichnet hat. Um des guten Reims willen allein konnte es nicht sein. Wir wußten, daß der Frankenwein schon von Jugend an Goethes Lieblingswein war. 1806 schrieb er aus Jena an die ihm kürzlich angetraute Christiane, geb. Vulpius: »Sende mir noch einige Würzburger; denn kein anderer Wein will mir schmekken und ich bin verdrießlich, wenn mir mein gewohnter Lieblingstrank abgeht.« Und zu Eckermann bemerkte er einmal: »Da Sie übrigens meinen ›Divan‹ (›Westöstlicher Divan‹, entstanden 1819) so gut kennen, so wissen Sie, daß ich selber gesagt habe ›Wenn man getrunken hat / Weiß man das Rechte‹, und daß ich Ihnen vollkommen beistimme. Es liegen im Wein allerdings produktivmachende Kräfte sehr bedeutender Art.« Die Liebe zum Frankenwein teilte Goethe übrigens mit Franz Liszt, Richard Wagner und Hans Pfitzner, der längere Zeit im ›Zehntkeller‹ zu Iphofen wohnte.

Aber warum ›Krankenwein‹? Vielleicht geht diese Klassifizierung auf die große Pestepidemie von 1681 zurück. Damals empfahl der Fürstbischof von Würzburg, Philipp von Dernbach, seinen Untertanen, ordentlich Wein zu trinken. Als dann die Seuche überraschend schnell versiegte, ließ er eine Münze prägen, die auf dem Revers die Erdkugel mit dem Tierkreis zeigt, darunter einen Drachen als Sinnbild der Pest und darüber ein flammendes, von Trauben umranktes Kreuz und die Unterschrift »Vincit et sanat«. (Er, der Frankenwein, siegt und heilt.) Vielleicht hatte der wohllöbliche Johann Christian Fischer aus Marktbreit am Main tatsächlich recht, der 1791 schrieb: »Wo ist sonst ein Wein, desen Bestandteile so gut vermischt und vereinigt sind und der zwischen den süßen, den feurigen und den sauren Weinen die Mitte hält? Die Erfahrung beweiset, daß der süße Wein nicht passiert, sondern die Säfte verdicket, daß der feurige das Geblüt zu sehr erhitzet und Kopfweh verursacht; daß der saure die Zähne stumpf macht und im Leib vielen Schaden, besonders das Grimmen erregt. Wo aber sind die Podagristen und Chiragristen seltener als in fränkischen Weingegenden? Und fände sich ja einer, so möchte er wohl der Venus und dem häufigen Genuß ausländischer Weine mehr Schuld geben dürfen als dem Frankenwein. Hier bei uns hört man wenig Klagen über Steinschmerzen, und daß die epidemischen Krankheiten bei uns so schnell wieder aufhören, daran ist der ihnen widerstehende Frankenwein oft Ursach.«

Aber wir saßen ja im Juliusspital-Keller. Das Spital selbst war 1576 von dem großen Fürstbischof Julius Echter von Mespelbrunn erbaut worden. Bis zu seiner Zerstörung im März 1945 zeigte der Torstein neben der Figur eines Arztes eine bocksbeutelähnliche Flasche. Was bedurfte es weiterer Beweise? Die Form der Bocksbeutelflasche stammt bereits aus dem 14. Jahrhundert. Ob man sie immer beibehalten hat, ist eine andere Frage. Es ist auch möglich, daß sie längere Zeit nur den Weinen aus Würzburg vorbehalten war. So läßt der Dichter E.T.A. Hoffmann, der ein begeisterter Weintrinker und einige Zeit Dramaturg des ersten Theaterdirektors des vereinigten Würzburger und Bamberger Theaters war, in den ›Kreisleriana‹ den weinfrohen, klösterlichen Chor- und Kellermeister Pater Hilarius dem Kapellmeister Kreisler schreiben: »Echter Bocksbeutel, Carissime Johannes, echter Bocksbeutel aus dem St. Johannis-Spital zu Würzburg, den wir, unwürdige Diener dieses Herrn, erhalten in bester Qualität – ergo bibamus.« Heute ist die Bocksbeutelflasche über ganz Mainfranken verbreitet und außerdem für fränkischen Wein gesetzlich geschützt. Nur noch der ›Mauerwein‹ aus der Umgebung des badischen Bühl und einige badische Tauberweine dürfen in Bocksbeutelflaschen abgefüllt werden. Daß man diese eigenartige Flaschenform auch in Portugal und Chile wiederfindet, hat die Entscheidung des Bamberger Oberlandesgerichts vom Jahre 1957 nicht verhindern können. Es hat keinen Zweck, um den Namen ›Bocksbeutel‹ herumzudeuteln. Er hat weder etwas mit einer Bug- bzw. Hüftflasche zu tun, noch mit dem niederdeutschen ›bookesbetel‹, einem Beutel, in dem Gebets- und andere Bücher getragen werden. Die gedrungen geformte und an den Seiten abgeplattete Flasche ähnelt nun einmal dem Beutel eines Bockes, auf lateinisch ›capri sacculus‹. Honny soit qui mal y pense ... Schließlich wurde früher die Trollinger Traube im Schwäbischen ebenso drastisch wie anschaulich wegen ihrer Form ›Hammelhoden‹ genannt. Da helfen keine Zimperlichkeit und Prüderie.

Bedächtig, fast andachtsvoll gaben wir die Flasche von Hand zu Hand, die der Kellner in der Kleidung eines Kellermeisters auf den Tisch gestellt hatte. Wir wollten sie nicht leeren. Dafür war es nicht die rechte Stunde. Wir wollten nur das Etikett bewundern. Wir lasen: Originalabfüllung des Juliusspital-Weingutes Würzburg, 1950er Iphöfer Julius-Echter-Berg. Silvaner, Beerenauslese. Wir hatten nämlich erfahren, daß dieser Wein auf dem Bankett bei der Krönung Königin Elisabeths II. im Jahre 1953 im Londoner Buckinghampalast ausgeschenkt worden war. Sollte ihn der Prinzgemahl, Prinz Philipp Mountbatten, persönlich ausgesucht haben? Die Mountbattens sind ja deutscher Abstammung. Bis zum Ersten Weltkrieg hatten sie Batberg geheißen. Ihr Stammschloß, die Kellerburg, stand in der Nähe des hessischen Städtchens Battenberg an der Eder. 1314 war dieses Grafengeschlecht allerdings schon erloschen; aber seit 1858 führten die morganatischen Abkommen des Prinzen Alexander von Hessen-Darmstadt den Namen Battenberg. Schon einmal hatte ja ein englischer Prinzgemahl aus deutschem Hause, Prinz Albert von Sachsen-Coburg und Gotha, der Mann Königin Victorias, einen deutschen Wein zu seinem Lieblingswein gemacht und damit in die englische Gesellschaft eingeführt. Damals war das der Hochheimer, der dem Rheingau zugerechnet wird. Es gibt noch mehr Beziehungen zwischen Rheingau und Frankenland. Die Fürsten Löwenstein-Wertheim-Rosenberg in Wertheim besitzen ein berühmtes Weingut bei Hattenheim.

Wir gaben dem Kellner die Krönungs-Bocksbeutelflasche zurück. Dafür brachte er uns in einem Schoppenrömer einen Viertelliter 1971er Würzburger Stein Riesling Kabinett. Wir wollten bewußt keine Spät- oder Auslese trinken, vielmehr nur einen Wein der gehobenen Klasse ›kauen‹. Denn fränkischen Wein muß man ›kauen‹, um seinem Geheimnis ganz auf den Grund zu kommen. Das Geheimnis aller Frankenweine liegt vielleicht – wir sagen ausdrücklich ›vielleicht‹ – darin, daß sie etwas von bäuerlicher Fülle besitzen, was ihren Wert nicht mindert. Sicherlich, was wir tranken, war ein Riesling, ein Wein von keiner anderen Rebe, wie sie

auch im Rheingau und an der Mosel wächst. Und doch war es ein anderer Riesling: voller, wuchtiger, weniger ›verspielt‹. Und auch der fränkische Silvaner, der zusammen mit dem Müller-Thurgau 90 Prozent der fränkischen Reben liefert, ist ein anderer als der Rheinhessens. Der Boden, beim Steinberg Muschelkalk, mag mit ein Grund dafür sein.
Es ist übrigens erstaunlich, welchen Einfallsreichtum die Veitshöchheimer Rebenzuchtanstalt unter der Leitung von Dr. Breitner, der das Werk der Pioniere des modernen fränkischen Weinbaus, Sebastian Englerth aus Randersacker und Dr. Ziegler, fortsetzte, entfaltet hat. Ihren oft jahrzehntelangen Versuchen und Forschungen verdankten nicht nur Rieslaner und Perle ihr Entstehen, sondern auch heute noch kaum bekannte Neuzüchtungen wie die Ortegarebe, nach dem spanischen Philosophen Ortega y Gasset genannt, eine Kreuzung aus Riesling, Gewürztraminer und Madeleine angevine, die durchaus edle Weine von bis zu 14 Prozent Alkohol liefert. Weiter der Mariensteiner, eine Kreuzung aus 75 Prozent Silvaner und 25 Prozent Riesling, der harmonische und haltbare Weine mit leichtem Pfirsichbukett ermöglicht, und schließlich die Albalonga (›Weiße Lange‹), ebenfalls eine Kreuzung von 75 Prozent Silvaner und 25 Prozent Riesling. Sie erbringt mit ihren außergewöhnlich langen, beerenreichen Trauben einen Wein von fruchtiger Leichtigkeit. Diese drei neuen Rebsorten sind in dem Kapitel über die deutschen Rebsorten nicht gesondert aufgeführt, weil sie vorläufig nur vereinzelt angebaut werden.
Doch kehren wir zurück zu unserem Schoppen mit 1971er Würzburger Stein Riesling Kabinett! Sprechen wir von dem Berg, an dem seine Trauben geerntet wurden. Wer den Würzburger Hauptbahnhof auf dem rechten Mainufer in entgegengesetzter Richtung, also nicht stadtwärts verläßt, hat ihn direkt vor der Nase. Er ist, ebenso wie die Einzellage ›Stein-Harfe‹ und wie die Einzellagen ›Pfaffenberg‹, ›Abtsleite‹, ›Innere Leiste‹, ›Kirchberg‹, ›Schloßberg‹, die alle in Würzburg beheimatet sind, und wie der Randersackerer ›Dabug‹ und die Eibelstädter ›Mönchsleiste‹ und ›Kapellenberg‹ großlagenfrei, was die Bedeutung der Einzellagen erkennen läßt. Der Steinberg umfaßt 85 Hektar Rebfläche. Er ist die größte zusammengehörende Lage Deutschlands überhaupt, gefolgt vom Wehlener Sonnenberg an der Mosel. Von gleicher Qualität ist die Einzellage ›Stein-Harfe‹. Was die Weine vom Steinberg noch bemerkenswert macht, ist die Tatsache, daß ihre Flaschenetiketten

schon seit dem 18. Jahrhundert die Lage nennen, ein Brauch, der in den anderen deutschen Weinbaugebieten erst sehr viel später aufgenommen wurde. Vielleicht hat das dazu geführt, daß man einige Zeit alle in Bocksbeutelflaschen abgefüllten Frankenweine fälschlicherweise als ›Steinweine‹ bezeichnete.
Kaum an Qualität stehen die Weine von der ›Würzburger Inneren Leiste‹ den ›Steinweinen‹ nach. Diese liegt auf der Südflanke der Schloßfestung Marienburg.
Relativ kapitalkräftige Einrichtungen wie die beiden Würzburger frommen Stiftungen – das Bürgerspital wurde bereits 1399 von dem Patrizier Johann von Steren ins Leben gerufen, das Juliusspital 1576 – konnten dem Niedergang des Weinbaus in Franken noch einigermaßen widerstehen; aber auch für sie waren die Jahre zwischen 1898 und 1907 ein glattes Verlustgeschäft. So erbrachte die Ernte des Jahres 1898 für das Weingut Juliusspital eine Rendite von ganzen 264 Mark und 1907 erzielte sie nicht mehr als 605 Mark. Was solche Zahlen für die kleinen Winzer bedeuteten, liegt auf der Hand. Kein Wunder, daß die Häcker, wie man in Franken die Winzer nennt, nicht nur die Lust am Weinbau verloren, sondern mit ihr auch ihre Existenz. Das war in Randersacker nicht anders als in Volkach. Hilfe brachten auch hier nur der Zusammenschluß zu Genossenschaften und der Übergang zum Qualitätswein.
Wir können alle die Weinorte des Maindreiecks nicht schildern noch im einzelnen ihre Weine charakterisieren, sei es nun Segnitz, das einst den Fürsten von Schwarzenberg gehörte, die am kaiserlichen Hof in Wien eine große Rolle spielten, seien es Marksteft und Marktbreit, wo einst die Markgrafen von Ansbach regierten, seien es Frickenhausen oder Ochsenfurt, letzteres bekannt geworden durch Leonhard Franks Roman ›Das Ochsenfurter Männerquartett‹, seien es Sommerhausen, wo man auch Sekt herstellt, oder Eibelstadt und Randersacker vor den Toren von Würzburg. Sulzfeld sei nicht vergessen, dessen Lagen ›Cyriakusberg‹ und ›Maustal‹ zu den Spitzeneinzellagen Mainfrankens gehören. Und auch Heidingsfeld will erwähnt sein, das schon 779 in den Chroniken aufgetaucht und 1367 von Kaiser Karl IV. zur Stadt der Krone Böhmens erhoben wurde. Sie alle haben ihre Eigenart und ihre Eigenschaften, und überall schmeckt der Wein ein wenig anders. Nur der Federweiße oder Most, wie man im Fränkischen sagt, schmeckt überall fast gleich. Und was für Randersacker gilt,

gilt auch für alle Orte, nicht nur im Maindreieck, sondern im ganzen Frankenland:

Keine Gasse zu krumm, kein Haus zu klein
Zur Mostzeit muß man in Randersacker sein.

Im Volkacher Gau oder, wie es eigentlich heißen müßte, Volkfeldgau, und damit nach Volkach selbst, aber auch nach Nordheim, Astheim, Stammheim, Über- und Untereisenheim, Sommerach, Krautheim, Neuses, Wipfeld und – last not least – Escherndorf hätten wir, so sagte man uns im ›Lamm‹ zu Würburg, wo wir Quartier genommen hatten, zur Spargelzeit fahren sollen. Er sei dem Schwetzinger, so wurde uns versichert, ebenso ebenbürtig wie ein Escherndorfer ›Lump‹ einem ›Oppenheimer Sackträger‹ aus dem nahen Rheinhessen. Nun, man kann sich die Reisezeit nicht immer nach den Spezialitäten der Saison aussuchen. Der Verzicht auf frischen Stangenspargel mit würzigem, gekochtem Schinken fiel uns nicht sonderlich schwer, als wir, in der altehrwürdigen ›Schwane‹ zu Volkach sitzend, auf der Speisekarte ›Gespickter Zander in Rahmsauce‹ lasen. Dazu bestellten wir eine Flasche ›Ratsherr‹. Er gehört zwar nicht zu den großen Weinen Frankens. Die Volkacher Winzergenossenschaft versteht sich aber auf einen guten, fruchtigen Wein mit zart-erdigem Nachgeschmack. Noch vor zehn Jahren wies Volkach sechs Einzellagen auf. 1971 wurden sie zu der Großlage ›Kirchberg‹ zusammengefaßt.

Der gespickte Zander in Rahmsauce, dem feingeschnittene Champignons beigemischt waren, wäre eines echten Escherndorfer ›Lumpen‹ würdig gewesen. Wie der Spitzenkragen eines Ratsherrn aus der Barockzeit legen sich bei Escherndorf um die Mainschleife Rebhügel an Rebhügel, gekrönt von der Vogelsburg, die noch aus karolingischer Zeit stammt und später ein Karmeliterkloster war, das die Grafen von Castell gestiftet hatten. Heute steht dort ein Aussichtsturm mit einem Restaurationsbetrieb. Da es wochentags war, war es indessen verhältnismäßig still. Die Sonne lag schwer auf dem von Letten-Keuper und Lehm-Löß durchsetzten Muschelkalkboden der Weinberge, die im Besitz des Juliusspitals und der Escherndorfer Winzergenossenschaft sind. Wo diese auf dem Flaschenetikett als Erzeuger angegeben sind, da greife man zu, dann hat man es mit einem fränkischen Spitzenwein zu tun. Sonst aber? Merke: nicht jeder Lump ist ein ›Lump‹.

Zwischen Volkach und Escherndorf liegt Nordheim mit den Lagen ›Vögelein‹ und ›Kreuzberg‹, nördlich von Volkach Obereisenheim mit der ›Höll‹ und Untereisenbach mit dem ›Sonnenberg‹. Beide Lagen liefern keine besonders edlen Weine. Beim ›Vögelein‹ könnte man fast von einem Kneip- und Allerweltswein sprechen. Aber auch die gehören zum mainfränkischen Wein-ABC. Auch Sommerachs und seines ›Katzenkopfs‹ soll gedacht sein. Wer aber wirklich ein fränkisches Weindorf in aller Stille und Abgeschiedenheit und damit auch Ursprünglichkeit besuchen möchte, der steige von dem Weindorf Köhler unweit von Escherndorf den steilen Treppenweg nach Neuses am Berg hinauf. Bei aller Abgeschiedenheit billigten die Schöpfer des neuen deutschen Weingesetzes Neuses wenigstens eine Einzellage zu. Sie nennt sich ›Glatzen‹, ein nicht gerade poetischer Name. Mit der Poesie im landläufigen Sinne ist es in Mainfranken ohnehin so eine Sache, so wenig es auch an Dichtern und Halbpoeten gefehlt hat, die den fränkischen Wein besangen. Ihre Kette reicht von Walter von der Vogelweide, der im Würzburger Lusamgärtlein begraben liegt, bis Georg Britting. Viktor von Scheffel, von dem das schönste und meistgesungene Lied aus dem Frankenland stammt, das da anfängt: »Wohlauf, die Luft geht frisch und rein ...«, war Badener. Von wirklichen Dichtern und nicht nur Halbpoeten wie etwa M. Conrad oder Müller-Amorbach stammten nur Max Dauthendey und Friedrich Schnack aus Franken, von denen, die sich dem Frankenland später eng verbunden fühlten, war der Märchendichter Bechstein Thüringer, der Lyriker Britting Niederbayer und der Heimatdichter A. Dörfler Allgäuer. Von ihnen allen hat die ›Poesie‹ der mainfränkischen Weindörfer keiner besser eingefangen als Britting

Es riecht nach Dauben und Fässern,
Fruchtdumpfig
In den Kellern liegt der verborgene Schatz
Still mit sich redend,
Betrunkene
Verse sprechend.
Und das wortlose Echo durchduftet die Gassen

Im Süden schließt sich dem Volkacher Gau das Dettelbacher Ländchen und das Land rund um Kitzingen an. Wenn Mainfranken, Würzburg natürlich inbegriffen, ein fromm-katholisches Land ist, dann spürt man es hier. Vorbei geht die Fahrt mainaufwärts an Münster-Schwarzach mit seiner östlich des Stadttores mitten in Weinbergen liegenden Wallfahrtskirche ›Sancta Maria in vineis‹,

die Fürstbischof Julius Echter von Mespelbrunn 1613 einweihte, weiter durch Rebhügel, die einst den mächtigen geistlichen Herren dieses Landes, so auch dem Kloster Ebrach gehörten, nach Mainstockheim und schließlich nach Kitzingen. Das Rebgelände umfaßt gleich zwei Großlagen: ›Dettelbacher Honigberg‹ und ›Kitzinger Hofrat‹. Kitzingen selbst hat nur eine Einzellage, den ›Wilhelmsberg‹. Kitzingen wurde ja auch nicht für seine Weine berühmt, sondern für seinen Weinhandel. Das hat sich freilich nach dem Zweiten Weltkrieg geändert, dessen Bomben die Stadt ziemlich mitnahmen, ohne den Falterturm, das Wahrzeichen der Stadt mit seiner schiefen Haube, die dem Turm den Anschein gibt, als habe er einen kleinen Schwips, zerstört zu haben. Aus der Handelsstadt wurde ein Zuliefererplatz, in dem der Winzer alles kaufen kann, was er braucht, von Jungpflanzen für die Anlage neuer Weinberge bis zum Eichenfaß und zur Bocksbeutelflasche. Die große amerikanische Garnison, die hier liegt, hat das Bild der Stadt noch mehr verwandelt. Wer noch etwas mittelalterlichen Zauber und eine gewisse Weltabgeschlossenheit erleben will, der fahre weiter nach Sulzfeld, das inmitten von rund 70 Hektar Rebgelände nicht mehr wachsen und sich verändern kann, weil es zwischen Main und Weinbergen wie eingeklemmt liegt.
Noch immer befinden wir uns im Bereich ›Maindreieck‹, auch dann noch, wenn wir von Würzburg nordwärts und damit mainabwärts bis Hammelburg und bis an die Ausläufer der Rhön fahren. Bei Gemünden, nördlich von Karlstadt, müssen wir den Main sogar verlassen und die Fränkische Saale aufwärts fahren. Von den Weinorten sind folgende bemerkenswert: Veitshöchheim, gleichzeitig Sitz der Bayerischen Staatlichen Versuchsanstalt für Wein-, Obst- und Gartenbau, die nicht mehr im Kavaliersgebäude des 1755 bis 1779 vom Fürstbischof Friedrich von Seinsheim erbauten Schlosses mit seinem herrlichen Park untergebracht ist, sondern in einem neu erbauten Haus in der ›Steig‹, Thüngersheim, wo plötzlich Buntsandstein den Muschelkalk unterbricht und damit auch den Charakter der dort gewonnenen Weine verändert, Karlstadt und schließlich Hammelburg mit Schloß Saaleck. Noch weiter nördlich von Hammelburg, dem Lauf der fränkischen Saale folgend, wächst Wein, so in Diebach, Elfershausen, Engental und Sulztal. Es sind beliebte Ausflugsorte der Kurgäste von Bad Kissingen, die einen Schoppen Feuerthaler oder Engerstaler gern einmal statt eines Bechers aus der Rakoczyquelle trinken. Aber be-

merkenswert sind diese Tropfen ebensowenig wie die des Werntales, das sich von Wernfeld ostwärts quer durch das Maindreieck bis Arnstein zieht. Eine Ausnahme bildet Stetten, in dessen großen Winzergenossenschaftskeller die Weine des Kreises Karlstadt gesammelt und in Zusammenarbeit mit der Gebietswinzergenossenschaft Franken in Reppendorf vermarktet werden. Stetten mit seiner guten Lage ›Stein‹ bildet zusammen mit Gambach, Karlstadt und Himmelstadt die Großlage ›Karlstadter Roßtal‹.
Die Weine der Großlage ›Thüngersheimer Ravensberg‹, die bereits auf Buntsandstein wachsen, können sich sehen lassen. Zum Teil liegt das mit daran, daß die Staatliche Versuchsanstalt hier Neuanlagen geschaffen hat, auf denen recht erfolgreiche Versuche mit neuen Rebzüchtungen wie dem Rieslaner und der Scheurebe gemacht wurden. Aber auch dem Traminer, sonst ein seltener Gast in Mainfranken, behagt es hier.
Einen eigenen Charakter zeigen auch die Weine der Großlage ›Hammelburger Burg‹, allen voran der Wein von Schloß Saaleck. Das Städtchen Hammelburg, das die meisten auf einer Umgehungsstraße umfahren, war einst Krongut Karls des Großen und wurde am 7. Januar 777 der Abtei Fulda geschenkt. Die Schenkungsurkunde ist noch erhalten und insofern bemerkenswert, als sie das früheste Beispiel für die Anwendung der deutschen Sprache in einer Urkunde jener Zeit ist. Die Fürstäbte von Fulda haben hier und auf der nahen Burg Saaleck oder auch auf Schloß Bieberstein gern im Sommer gewohnt und die dortigen Weine in großen Zügen getrunken, wofür das alte Sprüchlein zeugt: »Wer geht nach Bieberstein / Und trinkt Saalecker Wein / Kommt selten nüchtern heim«. Weine aus den Trauben der Rebensorten Müller-Thurgau und Perle hat es damals noch nicht gegeben. Man trank, sofern man es sich leisten konnte, etwa vom 13. Jahrhundert an ›Fränziwein‹, der aus einem Mischsatz ›frentsch‹, d. h. französisch genannt, von der Rotfränkischen (Traminer-), Riesling-, Muskateller-, Gutedel- und Silvanertraube gewonnen wurde. Der kleine Mann hatte sich mit ›Hunnenwein‹ (hunnewin) zu begnügen, der aus dem ›huntsch‹, einem Mischsatz von Elbling und Trollinger (›Hammelhoden‹) gekeltert wurde.
Wir verbrachten den Abend und die Nacht im sehr ansprechenden Hotel ›Gutsschenke Saaleck‹, die heute, wie Burg Saaleck und sein Rebgelände, der Stadt Hammelburg gehören. Natürlich haben wir Wein aus der eigenen Lage, dem ›Schloßberg‹, getrunken und

auch Schoppen von zwei Hammelburger Weinen, ›Trautlestal‹ und ›Heroldsberg‹. Die Spargelzeit war, wie gesagt, vorbei. So hielten wir uns an ›Schnitz‹. Das ist gesottenes Ochsenfleisch in einer kräftigen Brühe aus in Schmalz angerösteten Zwiebeln, Suppengrün und Tomaten, das nach dem Garwerden in fingerdicke Scheiben geschnitten wird. Als Beilage gibt es Salzkartoffeln mit gerösteten Zwiebelringen, Kopfsalat mit frischen Kräutern, Essigfrüchte – mit Vergnügen entdeckten wir auch Quitten darin – und Meerrettichsauce. Wir waren angenehm überrascht, wie gut zu diesem Gericht trotz Meerrettich und Essigfrüchten der ›Schloßberger‹ schmeckte.

Als wir vom Tisch aufstanden und noch einmal ins Freie auf den Burghof traten, da stand der Bergfried wie ein unheilvoller Klotz vor uns, Mahner aus einer Zeit, da es um Burg Saaleck nicht so friedlich zugegangen war wie heute. Nicht erst auf Burg Saaleck wurden wir daran erinnert, daß Mainfranken zusammen mit dem benachbarten Schwaben und Thüringen Schauplatz des größten Bürgerkrieges der deutschen Geschichte, des großen Bauernkrieges von 1524 bis 1525, gewesen war, eines auf beiden Seiten erbitterten und blutigen Kampfes, der mit den Namen eines Florian Geyer, Götz von Berlichingen, Tilman Riemenschneider, Jakob Köhn und Hans Bermetter auf immer verbunden ist. Der ›Schwarze Haufen‹ des Florian Geyer, dessen Kennzeichen der ›Morgenstern‹, eine gestachelte Kugel an einer Kette, gewesen war, hatte im Alten Gressenhof zu Würzburg sein Hauptquartier zeitweilig aufgeschlagen. Das Haus heißt bis heute ›Zum Stachel‹ und ist eine der liebsten Schöppelstuben der Würzburger.

Auch auf Burg Saaleck, die von den »mörderischen und räuberischen Rotten der Bauern«, um mit Martin Luther zu sprechen, allerdings vergeblich berannt wurde, huldigt man heute dem Wein und nicht den zwölf Artikeln, die der Sebastian Lotzer aus Memmingen verfaßt hatte und die uns heute merkwürdig zahm vorkommen. Man weiß – nicht zuletzt aus Gerhart Hauptmanns Drama ›Florian Geyer‹ –, wie alles ausgegangen ist. Die Landsknechte der Fürsten, ob katholisch wie der Fürstbischof in Würzburg, oder protestantisch wie der Markgraf in Ansbach, ließen ihre Landsknechtsfähnlein, denen so mancher Bauernsohn angehörte, aufmarschieren und schlugen den Aufstand nieder. Die Entscheidung fiel allerdings nicht in Franken, sondern bei Frankenhausen im Thüringischen und in Schwaben.

Mainviereck

Warum soll es, da es ein Maindreieck gibt, nicht auch ein Mainviereck geben? Werfen wir noch einmal einen Blick auf die Karte! Hinter Gemünden fließt der Main vorbei an Lohr, Marktheidenfeld, Lengfurt und Homburg genau nach Süden, dann wendet er sich, reich an Windungen, über Kreuzwertheim, Dorfprozelten nach Bürgstadt. Und wieder ändert er seinen Lauf, nun genau nach Norden, vorbei an Miltenberg, Klingenberg, Kleinwallstadt und Groß-Ostheim nach Aschaffenburg. So beschreibt er tatsächlich ein großes Viereck, dessen Mitte der Spessart bildet und in dessen Mitte wiederum Schloß Mespelbrunn liegt, aus dem der Fürstbischof Julius Echter kam, der 44 Jahre lang regierte und dem es nicht zuletzt zu verdanken ist, daß sich das Land langsam, aber sicher von dem großen Bauernkrieg erholte.

Wir brauchen uns im Bereich ›Mainviereck‹ nicht so viele Namen zu merken oder in unser Weinnotizbuch einzutragen wie im Bereich ›Maindreieck‹ und ›Steigerwald‹. Ein paar müssen wir uns trotzdem merken: Homburg mit seinem ›Kallmuth‹, einem echten Geheimtip für Weinkenner, Kreuzwertheim gegenüber dem badischen Wertheim mit ›Kaffelstein‹, Bürgstadt bzw. Miltenberg mit dem ›Centgrafenberg‹, ›Mainhölle‹ und ›Steingrübler‹ und schließlich, etwas abseits des Mains und bereits im Spessart liegend, Hörstein mit seinem ›Abtsberg‹.

Was diesen Teil des Mains so anziehend macht, ist die Stille, die über ihm liegt. Es ist, als ob die große Ruhe des Spessarts mit seinen mächtigen, laubbaumdurchsetzten Wäldern sich auch über den Fluß gesenkt hat. Nirgends spürt man das besser als zwischen Wertheim, dem fränkischen ›Heidelberg‹, und Ehrenbach. Die waldigen Höhen des Spessarts treten hier ganz nahe an den Main heran, so als ob sie sich mit den Höhen des Odenwaldes auf dem anderen Ufer vereinigen wollten. Dabei ist dieser Teil des Maintales bereits stärker industrialisiert; aber das Hämmern und Dröhnen der Maschinen und Motoren versinkt in der stillen Einsamkeit der Landschaft. »Hier ist immer Feiertag«, heißt es im ›Buch vom Frankenwein‹ von Dr. J.-B. Kittel. In Wertheim und Miltenberg sollte man nur am Anfang und in der Mitte der Woche haltmachen. An den Wochenenden ist der Trubel groß, und die Weiden

am Fluß, die silbrig zwischen Buchen, Eichen und Fichten schimmern, senken hilflos ihre Zweige vor dem schwelenden Benzindunst der dicht am Wasser vorbeiführenden Straße. Dabei ist man in beiden Städtchen vortrefflich aufgehoben. Der ›Riese‹ in Miltenberg – wer sähe das viel fotografierte hochgiebelige Haus nicht im Bilde vor sich – ist nachweislich rund 600 Jahre alt. Einst war er Fürstenherberge. Ludwig der Bayer (1314), Kaiser Karl IV. (1368), Martin Luther, Marschall Tilly und sein großer Gegner, König Gustav Adolf von Schweden, sind in ihm abgestiegen. Der Wein, und zwar – wir kommen noch darauf zurück – der Rotwein des unteren Maintals muß damals schon vorzüglich gewesen sein.
Als der Quartiermacher des Marschall Tilly den damaligen Inhaber des ›Riesen‹, Joist Virnhaber, erschlug, um ein Weinfaß zu requirien, wurde er von dem Feldherrn der Katholischen Liga zur Rechenschaft gezogen. Bevor er bestraft wurde, so erklärte der Quartiermeister, solle der Marschall doch wenigstens den Wein aus dem Faß probieren. Tilly tat es, schnauzte grimmig, man solle Perlen nicht vor die Säue werfen, und zog stracks in den ›Riesen‹.
Auch das ›Haus Conrady‹, im Marstall der Mildenburg untergebracht, kann mit einem illustren Gast aufwarten. Es ist Götz von Berlichingen. Seine Buben und Bauern hausten und soffen hier während des Großen Bauernkrieges so ungebührlich, daß es notwendig erschien, diesem Treiben wenigstens eine legale Basis zu geben. So geschah es, und der Ritter mit der Eisernen Hand unterschrieb eine Urkunde, die später in Stein gehauen wurde und die da lautet: »Unterzeichneter thuet hiermit kund, daß der sehr ehrenwert Wirt dahier im alten Marstall ein Trinkstub und Herberg halte und daselbst Wein und ander Gesöff ausschenken darf. A.D. 1525.«

Wer hier an der Schwelle zwischen Spessart und Odenwald Station macht, darf nicht versäumen, den Roten vom Main zu probieren. Rotwein, und zwar Spät- und Frühburgunder, wächst in Bürgstadt und Miltenberg – beide Orte sind inzwischen zusammengewachsen – und Großheubach, dessen ›weiße‹ Lage ›Bischofsberg‹, auf der ein saftiger und kraftvoller Müller-Thurgau wächst, unbedingt genannt werden muß. Der Rote vom Main aus den Lagen Klingenberger ›Schloßberg‹ und ›Ochsberg‹ (die Einzellagen ›Forstamt‹, ›Felsenrot‹, ›Hackbrett‹ und ›Wiesweinberg‹ gibt es seit 1971 nicht mehr) nimmt unter den deutschen Rotweinen einen besonderen Platz ein, von dem man ruhig sagen darf, daß es ein Ehrenplatz ist, ganz gleich, ob er aus den Weinbergen des Würzburger Juliusspitals oder denen der Stadt Klingenberg stammt. Der Frühburgunder, auch ›Süßschwarzer‹ genannt, liegt im Geschmack zwischen einem Beaujolais und einem Bordeaux. Der Spätburgunder, dem der Buntsandsteinboden des unteren Maintals höchst behagt, aber auch viel Düngung erfordert, ist durch ständige Selektion und neues Klonenmaterial von Jahr zu Jahr ertragreicher und besser geworden.

Weiter geht die Fahrt mainabwärts, bis die Türme des im letzten Krieg schwer mitgenommenen Aschaffenburg auftauchen. Aschaffenburg, immerhin eine Stadt von wieder 56 000 Einwohnern, kann sich rühmen, mitten in ihren Mauern, und zwar nordöstlich des Schlosses Johannisburg am Mainufer, einen Weinberg oder, besser gesagt, einen Weingarten zu besitzen. Er liegt in dem von König Ludwig I. von Bayern geschaffenen ›Pompejanum‹, den Anlagen um ein nach pompejanischem Vorbild gebautes Haus, und so heißt dann auch der Wein, der aus diesem Weingarten kommt, ›Pompejaner‹. Er sei allerdings nur als Kuriosum mitaufgeführt – ein Spitzenwein ist er, gelinde gesagt, nicht. Die ganz moderne Kellerei von Schloß Johannisburg wiederum birgt in ihren Fässern Wein aus dem ganzen Frankenland, vor allem aus den Staatsweingütern Kreuzwertheim, Haslach, Dorfprozelten, Großheubach und Hörstein.

Hörstein! Damit ist ein Stichwort gefallen, das Stichwort für einen Wein, der von manchem Weinfreund als der edelste ganz Frankens gepriesen wird. Aber das ist in diesem Fall tatsächlich Geschmackssache, je nachdem man den rassigen Riesling, den zarteren und damenhaften Silvaner vorzieht oder umgekehrt, wobei noch einmal betont werden muß, daß in Mainfranken der Silvaner würziger und fruchtiger ist als etwa in Rheinhessen, Deutschlands zweitgrößtem Silvaner-Anbaugebiet.

Wer nach Hörstein und den benachbarten Gemeinden Michelbach und Wasserlos gelangen will, muß zwischen Aschaffenburg und Hanau den Main verlassen und nördlich den Höhen des Spessarts zufahren, bis der 439 Meter hohe Hahnenkamm auftaucht. Hier beherrscht nicht mehr Buntsandstein den Boden, sondern verwitterter Glimmerschiefer und Gneis. Auch die Luft ist anders, milder und an den Rhein erinnernd. Im Grunde gleicht das Land der Umgebung von Hochheim bei Mainz. Wen darf es deshalb wundern, daß hier die echte Rieslingrebe Fuß faßte. Einst gehörte das gesamte Rebgelände von heute, etwa 40 Hektar, der auf der linken Mainseite gelegenen Benediktinerabtei Seligenstadt. Der Sitz des Abtshofs in Hörstein mit 14 Hektar Rebland fiel 1816 an Bayern und damit an die Staatlichen Weingüter, die einen Musterbetrieb aus ihm machten. Der Hektarertrag beträgt heute 4000 Liter. – Kreisstadt in diesem westlichen Zipfel Bayerns ist Alzenau. Dort wächst kein Wein; aber seine Weinstuben sind ebenso liebevoll geführt und gepflegt wie der ›Löwe‹ und ›Käferberg‹ in Hörstein und wie die ›Vier Jahreszeiten‹ und der ›Becker‹ in Wasserlos. Die Hanauer, Frankfurter und Offenbacher wissen das. Sie werden, obwohl ihnen Hochheim und der Rheingau so nahe liegen, dem Urteil eines päpstlichen Legaten, der in Kloster Seligenstadt Wein vom Hörsteiner ›Abtsberg‹ trank, zustimmen: Hoc est vinum.

Empfehlenswerte Lagen

Abtswind:	Altenberg (Silvaner)
Astheim:	Karthäuser (Silvaner)
Castell:	Bausch (Müller-Thurgau), Hohnart (Müller-Thurgau), Kirchberg (Müller-Thurgau), Kugelspiel (Müller-Thurgau), Schloßberg (Riesling), Trautberg (Silvaner)
Eibelstadt:	Münchsleite (Rieslaner, Riesling, Scheurebe, Silvaner, Traminer, Weißburgunder)
Erlabrunn:	Weinsteig (Müller-Thurgau)
Erlenbach b. Marktheidenfeld:	Krähenschnabel (Silvaner und Ruländer)
Escherndorf:	Lump (Silvaner)

Frickenhausen:	Fischer (Müller-Thurgau), Kapellenberg (Müller-Thurgau, Perle, Rieslaner, Scheurebe, Silvaner)
Großheubach:	Bischofsberg (Müller-Thurgau)
Großostheim:	Reischklingenberg (Müller-Thurgau, Riesling, Ruländer)
Hallburg:	Schloßberg (Perle, Riesling)
Hammelburg:	Trautlestal (Perle)
Homburg:	Edelfrau (Müller-Thurgau), Kallmuth (Riesling, Rieslaner, Silvaner)
Hörstein:	Abtsberg (Müller-Thurgau, Ortega, Perle, Rieslaner), Reuschberg (Riesling)
Iphofen:	Burgweg (Müller-Thurgau), Julius-Echter-Berg (Müller-Thurgau, Rieslaner, Riesling, Silvaner), Kalb (Silvaner), Kronsberg (Perle, Silvaner)
Klingenberg:	Schloßberg (Spätburgunder)
Krautheim:	Sonnenleite (Scheurebe)
Marktbreit:	Sonnenberg (Müller-Thurgau)
Neuses:	Glatze (Perle)
Randersacker:	Pfülben (Riesling), Sonnenstuhl (Silvaner), Teufelskeller (Riesling, Silvaner)
Rödelsee:	Küchenmeister (Silvaner), Schwanleite (Perle, Silvaner)
Segnitz:	Pfaffensteig (Rieslaner, Scheurebe, Silvaner)
Sommerach:	Katzenkopf (Müller-Thurgau, Perle, Rieslaner, Silvaner, Traminer)
Sommerhausen:	Steinbach (Müller-Thurgau, Riesling, Scheurebe, Silvaner, Traminer)
Stetten:	Stein (Müller-Thurgau)
Sulzfeld:	Cyriakusberg (Müller-Thurgau, Ruländer, Scheurebe, Silvaner, Traminer), Maustal (Silvaner)
Thüngersheim:	Johannisberg (Huxelrebe), Scharlachberg (Silvaner, Traminer)
Volkach:	Ratsherr (Silvaner)
Würzburg:	Abtsleite (Riesling, Traminer), Innere Leiste (Riesling), Stein (Riesling), Stein-Harfe (Riesling + Silvaner)

Mittelrhein

Guter Wein verdirbt den Beutel
böser schadet sehr dem Magen:
Besser aber ist den Beutel
als den guten Magen plagen.

Friedrich von Logau

Offen gesagt, es grauste uns ein wenig bei dem Gedanken, die Strecke zwischen Bingen und Bonn und umgekehrt mit dem Wagen auf den so viel befahrenen Bundesstraßen rechts und links des Rheins abfahren zu müssen. Wir saßen bei ›Mutter Engel‹, dem stets überfüllten Weinrestaurant in Wiesbadens Bärenstraße, hatten uns, von Carl Kesseler, der wie ein Wiesel durchs Lokal huschte, gut beraten, eine Lady-Curzon-Suppe, Kalbsrückensteak à la Mutter Engel und Crêpes Suchard, begleitet von einem 1970er Rauenthaler Baiken Riesling Spätlese, schmecken lassen und kamen, von dem guten Wein beflügelt, auf den guten Gedanken, den Wagen in Wiesbaden zu lassen, mit dem ›Rheingold‹ nach Rotterdam zu fahren und dort eines der Kabinen-Schiffe der ›Weißen Flotte‹ der ›Köln–Düsseldorfer Rheindampfschiffahrt‹ zu besteigen. So geschah es. Abends gingen wir in Rotterdam an Bord; am nächsten Morgen sahen wir die Kuppen des Siebengebirges aus dem noch etwas dunstigen Rheintal aufragen. Nun hatten wir bis Bingen einen ganzen Tag vor uns, einen Tag, an dem wir in relativer Stille gemächlich und genüßlich den Rhein hinauffuhren, vorbei an Königswinter, Bad Honnef, Unkel, Linz, Rheinbrobrohl, Neuwied, Nieder- und Oberlahnstein, Braubach, St. Goarshausen, Kaub, Lorch und Assmannshausen auf dem rechten Ufer des Stroms und auf dem linken Ufer vorbei an Bad Godesberg, Mehlem, Rolandseck, Remagen, Sinzig, Niederbreisig, Brohl, Andernach, Koblenz, Boppard, St. Goar, Oberwesel, Bacharach und Bingerbrück. Die Loreley und die vielen Burgen und Ruinen konnten wir zwar nur aus der Ferne begrüßen. Dafür durften wir uns um so unbekümmerter und ohne Sorgen um die Promille dem Genuß des Weins hingeben. Das schmucke Schiff hatte eine gute

Auswahl an Bord, darunter auch solche aus dem Weinbaugebiet, das wir langsam auf dem Strom durchfuhren, darunter Schloß Fürstenberger, Bacharacher Posten, Bopparder Mandelstein und Unkeler Berg, letzterer ein Spätburgunder von Glut und Fülle. Wir mußten gewisse vorgefaßte Meinungen über die Weine des Mittelrheins rasch berichtigen. Sie haben es in sich und können sich neben den Rheingauern, Rheinhessen und Rheinpfälzern durchaus sehen lassen.

Eines dieser Vorurteile hatte darin bestanden, daß wir diesen Weinen gegenüber wohl bereit gewesen wären, sie als gute Kneipweine gelten zu lassen. Auch hatte ein gewisses Mißtrauen mitgeschwungen, da wir uns einfach nicht vorstellen konnten, daß der viele Wein, der in den Winzer- und Weinstuben der Städtchen und Städte rechts und links des Stroms womöglich als Tropfen aus eigenen Gemarkungen ausgeschenkt wurde, tatsächlich aus diesen stammte. Die beiden Bereiche ›Bacharach‹ und ›Rheinburgengau‹ mit zusammen knapp 950 Hektar erbringen eine durchschnittliche Jahresernte von 63 000 Hektolitern, also 630 000 Literflaschen Wein, und die dürften bei dem nie abreißenden Strom von wein- und sangesfreudigen Touristen schnell ausgetrunken sein. Allein in Baedeckers Autoführer sind für die vorhin genannten Orte über hundert Gasthöfe und Hotels aufgeführt, die kleinen Winzer- und Weinstuben nicht mitgerechnet. Da wird schon etwas verkonsumiert ... »bei rheinischen Mädchen und rheinischem Wein«. Vielleicht war das Mißtrauen auch durch Lieder dieser Art genährt. Man mißtraut heute leicht einer gewissen Rheinromantik, so wie man ja auch der Wiener Grinzing-Seligkeit mit gewisser Skepsis gegenübersteht.

Helau und Alaaf in Ehren! Das ganze Jahr aber »trink mer noch e Gläsle Wein ...«, da fragt man sich doch, wie es um diesen Wein bestellt sein mag. Gewiß, Vater Rhein kann nichts dafür, daß die Leute, wenn hinter St. Goarshausen der Loreleyfelsen auftaucht, »Ich weiß nicht, was soll es bedeuten ...« zu krähen anfangen. Er hat viel erlebt und viel gesehen, von den Tagen an, da 35 v. Chr. Cäsar im Neuwieder Becken die erste Brücke über ihn schlagen ließ, römische Garnisonen in Köln, Koblenz und Bonn zu Städtegründern wurden, der Strom selbst zur Zeit Karls des Großen die ›Königsstraße‹ des fränkischen Reiches war, die Städte sich 1254 bis 1388 zusammenschlossen, um sich der Raubritter zu erwehren, 1648 im Westfälischen Frieden für die Rheinschiffahrt Abgabefreiheit beschlossen, die dann aber nicht verwirklicht wurde, die Erzbischöfe von Köln zusammen mit denen von Mainz und Trier den ersten Rheinbund mit Frankreich gegen den Kaiser schlossen, sich das 1805 noch einmal wiederholte, nachdem vorher Anno 1797 die linksrheinischen Lande mit Frankreich vereinigt wurden, in der Neujahrsnacht von 1813 auf 1814 Marschall Blücher den Rhein bei Kaub überschritt, 1815 auf dem Wiener Kongreß Kurköln und Kurtrier Preußen zugesprochen wurden, 1838 endlich eine freie und unbehinderte Rheinschiffahrt möglich wurde, 1946 sich die Länder Nordrhein-Westfalen, Rheinland-Pfalz und Hessen in die mittelrheinischen Ufer teilten und 1949 Bonn Hauptstadt der Bundesrepublik wurde.

Alles nur Stichworte; aber welche historische Fülle enthalten sie! Und immer war der Wein vom Mittelrhein dabei, an seiner Spitze der Wein von Bacharach, der im Mittelalter und noch lange danach zu den deutschen Spitzenweinen gezählt wurde. Das war schon ein Grund, noch eine Flasche Bacharacher zu bestellen, diesmal keinen ›Posten‹, sondern einen ›Hahn‹ aus dem Weingut Toni Jost.

Mit diesem ›Hahn‹ aus der Großlage ›Schloß Stahleck‹ ist es ähnlich wie mit vielen mittelrheinischen Qualitätsweinen. Sie stammen nicht aus den Weinbergen, die dem Strom direkt zugewandt sind, sondern aus solchen, die sich an den Hängen der kleinen Seitentäler entlangziehen, dem Süden und daher mehr der Sonne zugewandt sind. Man kennt die Flüßchen und Bäche kaum dem Namen nach, die sich fast unbemerkt in den Rhein schleichen und in deren Tälern es plötzlich ganz still wird, mögen sie Nette, Brohbach, Gründel, Wisper oder sonstwie heißen. Es gibt Ausnahmen. Boppard zum Beispiel in der Großlage ›Gedeonseck‹ und Unkel in der Großlage ›Burg Hammerstein‹. Denn hier macht der Rhein einen großen Knick nach Osten, und so entstand auf seinem linken Ufer eine große, direkt am Strom liegende Südlage. In den Südlagen der kleinen Seitentäler reifen aber die meisten der wirklichen Qualitätsweine heran wie zum Beispiel am linken Rheinufer der schon erwähnte ›Fürstenberg‹ oberhalb von Oberdiebach, der Bacharacher ›Posten‹ und ›Hahn‹, der Oberweseler ›Ölsberg‹ und ›St. Martinsberg‹, der Werlauer ›Ameisenberg‹, der ›Hammersteiner Schloßberg‹ und der Bad Hönninger ›Schloßberg‹.

Anbaugebiet Mittelrhein >
mit den Bereichen Bacharach und Rheinburgengau

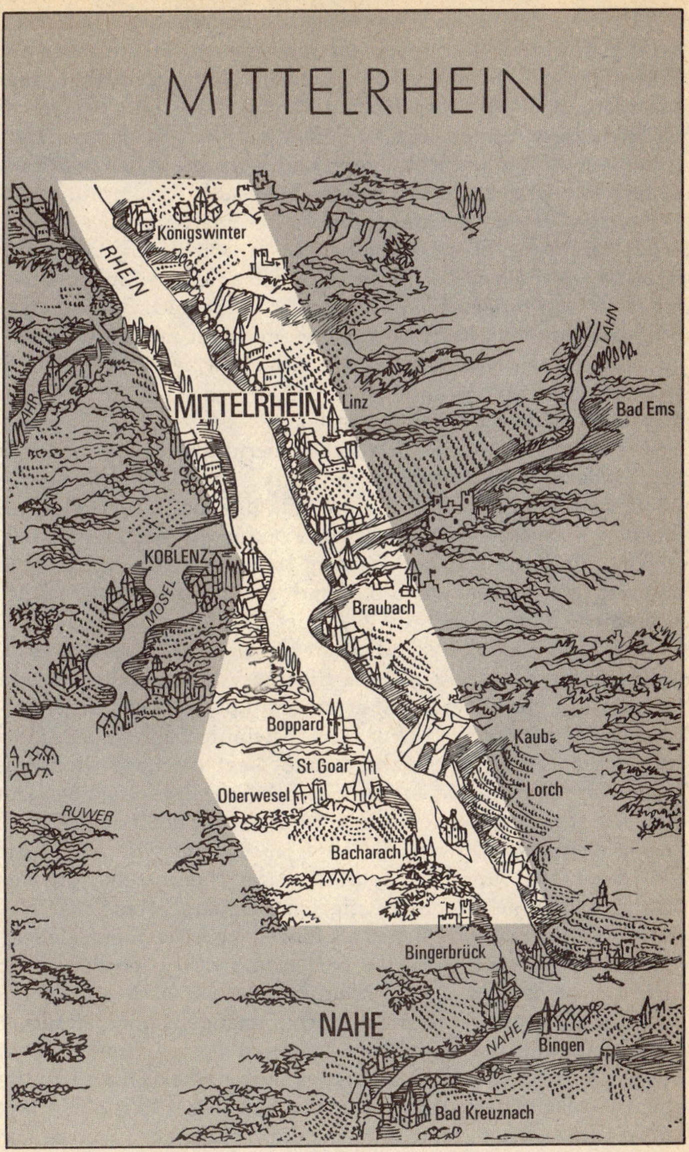

MITTELRHEIN
Königswinter
RHEIN
LAHN
AHR
MITTELRHEIN
Linz
Bad Ems
KOBLENZ
MOSEL
Braubach
Boppard
Kaub
St. Goar
Oberwesel
Lorch
RUWER
Bacharach
Bingerbrück
NAHE
NAHE
Bingen
Bad Kreuznach

Angebaut werden in der Hauptsache Rieslingreben. Sie liefern rassige und fruchtige Weine von oft sehr zartem Bukett. Aber auch Müller-Thurgau, Silvaner und, in kleinem Umfang, Spätburgunder sind vertreten. Noch vor fünfzig Jahren war zum Beispiel der Bad Hönninger ›Schloßberg‹ zu Füßen der alten Reichsfeste Hammerstein zwischen Bad Hönningen und Rheinbrohl ganz mit Spätburgunder bepflanzt. Heute werden hier auch Riesling und Müller-Thurgau geerntet. Eine geschlossene Spätburgunder-Lage ist der Unkeler Berg. Dieser Rebe behagt der mit Basaltgeröll durchsetzte Schieferboden. Der Boden wechselt; auf dem linken Rheinufer ist es von Bingen bis etwa Boppard Hunsrückschiefer, weiter nördlich dann Verwitterungsschiefer, der dem der Mosel ähnelt. Auf dem rechten Rheinufer finden sich etwa bei Kaub gleichfalls Verwitterungsschiefer und bei Braubach sogenannter Koblenzquarzit, der reichliche Düngung verlangt.
Die Weinberge, wie bei Werlau nebenberuflich betreut, verlangen mehr Arbeit als im Rheingau und erst recht als in Rheinhessen und der Pfalz. Der Winzer kann auf den oft sehr steilen und schmalen Terrassen nicht mit dem Traktor fahren. Er muß klettern und die Kiepe auf dem Rücken tragen. Groß war die Not in den zwanziger Jahren. Dann half auch hier der genossenschaftliche Zusammenschluß. So hat die Werlauer Winzergenossenschaft, deren Mitglieder fast alle Weinbau im Nebenberuf betreiben, in den letzten Jahren die meisten Preise für ihre Weine erhalten. Werlau liegt nördlich von Oberwesel, etwa dem Loreleyfelsen gegenüber. Wo auf dem anderen Ufer die Rheinuferbahn kurz hinter Kaub einen Tunnel durchfahren muß, liegt die Lage ›Roßstein‹. Zusammen mit den übrigen fünf Kauber Einzellagen und den Dörscheider Lagen ›Kupferflöz‹ und ›Wolfsnack‹ bildet sie die Großlage ›Herrenberg‹. Obwohl die Lage ›Roßstein‹ nur zwei Hektar Rebfläche besitzt und das neue deutsche Weingesetz von einer Einzellage im allgemeinen verlangt, daß sie mindestens fünf Hektar groß ist, darf sie sich weiter als Einzellage betrachten. Vielleicht weil ihre Weine einmal als die besten und rassigsten des gesamten Mittelrheins galten. Außerdem besaßen sie noch bis vor kurzem einen leichten, durchaus nicht unangenehmen Rauchgeschmack. Grund: der Rauch der Lokomotiven vor und nach der Einfahrt in den Tunnel. Damit ist es jetzt vorbei. Die Rheinuferbahn ist elektrifiziert. Was wird nun aus dem ›Roßsteiner‹ werden? Vielleicht hätte Heinrich Heine diese Frage beantworten kön-

nen. Wir ließen sie auf sich beruhen, sonnten uns in unseren Deckstühlen, sahen die mit Weiden bestandenen Ufer, schiefergedeckte Häuser, Kirchtürme, Burgen und Ruinen an uns vorübergleiten, schreckten auf, wenn die Schiffsglocke erklang, hörten die Landebrücke knarren und knacken, spürten das Vibrieren des Schiffes, wenn die Schrauben sich zu drehen aufhörten oder wieder zu laufen begannen, ließen uns auch nicht dadurch stören, daß eine Gruppe von Holländern neben uns statt Wein Bier und Genever tranken, und ließen, Gläser und Flaschen neben uns, den Herrgott einen guten Mann sein.

Das Siebengebirge mit Drachenfels und Petersberg lag längst hinter uns. Wir haben auch kein ›Drachenblut‹ aus Königswinter getrunken. Sollten wir das bedauern? Niemals hätten wir uns durch die rund 110 Einzellagen durchtrinken können, die zum Teil so seltsame und vielleicht nur mit mittelrheinischem Humor zu erklärende Namen tragen wie ›Monte Jup‹, ›Kuhstall‹ und ›Goldemund‹. Aber unser Urteil über die mittelrheinischen Weine hatten wir gründlich korrigiert, als wir in Bingen an Land gingen.

Empfehlenswerte Lagen

Bacharach:	Posten (Riesling), Hahn (Riesling)
Bad Hönningen:	Schloßberg (Spätburgunder), Hammer-Steiner Schloßberg (Riesling)
Boppard:	Mandelstein (Riesling), Feuerlay (Riesling), Ohlenberg (Riesling)
Braubach:	Mühlberg (Riesling), Marmorberg (Riesling)
Kaub:	Roßstein (Riesling)
Koblenz:	Kreuzberg (Riesling)
Oberdiebach:	Schloß Fürstenberg (Riesling)
Oberwesel:	Ölsberg (Riesling), St. Martinsberg (Riesling)
Werlau:	Ameisenberg (Riesling)
Unkel:	Berg (Spätburgunder)

Mosel = Saar = Ruwer

Rudolf Binding hat seine ›Moselfahrt aus Liebeskummer‹ von Koblenz aus angetreten. Nach ihrem Abschluß schrieb er ein Büchlein, das trotz ›Opfergang‹ und ›Reitvorschrift für eine Geliebte‹ vielleicht das Hübscheste ist, was dieser feinsinnige Sohn einer alten Frankfurter Brauerfamilie veröffentlicht hat. Wir haben es umgekehrt gemacht, sind auf dem Großen Belchen in den Vogesen gestartet, wo die Mosel entspringt, und haben dann ihren 545 Kilometer langen Lauf verfolgt über Epinal, Nancy, Toul, Metz, durchs Luxemburgische und weiter über Trier, Bernkastel und Cochem nach Koblenz. Ein regelrechter Weinbau beginnt etwa zwischen Toul und Metz. Man pflegt dort den sogenannten Vin gris, der zum Teil zu Sekt verarbeitet wird. Aber es gibt auch Lothringer Weine, die das Ehrenzeichen ›V.D.Q.S.‹ (Vins délimités de Qualité Supérieure‹) tragen dürfen, wenn auch nicht viele. Im Luxemburgischen sieht es schon anders aus. Auf 800 Hektar Rebfläche gewinnt man nach gründlicher Reform des Weinbaus in diesem trinkfreudigen Großherzogtum recht anständige Tropfen. Die Rieslinge von Wormeldingen, Remich, Greevenmacher und Wasserbillig sind von Weinkennern, auch von deutschen, die bei Wasserbillig einen Abstecher nach Luxemburg machen, geschätzt.

Warum wir das erzählen? Vor allem, um einmal festzustellen, daß die Mosel doch sehr viel Französisches mitbringt und sich auch auf deutschem Boden bewahrt hat. Sie verbindet gaieté mit esprit, Heiterkeit mit Witz. Das ist etwas anderes als rheinische Fröhlichkeit und die etwas schwerblütige deutsche Geistigkeit. Rudolf Binding war gleicher Meinung. In ›Moselfahrt aus Liebeskummer‹ heißt es: »Sie (die Mosel) ist landschaftlich westlicher, man möchte ruhig sagen: französischer als alle (anderen deutschen Flüsse). Sie ist sehr anders geartet als der Rhein, mit dem sie häufig verglichen wird, als sei sie ein ›kleiner Rhein‹. Wo er erregt, da beruhigt, beglückt sie. Wo er Sehnsüchte weckt, da bringt sie Erfüllung. Wo er berauscht, macht sie gefaßt. Wo er ins Weite treibt, da schließt sie ab. Wo er überschwenglich wird, da hält sie inne. Wo er heldenhaft eine breite Ebene und die Gebirge weithin beherrscht, die Landschaft bestimmt und sich in unablässigem Lauf unterwirft, da geht die Mosel ein Bündnis ein.« Besser kann man es nicht formulieren.

Was für die Landschaft gilt, trifft auch für ihren Wein zu. Man braucht kein großer Kenner zu sein, um einen Riesling von der Mosel von einem solchen aus dem Rheingau oder gar aus der badischen Ortenau oder dem Würzburger Steinberg zu unterscheiden. Verwitterter Schiefer, man schmeckt ihn durch vom schlichten Kneipwein bis zu den edelsten Kreszenzen. Man nimmt ihn wahr, wie man Stahl wahrnimmt, wenn man ein Messer wetzt. Guter Moselwein ist wie eine geschmeidige Toledaner Klinge.

Zum Boden gesellt sich die Sonne und mit ihr die Wärme. Überall fällt sie in einem anderen Neigungswinkel und in veränderlicher Kraft auf die Weinberge, je nachdem, wie sich der Fluß windet und krümmt. Und das tut er mit einem wahren Erfindungsreichtum. Die Mosel ist eine Dame, die sich nicht, den Ellbogen gebrauchend, schubsend und drängend Platz schafft. Wo sie zwischen den Schiefermassen des Hunsrück auf dem rechten Ufer und der Eifel auf dem linken Ufer auf Widerstand stößt, da umgeht sie diesen in eleganten Schleifen, so – von Trier kommend – bei Ehrang, Trittenheim, Piesport, Bernkastel-Kues, Erden, Traben-Trarbach, Alf, Zell, Eller, Mesenich-Senheim und Cochem. Jedesmal ist es, als sei ein Kulissenschieber am Werk. In diese Schleifen hineingeduckt liegen die vielen großen und kleinen Ortschaften, fast alle ohne nennenswerte Industrie und alle irgendwie dem Wein ergeben. Man hat sie vier Bereichen zugeteilt: *Bernkastel*, mit den Großlagen ›Badstube‹, ›Beerenlay‹, ›Kurfürstlay‹, ›Michelsberg‹, ›Münzlay‹, ›Nacktarsch‹, ›Probstberg‹, ›Sankt Michael,‹ ›Schwarzlay‹ und ›Vom heißen Stein‹, *Obermosel* mit den Großlagen ›Gipfel‹ und ›Königsberg‹, *Saar-Ruwer* mit den Großlagen ›Römerlay‹ und ›Scharzberg‹, *Zell/Mosel* mit den Großlagen ›Goldbäumchen‹, ›Grafschaft‹, ›Rosenhang‹, ›Schwarze Katz‹ und ›Weinhex‹.

In diese Großlagen teilen sich rund 170 Ortschaften mit ca. 620 Einzellagen. Eine solche Vielzahl von Einzellagen weist kein anderes deutsches Weinbaugebiet auf; sie ist mit ein Beweis dafür, was für eine Individualistin die Dame Mosella ist. Das erleichtert nicht gerade die nähere Bekanntschaft mit ihr. Wie soll einer wissen, was es mit einem Prädikatswein aus der Lage ›Leckmauer‹ in Müden oder aus der Lage ›Steinchen‹ aus Kattenes auf

sich hat. Man kann sich ja nicht durch alle 620 Lagen durchtrinken. Und so ist man geneigt, sich an alte bewährte Namen wie Brauneberger ›Juffer‹, Wehlener ›Sonnenuhr‹, Zeltinger ›Himmelreich‹, Erdener ›Treppchen‹ zu halten. Wer aber garantiert einem, daß man bei solchem Beharren auf Bekanntem und Bewährtem nicht eine neue, lohnende Weinbekanntschaft verpaßt? Bleibt nichts anderes übrig, als sich an Ort und Stelle zu überzeugen. Man hat früher oft behauptet, daß die wirklich großen Weine der Mosel nur in der großen S-Kurve des Flusses zwischen Brauneberg und Kinheim zu finden seien und vielleicht noch südlich bis Thörnich mit seinem ›Ritsch‹ und nördlich bis Zell. Heute läßt sich diese Behauptung kaum noch aufrechterhalten. Der Weinbau und die Kellertechnik haben im Oberlauf und Unterlauf der Mosel in den letzten Jahrzehnten solche Fortschritte gemacht, daß man auch den Weinen aus der Umgebung von Trier eine lobende Anerkennung nicht versagen kann. Sie haben hier nur einen etwas anderen Charakter, da schwerer Muschelkalk, ähnlich wie in Franken, den Boden prägt, im Mittellauf dagegen verwitterter Devon-Schiefer und im Unterlauf Grauwackeschiefer wie auf dem linken Ufer des Mittelrheins. Muschelkalk läßt auch die Rieslingweine etwas erdiger schmecken. Man hat es an der Obermosel auch mit der anspruchsloseren Müller-Thurgau-Rebe versucht, deren Trauben eher reifen als die des Rieslings. Auch die alte Elbling-Rebe findet sich hier noch, vor allem an der Grenze Luxemburgs. Insgesamt aber macht sie im gesamten Mosel-Land, dem wir in diesem Fall auch die Täler der Saar, Ruwer und Lieser zurechnen, nur noch 19 Prozent der Gesamtrebfläche von rund 11 000 Hektar aus. 13 Prozent der Rebfläche entfällt auf die Müller-Thurgau-Rebe, 74 Prozent auf den Riesling. Es sind für das Moselland amtlicherseits noch manche Rebsorte empfohlen oder zugelassen. Die Winzer machen kaum Gebrauch davon, obwohl man sich vorstellen könnte, daß sie zum Beispiel mit dem Rieslaner ähnlich wie in Franken gute Erfahrungen machen würden.
Aber es ist ein ziemlich konservatives, am Althergebrachten hängendes Völkchen, das hier zu Hause ist. War es zum Beispiel vor jetzt 175 Jahren schwer, sie von dem Wert und der Qualität des Rieslings zu überzeugen, so war es in jüngster Zeit nicht immer leicht, sie mit den Vorteilen der sogenannten ›gezügelten Gärung‹ (siehe Seite 23) vertraut zu machen. Gerade diese moderne Gärungsmethode ermöglichte vor allem den Winzern an der Unter-

mosel, amtlich als Bereich ›Zell/Mosel‹ bezeichnet, anständige Tafelweine und auch Qualitätsweine zu erzeugen, anstatt einen erheblichen Anteil der Produktion an die Sektindustrie liefern oder den eigenen Wein mit solchem aus der Pfalz verschneiden zu müssen.

Der ›Kleinberger‹, wie man an der Mosel die Elblingrebe nannte, lieferte einen Wein, den ein Fachmann vor etwa 175 Jahren – es war der Herr Apotheker Bronner aus Wiesloch bei Heidelberg – als ›Säuerliches Getränk‹ klassifizierte, dem er aber auch zubilligte, er sei gesund, da er das Blut nicht so erhitze wie die Weine vom Rheingau und von der Nahe. Was wäre der deutsche Wein überhaupt ohne seine stahlige Säure. Sie erst, im richtigen Verhältnis zum Mostgewicht und zum Alkoholgehalt, verleiht ihm Charakter, verleiht ihm, um in der Sprache des Weinfachmanns zu reden, Rasse und Spiel. Natürlich tut es nicht die Säure allein. Lediglich saurer Wein ist hart. Der Moselwinzer hat leider mit der Tatsache zu rechnen, daß bestenfalls alle drei Jahre bis tief in den Spätherbst hinein so viel Sonne scheint, daß die Rieslingtrauben völlig ausreifen. Oft muß er sogar damit zufrieden sein, wenn das nur alle fünf Jahre der Fall ist. Das gilt natürlich nicht generell für das gesamte Moselland. Es gibt begnadete Lagen, deren Richtung zur Sonne, Neigungswinkel und andere Faktoren so beschaffen sind, daß ihre Besitzer auch in weniger guten Jahren mit hervorragenden Qualitätsweinen rechnen können. Wo das nicht der Fall ist und wenn es die Sonne weniger gut gemeint hat, muß der Wein eben angereichert werden. Was das bedeutet, kann man in den Kapiteln ›Was sagt das Gesetz?‹ und ›Wie Wein entsteht‹ nachlesen. Für die Weine der unteren Mosel ist in diesem Fall für eine bestimmte Zeit sogar noch die umstrittene Naßzuckerung erlaubt. Vielleicht würden auch Versuche mit Rotwein, beispielsweise der Lemberger- bzw. Blaufränkischen oder der Trollingerrebe lohnen. Denn bis tief hinein in das 19. Jahrhundert war die Mosel auch Rotweingebiet und ähnelte darin der Pfalz, Baden und Württemberg. Noch 1845 sind geschlossene Rotweinpflanzungen in Ockfen und Wawern an der Saar, um Trier, bei Kues, Maring, Rachtig und Machern an der mittleren und in Eller und Cochem an der unteren Mosel überliefert. Die ersten Rieslinge, damals noch ›Roßlinge‹ genannt, sind 1562 für Trittenheim verbürgt.

Saar – Ruwer – Lieser

Der 1971er Trierer St. Martiner Klosterberg Spätlese, den wir in der Kurtrierischen Weinstube tranken, hatte das nicht nötig gehabt. Und ebensowenig der 1969er Kanzemer Schloßberg aus der heutigen Großlage ›Scharzberg‹, den wir in Mettlach, wo die Saar ihre große Schleife macht, tranken. In Mettlach freilich wächst kein Wein mehr. Die Reben folgen dem Fluß von seiner Mündung bei Konz in die Mosel bis etwa Traben-Rodt. Mit den wirklich großen Saarweinen ist es aber schon etwa bei Ockfen, das mehr landeinwärts liegt, vorbei. Man hat Mosel, Saar und Ruwer zu einem Weinbaugebiet zusammengefaßt. Der Kenner weiß, daß die Rieslinge von Mosel, Saar und Ruwer zwar Verwandte, aber keine Brüder oder Schwestern sind, sondern sich in Charakter und Temperament durchaus unterscheiden. Man probiere nur einmal ein Glas Ockfener ›Herrenberg‹, der zu den Spitzenlagen der Saar gehört, und danach eine Wehlener ›Sonnenuhr‹ oder einen Graacher ›Josephshöfer‹! Die beiden letzteren sind zärtlicher, verspielter, man möchte sagen, damenhafter als die Saarweine, die etwas davon besitzen, was die Schwaben ›Bodengefährtle‹ nennen, einen Ruch von Erde, Wurzelwerk und frischen Nüssen. Sie sind männlicher und darum auch von Männern so sehr geschätzt. Ein gleiches gilt für die Weine der Ruwer, dieses Flüßchens, das nicht länger als dreißig Kilometer ist und bei Ruwer in die Mosel mündet. Die Weingutsbesitzer an der Ruwer wie zum Beispiel das Bischöfliche Konvikt in Trier oder das Gräflich Kesselstadtsche Weingut, das auch für seine Sekte berühmt ist, oder das von Schubertsche Weingut wissen schon, was sie am Maximin-Grünhäuser ›Herrenberg‹ oder Kaseler ›Kehrnagel‹ haben. Gut und gern können sie heute für Kabinettweine aus diesen Lagen Preise verlangen, die auch für den Großhändler um zehn Mark herum liegen.

Anbaugebiet Mosel-Saar-Ruwer
mit den Bereichen Zell (Mosel), Bernkastel, Saar/Ruwer und Obermosel

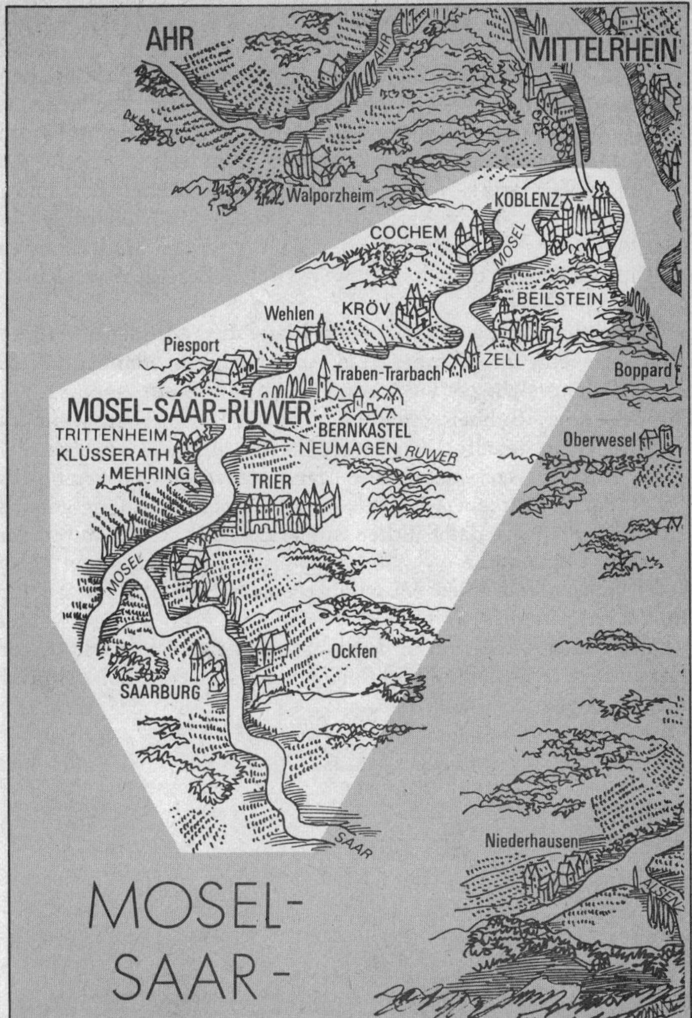

MOSEL-
SAAR-
RUWER

Aber noch eines Nebenflüßchens ist zu gedenken. Es ist die Lieser, die, von der Eifel kommend, auf dem linken Ufer bei Lieser in die Mosel mündet. Auch hier haben die Römer an den Südhängen des Flüßchens schon Wein gebaut. Einen der Weinberge hatten sie ›calidus mons‹, das heißt hitziger Berg, genannt. Später wurde ein ›Kalmont‹ daraus. Als Einzellage existiert er nicht mehr. Dafür gibt es in Maring-Noviand noch die Lage ›Römerpfad‹ und in Burgen die Lage ›Römerberg‹. Beide Orte gehören allerdings bereits dem Bereich ›Bernkastel‹ an. (Die Weine der Stadt Trier dagegen, rund dreißig Einzellagen, wurden dem Bereich ›Saar–Ruwer‹ zugeschlagen.)
Im Spätherbst aber, wenn die ersten Fröste drohen, oder im zeitigen Frühjahr, wenn im Weinberg die Arbeit beginnt, dann greift der alte Moselaner Winzer nicht zur Flasche mit Wein, sondern zum ›Fluppes‹ oder ›Bubbel‹. Zu ihm mischt er im Herbst, wenn der kostbare Wein gekeltert wird, den Trester, also die Traubenrückstände mit Wasser, keltert ihn dann genauso wie Wein, fügt Zucker dazu, füllt ein Fäßchen damit, dessen Inhalt er genauso behandelt, als wäre das Fäßchen mit Wein gefüllt. Verkaufen darf er diesen Trunk nicht. Wer ihn probieren will, muß schon an die Mosel fahren und einen Moselwinzer zum Freund oder Bekannten haben. An dieser Stelle darf vielleicht noch gesagt werden, daß man an der Obermosel durchaus nicht nur Wein trinkt, sondern auch mit viel Genuß und Behagen den ›Viez‹. Das ist ein recht guter Apfelwein.

Mittelmosel

Lieser liegt Bernkastel-Kues genau gegenüber. Hier wie dort sind wir bereits mitten im Herzland der Mosel mit Namen von Orten und Lagen, die jedem Weinfreund wie Glocken im Ohr dröhnen: Bernkasteler ›Doctor‹, Wehlener ›Sonnenuhr‹, Zeltinger ›Schloßberg‹, Ürziger ›Würzgarten‹, Erdener ›Prälat‹ und ›Treppchen‹, Thörnicher ›Ritsch‹ (auch ›Rütsch‹ geschrieben), Trittenheimer ›Apotheke‹ und ›Altärchen‹, Neumagener ›Laudamusberg‹, Piesporter ›Goldtröpfchen‹, Lieserer ›Niederberg-Helden‹, Graacher ›Himmelreich‹, Trabener ›Würzgarten‹ und andere. Natürlich weiß man, was die Glocken verkünden. ›Vinum bonum‹ (Guten Wein) klingt es von den schiefergedeckten Türmen der Kirchen und Kirchlein. Wo aber die guten Weine in Ruhe probieren? Und ebenso wichtig die Frage: Wo in Ruhe schlafen? Es geht zwar an der Mosel nicht so laut und hektisch zu wie am Rhein; aber im späten Frühjahr und im Herbst hängt auch hier zwischen den Weinbergen Benzinduft und hört man bis tief in die Nacht hinein Singen und Kreischen weinseliger Besucher. Um diese Zeit ist man am besten etwas abseits aufgehoben und dabei doch dem Fluß so nahe, daß man ihn zur Not auch in einem Fußmarsch erreichen kann.

Wir waren im Spätherbst gekommen. Die Frühlese war schon beendet; der Besucherstrom hatte sich verlaufen. So blieben wir drunten im Tal, auf das sich abends Nebel senkte, der auch am Vormittag erst langsam wich, dann wie ein zarter Vorhang zerriß und den Blick freigab auf die in der Herbstsonne golden schimmernden Weinberge. Wir fanden Unterkunft im Schloß Zell, einst eine Burg, dann Schloß der Kurfürsten und Erzbischöfe in Trier. Viel Platz ist nicht, weder an Zimmern noch an Raum für die Gaststuben. Man muß zusammenrücken und rückt gern zusammen. Der heutige Schloßherr, Jakob Bohn, der das Schloß Ende der fünfziger Jahre zu einem Hotel umbaute, ist selbst Winzer und kann sich rühmen, die Urrebe der Zeller ›Schwarzen Katz‹ zu besitzen, des vielleicht volkstümlichsten Moselweins neben dem Kröver Nacktarsch. (Wir kommen noch darauf zurück.) Nach Inkrafttreten des neuen deutschen Weingesetzes gibt es zwar noch die Großlage ›Schwarze Katz‹ im Bereich ›Zell/Mosel‹, aber keine Einzellage dieses Namens mehr. Aber wir wissen ja, ein Wein, selbst ein Qualitätswein, kann sich den Namen der Großlage zulegen, wenn 75 Prozent des Mostes aus dieser Großlage stammen. So wird die ›Schwarze Katz‹ auch fürderhin nicht aussterben. Zell besitzt übrigens zusammen mit den ihm angegliederten Weindörfern Kaimt und Merl sechzehn Einzellagen. Zu den ganz großen Kreszenzen der Mosel zählt man Weine aus diesen Lagen nicht. Wir probierten einen 1971er Domherrenberg Spätlese und waren köstlich überrascht. Aber der Jahrgang 1971 ist für das Moselland und seine Weine ebensowenig typisch wie die Jahre 1964, 1959 und 1953. Weine aus diesen beiden Jahren sind längst eine Rarität und dürften nur noch als Auslesen in den ›Schatzkammern‹ der Weingutsbesitzer und Weinhandlungen zu finden sein. Im allgemeinen, so belehrte uns Herr Bohn, sollte man Moselweine, wenn es sich nicht um Spät- oder Auslesen handelt, in den ersten sechs Jahren nach der Abfüllung trinken. Spätlesen hielten sich bis zu zehn und fünfzehn und Auslesen bis zu fünfzehn und fünfundzwanzig Jahren. Im übrigen hinge die Lebensdauer von dem harmonischen Gleichgewicht zwischen Alkoholgehalt, Mostgewicht und Säure ab. Bei den 1959er Spätlesen habe es sich teilweise gezeigt, daß es ihnen an Säure fehlte. Wir tranken noch eine Flasche Alfer ›Hölle‹ und gingen zu Bett. In dem Zimmer, in dem wir schliefen, soll bereits Kaiser Maximilian I. auf dem Weg zu einem Reichstag in Trier übernachtet haben. Am nächsten Morgen fuhren wir mit dem Schiff nach Bernkastel-Kues. Von allen Moselstädtchen schien uns dieses Doppelstädtchen das malerischste, von Beilstein, wo die Juden im Mittelalter eine Freistätte fanden, vielleicht abgesehen. Aber das mag Geschmackssache sein. Uns ging es darum, dem Geheimnis des berühmten ›Doctor‹ auf die Spur zu kommen. Natürlich hat man den Wein, der aus der nur 3,3 Hektar großen Lage über den Dächern der Bernkasteler Altstadt an der Südwand eines Seitentälchens stammt und dessen Trauben den Rauch und die Küchendünste, die von den alten Fachwerkhäusern aufsteigen, atmen können, ›Doctor‹ genannt und bis heute an dem altmodischen ›c‹ in der Mitte festgehalten, weil sich dieser Wein als Medizin immer wieder bewährt haben soll. Mit dem Erzbischof von Trier und Kurfürst Boemund fing das schon im Mittelalter an. Dieser besaß über Bernkastel eine Burg, die Landshut, die heute noch als Ruine zu dem Städtchen heruntergrüßt. Er wurde kuriert, und darauf dichtete man: »Zapft an den nächsten Doctorwein / Ihr kranken

Brüder, schenkt euch ein / Das ist der beste Doctor.« Als es noch die richtigen, alten, guten Hausärzte gab, die viel Zeit hatten, um mit ihren Patienten zu plaudern, da wurde den Kranken als Labetrank gern ›ein leichter Mosel‹ verschrieben, natürlich unter der Voraussetzung, daß der Herr Doktor die Medizin mitprobieren durfte. Ein illustrer Patient, der diese Medizin auf Anraten seines Leibarztes verschrieben bekam, war der König Eduard VII. von England, der 1901 seiner Mutter Victoria auf dem Thron folgte. Seitdem wurde der ›Doctor‹ in England und in den USA berühmt. Und wird immer noch, vor allem in den USA, so gefragt, daß die Weinkommissionäre den Preis getrost in die Höhe schnellen lassen können. Die Weine der viermal so großen, benachbarten Lage ›Graben‹ sind kaum weniger geschätzt.

Beide Lagen sind zusammen mit den ebenfalls am rechten Moselufer liegenden Einzellagen ›Bratenhöfchen‹, ›Lay‹ und ›Matheisbildchen‹ zur Großlage ›Badstube‹ zusammengefaßt. Außerdem aber wachsen an diesem und am linken Ufer noch andere berühmte Weine, etwa ›Schloßberg‹, ›Johannisbrünnchen‹, ›Rosenberg‹, ›Weißenstein‹ und ›Kardinalsberg‹, alles Lagen, die Ernst Hornickel nicht in seinen bekannten Wein-Gotha aufgenommen hat. Vom ›Kardinalsberg‹ muß noch berichtet sein; denn er weckt die Erinnerung wach an den größten Sohn des Mosellandes, an Nikolaus Krebs, der zu Kues oder Cues, wie man früher schrieb, 1401 als Sohn eines wohlhabenden Schiffers geboren wurde, später Bischof von Brixen war, dann Kardinal in Rom, ein Mann, der alles Wissen seiner Zeit in seinem Gehirn hatte und als Nikolaus Cusanus in die Geschichte einging. Sein Leib ruht in Rom, sein Herz aber wurde nach seinem Letzten Willen nahe seinem Vaterhaus in Kues vor dem Hochaltar der Hospitalskapelle beigesetzt. Dieses Hospital, das ›Cusanum‹, besteht noch heute und verwaltet auch die wertvollen Handschriften dieses universal gebildeten Deutschen und Moselaners. Es lohnt einen Besuch!

Moselaner war auch der Bauernjunge Peter Aichspalter aus Aspelt bei Welschbillig, der später Erzbischof von Mainz und Leibarzt König Rudolfs von Habsburg (1273 bis 1291) wurde. Moselaner war auch der Probst Johann aus Lieser, der als Gesandter des Mainzer Erzbischofs am Konzil zu Konstanz (1414 bis 1418) teilnahm, auf dem Johannes Hus entgegen der feierlichen Zusage Kaiser Sigismunds verbrannt wurde. Es gab auch einen gewissen Johannes Trithemius, einen Winzersohn aus Trittenheim; er wurde später Abt in Würzburg und Berater des Kurfürsten von Brandenburg. Sie sind schon, bei allem Konservativismus, helle Köpfe, die Moselaner, manchmal auch begnadete Poeten wie zum Beispiel Stefan Andres, Sohn eines Müllers aus Breitwies bei Trier, dessen schönes Buch ›Eine Kindheit‹ tiefe Einblicke in die geistige und seelische Haltung dieser Landschaft und seiner Bewohner vermittelt. Seine Heimat war nicht ganz so weingesegnet wie die des Nikolaus Cusanus oder des Johannes Trithemius; aber dem Wein, nicht zuletzt dem Moselwein, blieb er zeitlebens treu, auch wenn ihn später seine Wege nach Italien führten. Ein Weinbuch hat er natürlich auch geschrieben.

Stefan Andres und Rudolf Binding könnten sich die Hand reichen. Der Brauersohn aus Frankfurt hat ausgesprochen, was auch der Müllersohn aus Breitwies bei Trier gesagt hätte: »Alle diese Orte – Bernkastel, Uerzig, Zeltingen und Graach wären nichts ohne den Wein. – Danach die endlose Parade, der Millionenaufmarsch, das große Heerlager des Weins ... Bernkastel bringt mir ein besonderes Beispiel für die unbekümmerte, fast gefühl- und gedankenlose Religiosität dieser Menschen bei. Aber man ist ihnen nicht gram darum. Weder Fanatismus noch Verzückung, weder Vorbild noch eigentlich auch nur Bedacht hat das Kreuz aufgerichtet, das dort die Straße hinauf und zugleich hinabsieht.«

Mit dem ›Millionenaufmarsch‹ der Reben kann Rudolf Binding nichts anderes gemeint haben als die nach dem Würzburger Steinberg größte und geschlossenste Lage Deutschlands, die 65 Hektar große Wehlener ›Sonnenuhr‹. Sie gehört zur Großlage ›Münzlay‹, und den besten Blick auf sie hat man von der Terrasse des Bernkasteler Schloßbergs. Wir standen dort oben und sahen im Schein der untergehenden Sonne diesen Giganten von Weinberg wie ein Feuer brennen. Von Westen her schoben sich dunkle, schiefergraue Wolken heran. Eine halbe Stunde später fielen schwere Tropfen. Dann rauschte der Regen. Da war er wieder, dieser stahlige Geruch nach Schiefer. Wir erinnerten uns der Zeit, als es in der Vorschule noch Schiefertafeln gab, auf die man mit einem Griffel die ersten Buchstaben und Zahlen kritzelte. »Mitunter habe ich an der Schiefertafel geleckt«, sagte einer, »ohne zu wissen, wie sehr ich dieses Rüchlein einmal an einer ›Wehlener Sonnenuhr‹ schätzen würde.«

Diese grandiose Lage war früher in unzählige Parzellen zerrissen, von denen manche nicht mehr als hundert Quadratmeter groß

waren. Heute gehört die Wehlener ›Sonnenuhr‹ in der Hauptsache den Familien Prüm-Bergweiler, Dr. Weins Erben und Kerpen. Sie garantieren dafür, daß die Prädikatsweine mit dem stolzen Namen ›Wehlener Sonnenuhr‹ ihren Adel behalten.
Alt ist die Weisheit – beim Bernkasteler Doctor erfuhren wir es schon –, daß Moselwein eine heilsame Medizin sei. Gäbe es sonst auch eine Trittenheimer ›Apotheke‹?
Von Bernkastel fuhren wir über die Mosel zum gegenüberliegenden Kues und von dort weiter über Wehlen, Uerzig, Kinheim, Kröv, Traben-Trarbach – hier wieder die Mosel überquerend – über Enkirch, Pünderich und Briedel nach Zell zurück. Dem Freund des Moselweins schlägt bei jedem Ortsnamen das Herz höher. In Kröv machten wir noch einmal halt. Einmal interessierte uns die Geschichte dieses im Mittelalter reichen Städtchens, das auf eine bis ins 7. Jahrhundert zurückreichende, fränkische Königsdomäne zurückgeführt werden kann, und zweitens wollten wir wissen, was es mit seiner berühmten Lage ›Nacktarsch‹ auf sich hat. Das kleine Kröv bezeichnete sich bis ins 14. Jahrhundert hinein als das ›Cröver Reich‹. Es besaß bis 1794 eine gewisse Reichsunmittelbarkeit, die aus dem Streit zwischen den Grafen von Sponheim, deren Vögte in Kröv saßen, und dem Erzkurfürsten von Trier herrührte. Noch heute führt Kröv den Reichsadler im Wappen. Mit dem ›Nacktarsch‹, heute der Name einer Großlage, die sich wieder in sechs Einzellagen aufgliedert, haben es sich die Gelehrten nicht ganz leicht gemacht. Wenn sie es sich leicht machen wollen, erklären sie seelenruhig, Nacktarsch wäre eine Art germanisierter Nektar. Wenn sie es sich schwerer machen wollen, erzählen sie die Geschichte von den Winzern der Grafen von Sponheim, die bei der Lese zu viel Trauben aßen mit entsprechender Wirkung auf die Verdauung. Damit sie aber beim Verschwinden hinter den Rebstöcken nicht zu viel Zeit verbummelten, hätten ihnen die Vögte befohlen, ohne Hosen und Unterhosen die Trauben zu pflücken. Man halte es, wie man will.

Untermosel

Der Bereich ›Bernkastel‹ endet moselabwärts etwa bei Reil mit seiner Großlage ›Vom heißen Stein‹. Doch rechnet man auch noch das Gebiet bis Bullay-Alf zur Mittelmosel, obwohl mit ›Zell/Mosel‹ ein neuer Bereich beginnt, der die gesamte untere Mosel bis Koblenz umfaßt. Wir sagten bereits, daß es heute nicht mehr angängig ist, den Weinen von der Untermosel im allgemeinen geringere Qualitäten zuzuerkennen. Sicherlich, es fehlen Spitzenlagen. Doch kann sich die Untermosel rühmen, mit Winningen, zwölf Kilometer flußaufwärts von Koblenz, die größte Weinbaugemarkung des Mosellandes zu besitzen. In Winningen findet Ende August/Anfang September jährlich ein großes Winzer- und Trachtenfest statt, auf dem der Weinhexbrunnen auf dem altertümlichen Marktplatz umtanzt wird.
Zu sehen und zu schmecken gibt es auch an der Untermosel mehr als genug. Da ist Gondorf mit der Oberburg, dem einzigen Wasserschloß an der Mosel, und der Niederburg, beide einst im Besitz des machtvollen Geschlechts derer von der Leyen, das Trier zwei Kurfürsten schenkte, 1806 sogar Fürstenrang erwarb und 1829 in Armut erlosch. Da sind Alken mit der Burgfeste Thurant, das kleine Moselkern mit Burg Eltz, eine der schönsten deutschen Burgen ganz in der Nähe, Karden mit dem Kastorstift, das idyllische Pommern mit seinen engen Gassen und vielen schönen Fachwerkhäusern, Cochem mit seiner ›Reichsburg‹, die 1689 von den Franzosen in einen wüsten Steinhaufen verwandelt, 1877 von dem Berliner Bankier Dr. Louis Ravené gekauft und im Stil der Gründerzeit wieder aufgebaut wurde, Beilstein, das moselländische Rothenburg, über das die Grafen Metternich bis ins 19. Jahrhundert den Judenschutz ausübten und daraus nicht unbeträchtlichen Gewinn zogen, Ediger, das auch einmal, wenn auch nur ganz kurz von 1225 bis 1293 wie Kröv ein ›Reich‹ war, Neef mit der Peterskapelle und schließlich St. Aldegund mit der so viel gemalten Kapelle St. Aldegund im Weinberg.
Und die Weine? So wird man mit Recht fragen. Wir haben in den Preislisten verschiedener, renommierter Weinfirmen geblättert. Einen Wein von der unteren Mosel haben wir kaum darunter gefunden. Dabei liegt das auch dem Wein von der Untermosel so

gnädige Jahr 1971 erst kurz zurück. Was bleibt anderes übrig, als ihn an Ort und Stelle zu probieren. Die ›Alte Thorschenke‹ in Cochem, seit 1332 im Besitz der Freiherren von Landenberg, war dazu genau der richtige Platz. Wir studierten die Weinkarte; wir fragten aber auch den Kellner, dessen Moselfränkisch uns verriet, daß er aus der Gegend stammte und daher von den Weinen auch etwas verstehen mußte. Er sagte uns, daß erst vor wenigen Stunden eine Sendung mit frischen Bachforellen aus der Eifel eingetroffen sei. Wenn wir etwas Zeit hätten, würde er vorschlagen, sie auf Art des Hauses zu genießen. Die Art des Hauses bestand darin, daß die Forellen mit etwas Wurzelwerk in Moselwein, und zwar in einer feuerfesten, irdenen Schüssel, ganz langsam, ohne daß der Sud zum richtigen Kochen kam, weich gedämpft, dann mit einer Serviette bedeckt warm gestellt und darauf der Sud auf drei Viertel eingekocht, mit Butter aufgeschlagen und mit feinblättrig geschnittenen Trüffeln und Champignons fertig gemacht wurde. Diese delikate Sauce wird kurz vor dem Servieren über die Forellen gegossen.

Als passender Begleiter empfahl der Kellner der ›Alten Thorschenke‹, da wir ausdrücklich auf einem Qualitätswein von der unteren Mosel bestanden, einen 1971er Cochemer Nikolausberg Riesling Kabinettwein. Wir waren aufs angenehmste überrascht, als wir als Schlummertrunk einen 1970er Ediger-Eller Calmont Riesling Spätlese kosteten. Am nächsten Tag traten wir die Fahrt nach Koblenz an. Wo aber den Wagen lassen! Goethe hatte damals seinen Herrn, den Herzog von Weimar, der eine preußische Kavalleriebrigade befehligte, auf den wenig rühmlichen Feldzug der Österreicher und Preußen gegen das revolutionäre Frankreich begleitet, obwohl ihm, wie er in seiner ›Campagne in Frankreich‹ schrieb, »weder am Tode der aristokratischen noch demokratischen Sünder im mindesten etwas gelegen«. Er setzte sich, »an Leib und Seele zerschlagen und zerstoßen«, von der Truppe ab und schloß sich einem Krankentransport nach Trier an. Der Herzog von Weimar ordnete dann an, daß die Kranken und Verwundeten von Trier aus per Schiff die Mosel abwärts transportiert werden sollten. Goethe nahm ein Boot, blieb einen Tag und eine Nacht in Traben-Trarbach und ließ seine Moselfahrt in den Worten ausklingen: »Bis Koblenz schwammen wir ruhig dahin, und ich erinnere mich nur deutlich, daß ich am Ende der Fahrt das schönste Naturbild gesehen, das mir vielleicht zu Augen gekommen. Als wir gegen die

Moselbrücke zufuhren, stand uns dieses schwarze mächtige Bauwerk kräftig entgegen; durch die Bogenöffnungen aber schauten die stattlichen Gebäude des Thals, über die Brückenlinie sodann Schloß Ehrenbreitstein im blauen Dufte durch hervor. Rechts bildete die Stadt, an die Brücke sich anschließend, einen tüchtigen Vordergrund. Dies Bild gab einen hervorragenden Genuß.«
Vielleicht hat auch ein Schluck Moselwein zu diesem Genuß beigetragen. Goethe, der ja etwas von Weinen verstand, bezeichnete ihn als »köstlich«.

Empfehlenswerte Lagen

Obermosel

Nittel: Blümchen, Leiterchen

Trier: St. Martiner Klosterberg, St. Martiner Herrenberg, St. Maximer Kreuzberg, Thiergarten Fels Köpfchen, Thiergarten Unterm Kreuz. (Die Gemarkung Trier weist 30 Einzellagen auf. Fünf von ihnen als ›empfehlenswert‹ zu bezeichnen, blieb stets ein etwas gewagtes Unterfangen. Wenn darum an dieser Stelle aus Gründen textlicher Straffung keine weiteren, vielleicht sogar ebenbürtigen Lagen genannt werden, mögen diese Lagen und ihre stolzen Besitzer, zu denen die Landes-Lehr- und -Versuchsanstalt für Weinbau, Gartenbau und Landwirtschaft, die Vereinigten Hospitien, die Staatliche Domänenverwaltung und die Bischöflichen Weingüter gehören, freundlichst verzeihen.)

Oberbillig: Hirtengarten, Römerberg

Wincheringen: Burg Warsberg, Fuchsloch

Mittelmosel

Alf:	Arrasburg-Schloßberg, Herrenberg, Hölle, Kapellenberg
Bernkastel-Kues:	Doctor, Graben, Badstube, Johannisbrünnchen, Kardinalsberg
Brauneberg:	Juffer, Juffer-Sonnenuhr, Hasenläufer, Kammer, Mandelgraben
Briedel:	Nonnengarten, Herzchen
Bullay:	Brautrock, Graf Beyssel-Herrenberg
Detzem:	Maximiner Klosterlay, Würzgarten
Erden:	Busslay, Herrenberg, Prälat, Treppchen
Graach:	Josephshöfer, Himmelreich, Abtsberg, Domprobst
Kinheim:	Hubertuslay, Rosenberg
Klüsserath:	Bruderschaft
Kröv:	Herrenberg, Kirchlay
Leiwen:	Klostergarten, Laurentiuslay
Lieser:	Niederberg-Helden, Rosenlay
Longuich:	Maximiner Herrenberg
Maring-Noviand:	Honigberg, Römerpfad
Neumagen-Dhron:	Laudamusberg, Engelgrube, Grafenberg, Hofberger, Roterd
Piesport:	Goldtröpfchen, Falkenberg, Domherr, Günterslay, Schubertslay
Pünderich:	Nonnengarten
Reil:	Falklay, Sorentberg
Thörnich:	Ritsch (Rütsch), Enggass
Traben-Trarbach:	Gaispfad, Klosterberg, Kräuterhaus, Rosengarten, Taubenhaus, Würzgarten
Trittenheim:	Apotheke, Altärchen
Uerzig:	Würzgarten
Veldenz:	Kirchberg
Wehlen:	Sonnenuhr, Nonnenberg, Klosterberg
Wittlich:	Felsentreppchen, Klosterweg, Kupp
Zell:	Burglay-Felsen, Domherrenberg, Römerquelle, Klosterberg, Stefansberg, Sonneck
Zeltingen-Rachtig:	Deutschherrenberg, Himmelreich, Schloßberg, Sonnenuhr

Untermosel

Alken:	Burgberg, Hunnenstein
Beilstein:	Schloßberg-Abtei
Bruttig-Fankel:	Kapellenberg, Pfarrgarten
Bremm:	Laurentiusberg
Cochem:	Arzlay, Nikolausberg, Rosenberg
Ediger-Eller:	Bienenlay, Calmont, Engelströpfchen, Höll, Osterlämmchen
Hatzenport:	Burg Bischofsteiner
Kattenes:	Steinchen
Kobern-Gondorf:	Fuchshöhle, Fahrberg, Kehrberg
Mesenich:	Abteiberg, Deuslay
Lehmen:	Klosterberg, Lay
Moselkern:	Rosenberg
Müden:	Funkenberg, Großlay, Leckmauer
Pommern:	Rosenberg, Sonnenuhr
Senheim:	Lay, Bienengarten, Vogteiberg
Treis-Karden:	Juffermauer
Valwig:	Herrenberg, Schwarzwald
Winningen:	Hamm, Uhlen

Saar

Ayl:	Herrenberger, Kupp
Filzen:	Herrenberg, Urbelt
Kanzem:	Altenberg, Sonnenberg, Schloßberg
Konz:	Auf der Kupp, Euchariusberg, Falkensteiner Hofberg
Oberemmel:	Agritiusberg, Raul, Scharzberg (Großlage)
Ockfen:	Bockstein, Geisberg, Herrenberg, Kupp
Saarburg:	Antoniusbrunnen, Schloßberg, Klosterberg, Bergschlößchen
Serrig:	Herrenberg, Heiligenborn, Vogelsang
Wawern:	Goldberg, Jesuitenberg, Ritterpfad
Wiltingen:	Braune Kupp, Braunfels, Kupp, Hölle, Klosterberg, Scharzhofberger (Großlage), Schlangengraben, Schloßberg

Ruwer

Mertesdorf-Maximin Grünhaus:	Abtsberg, Bruderberg, Herrenberg
Kasel:	Kehrnagel, Hitzlay, Herrenberg, Nieschen
Waldrach:	Laurentiusberg, Krone

*

Bei allen Mosel-, Saar- und Ruwerweinen handelt es sich ausschließlich um Rieslingweine. Bei diesem Anbaugebiet wurden die Einzellagen in der Übersicht nicht nach Bereichen, sondern nach geographisch zusammengehörenden Regionen angeordnet, da die Bereiche stark ineinander übergreifen.

Nahe

> Trink ihn aus, den Trank der Labe
> Und vergiß den großen Schmerz!
> Wundervoll ist Bacchus Gabe,
> Balsam fürs zerrissene Herz.
>
> *Friedrich Schiller*

Vor 450 Jahren gesprochen, wäre das so recht ein Spruch nach dem Herzen Franz von Sickingen und Ulrichs von Hutten gewesen. Nun, er gilt heute noch. Damals vor 450 Jahren hatte der Reichsritter Franz von Sickingen den streitbaren und bereits schwerkranken Humanisten Ulrich von Hutten auf der Stammburg seines Geschlechtes, der Ebernburg an der Mündung der Alsenz in die Nahe, gastfrei aufgenommen. Er nannte die Burg ›Der Gerechtigkeit Herberge‹. Denn bei Kaiser Karl V. war er in Ungnade gefallen, und mit den Erzbischöfen in Trier lag er im Streit. Auch der von Hutten war ritterlicher Abstammung, stammte aber aus dem Fuldaischen, während die von Sickingen seit dem 11. Jahrhundert von ihrer Burg auf Alsenz und Nahe niedersahen, wenn sie nicht gerade mit jemandem in der Fehde lagen oder im Dienste des Kaisers den ledernen Wams mit dem Harnisch tauschten.

Da saßen nun die beiden ritterlichen Kumpane und tranken Wein. Nahewein natürlich! Das tun die Leute auf der Ebernburg noch heute. Aus der ›Gerechtigkeit Herberge‹ ist inzwischen ein ›Schloßhotel Reichsgräfin von Sickingen‹ geworden. Oder sie kommen von Bad Münster am Stein, dessen radioaktive Kochsalzthermen vielleicht schon römischen Legionären Heilung oder wenigstens Linderung brachten. Weinstöcke aus Italien und Gallien hatten sie schon pflanzen lassen, lange ehe der Kaiser Probus (276 bis 282) an der Mosel mit dem Weinbau begann. Das Deutsche Weinmuseum in Speyer birgt eine Fülle von Beweisen dafür. Der Bruder des Kaisers Tiberius, Drusus, hatte schon im Jahre 16 n. Chr. bei Bingen ein Kastell zur Sicherung der Rheingrenze und der Brücke über die Nahe angelegt.

So alt ist also das Weinland Nahe! Ins rechte Bewußtsein der Weinfreunde und Weintrinker ist es indessen eigentlich erst in den letzten 50 Jahren getreten. Man hat es eben nicht leicht, wenn man, von der Mosel abgesehen, ein Nebenfluß von Vater Rhein ist. Patriarchen neigen zur Unterdrückung. Vielleicht hat auch ein wenig Eigenbrötelei der Bewohner dieses Gebietes dazu beigetragen. Dabei ähnelt es in seiner Gestalt einem Weinblatt, dessen Stiel zwischen Bingen und Bingerbrück liegt und das sich dann fächerartig nach Südwesten ausbreitet und dessen drei Rippen Nahe, Glan und Alsenz sind. Die Nahe kommt vom Südwestrand des Hunsrück, der sich wie bei der Mosel als schützender Riegel erweist, Glan und Alsenz aus dem pfälzischen Bergland.
Romantisch ist das Ländchen, dessen Rebfläche 4200 Hektar umfaßt und auf dieser relativ kleinen Fläche immerhin im Jahresdurchschnitt rund 350 000 Hektoliter Wein, dreimal soviel wie der Rheingau, produziert, eigentlich nicht, eher ein wenig bukolisch. Am interessantesten ist es außer für Weinfreunde für Geologen. Es gibt kaum ein deutsches Weinbaugebiet mit so verschiedenen Bodenformationen. Das mittlere Nahetal weist vulkanischen Boden (Porphyr), Schiefer, Lehm und Sand auf, das untere Nahetal größtenteils Schiefer, im Alsenz- und Glantal schiebt sich Grauwacke dazwischen. Vielleicht hat die Vielseitigkeit der Bodenformation mit dazu beigetragen, daß die am meisten angebaute Rebsorte Silvaner ist, der an den Boden nicht übermäßig hohe Ansprüche stellt. 47 Prozent des Rebgeländes ist mit Silvaner bepflanzt. Wo Schiefer auftritt und wo die Hanglagen nach Süden geneigt sind, gedeiht ein ausgezeichneter Riesling, der 31 Prozent der Rebfläche einnimmt. 18 Prozent der Rebfläche ist mit Müller-Thurgau besetzt. Während alle anderen deutschen Weinbaugebiete mit Ausnahme von Mosel, Saar und Ruwer mit Rotwein aufwarten können, ist das Nahegebiet ausschließlich ein Land des Weißweins. Sicherlich hat es, wahrscheinlich noch zu Franz von Sickingen und Ulrichs von Hutten Zeiten genauso wie an der Mosel und im Rheingau auch an der Nahe Rotwein gegeben. Es ist auch nicht ganz einzusehen, warum zum Beispiel an den felsigen Abhängen bei Münster am Stein auf verwittertem, vulkanischem Boden nicht auch ein feuriger Spätburgunder gedeihen soll. Die Nahe-Winzer indessen schwören auf ihre Weißweine, preisen seine Bekömmlichkeit und Vielfältigkeit. Und in der Tat ist es die Vielfältigkeit, welche die Naheweine so reizvoll macht.

Während beim Rheingauer schon sehr viel Kennerschaft dazu gehört, die feinen Unterschiede herauszuschmecken, weiß man an der Nahe ziemlich bald, worin der Unterschied zwischen einem Schloß Böckelsheimer vom oberen Nahetal und einem Kreuznacher Kauzenberg vom unteren Nahetal liegt, auch wenn es sich bei beiden um Rieslinge handelt. Immer wieder erlebt man Überraschungen. Ist man in Monzingen oder Martinstal, glaubt man sich an die Saar versetzt. Weilt man in Laubental oder Münster-Sarsheim, wo viel Silvaner angebaut wird, glaubt man einen ähnlichen Wein in Alzey oder Westhofen, in Rheinhessen also, getrunken zu haben. Die Nahe ist eben Weingrenz- und Übergangsland zwischen Mosel, Rheinhessen und Rheingau. Das macht es verlockend und verwirrend zugleich.

In Bad Kreuznach zieht es die Fremden auf die Terrasse der Burgruine, die den 160 Meter hohen Kauzenberg am linken Naheufer krönt. Auf Porphyr und Rotliegendem gedeiht hier in voller Südlage ein Riesling ganz besonderen Charakters, der sich wiederum aus dem Boden erklärt, in den die Reben ihre Wurzeln senken. Bad Kreuznach weiß noch mit anderen guten Lagen aufzuwarten. Da ist, dem Kauzenberger verwandt, der ›Kahlenberg‹, und da sind ›Krötenpfuhl‹ und ›Narrenkappe‹, auch Rieslinge, aber völlig anderer Art, da der Boden aus kiesigem Lehm besteht. Da ist schließlich der Bad Kreuznacher ›Brückes‹, dessen Spätlesen an rheinhessische Weine erinnern und dem Rotsandstein und Löß seinen besonderen Charakter verleihen. Wie gesagt, man müßte Geologe sein, um den Naheweinen ganz auf die Schliche zu kommen. Die Winzer an der Nahe, darunter so renommierte Firmen wie die Reichsgrafen von Plettenberg, Paul und August Anheuser, August Grünewald und Eckel-Pitthan, haben das längst getan. Sie sprangen vor einem halben Jahrhundert sozusagen mit einem Hechtsprung in den modernen Weinbau und die moderne Kellerwirtschaft hinein, ohne viel Rücksicht auf altehrwürdige Traditionen nehmen zu müssen. Die Weinbauschule in Bad Kreuznach und

Anbaugebiet Nahe >
mit den Bereichen Kreuznach und Schloß Böckelheim

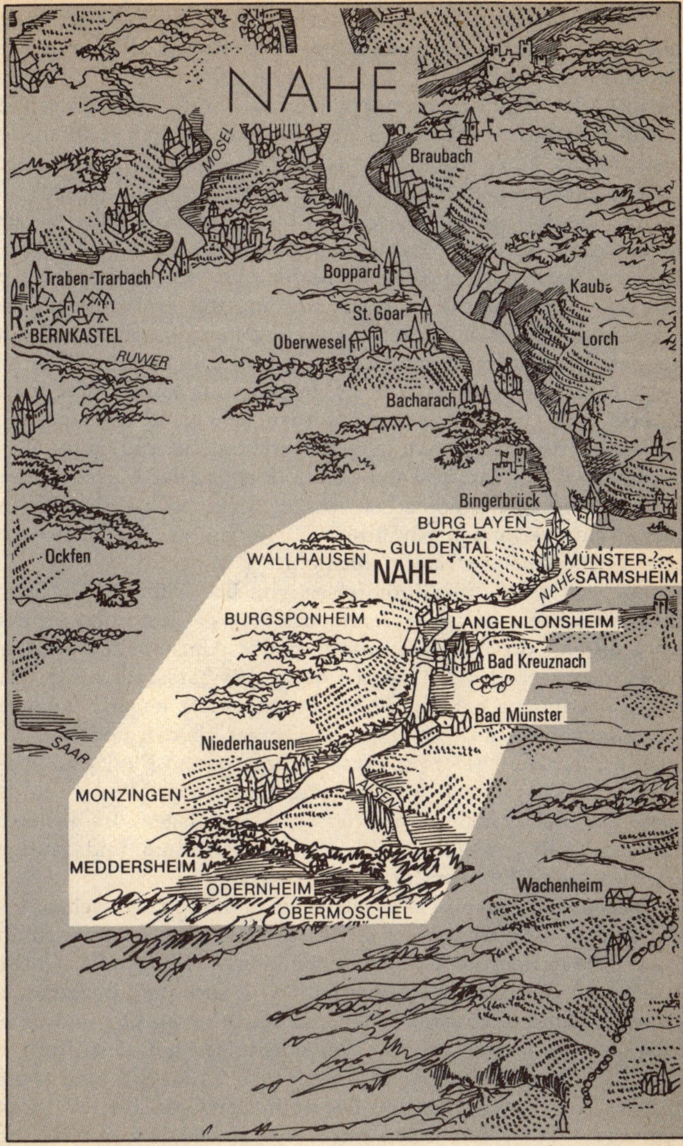
NAHE
MOSEL
Braubach
Traben-Trarbach
Boppard
Kaub
St. Goar
BERNKASTEL
Oberwesel
Lorch
RUWER
Bacharach
Bingerbrück
BURG LAYEN
WALLHAUSEN
GULDENTAL
Ockfen
NAHE
MÜNSTER-SARMSHEIM
NAHE
BURGSPONHEIM
LANGENLONSHEIM
Bad Kreuznach
Bad Münster
Niederhausen
SAAR
MONZINGEN
ALSENZ
MEDDERSHEIM
ODERNHEIM
OBERMOSCHEL
Wachenheim

die Staats-Weindomäne in Niederhausen – Schloß-Böckelheim standen ihnen dabei zur Seite. Sorge bereitete vor allem eine ausreichende Berieselung.

Wie jung der Weinbau an der Nahe und ihren Nebenflächen ist trotz der Tatsache, daß hier schon die Römer Wein bauten, erweist sich an einer der Spitzenlagen, der ›Schloß Böckelheimer Kupfergrube‹ im oberen Nahetal. 1902 war dieser Terrassenweinberg mit einer Hangneigung von 50 bis 62 Prozent nichts als ein mit Gestrüpp, kahlem Buschwerk und dürrem Gras bestandener Hügel aus verwittertem Porphyr. Bereits im weingesegneten Kometenjahr 1911 konnte hier ein Riesling geerntet werden, der wenige Jahre später die Generäle und Generalstabsoffiziere im Casino des Großen Hauptquartiers, darunter Hindenburg und Ludendorff und natürlich auch S. M. Wilhelm II., immer wieder begeisterte. 1921, 1929, 1949, 1953, 1959, 1964 und 1971 geschah ein gleiches Wunder, entwickelte sich erst im Faß und dann in der Flasche ein Wein, der die Feinheit und Eleganz der Moselrieslinge mit der Fülle und harmonischen Ausgeglichenheit mancher Rheingauer Weine verbindet. Ähnliches gilt für die Weine der benachbarten Niederhausener ›Hermannshöhle‹.

Da sind weiter die drei ›Rotenfelser‹ von Bad Münster am Stein. Alle drei wachsen sie auf rotschimmerndem Verwitterungsporphyr, dem größten Porphyrmassiv nördlich der Alpen. Alles in allem sind es nicht mehr als 9,3 Hektar; diese aber haben es in sich. Das Trierer Wetteramt hat für diesen Porphyrklotz einen Klimawert von 92 gemessen, nur acht Punkte weniger als den höchsten Klimawert überhaupt. (Der schlechteste liegt bei 40 Punkten.) Aber dieser hohe Klimawert, gleichbedeutend mit einem ›Braten‹ in der Sonne, hat den Weinen von den drei Einzellagen ›Im Winkel‹, ›Höll‹ und ›Steigerdell‹ bei allem Körperreichtum und feuriger Fülle nichts von blumiger Zartheit genommen.

Weniger anspruchsvoll, aber als sogenannte ›Kneipweine‹ fast ideal sind die Weine aus der Großlage ›Paradiesgarten‹, also aus Alsenz, Bayerfeld-Steckweiler, Feilbingert, Mannweiler-Coelln, Nieder- und Obermoschel. Meist handelt es sich um Silvaner, zum Teil auch Müller-Thurgau. Aber man sollte sie an Ort und Stelle probieren. Im übrigen sei vor Verwechslungen gewarnt. Auch an der Nahe und nicht nur im Rheingau gibt es ein Rüdesheim und an der Alsenz ein Hallgarten. Da ist in der Großlage ›Schloßkapelle‹ auch noch Rümelsheim mit Burg Layen, dem Sitz der bekannten Weinfirma Ferdinand Pieroth. Im ganzen gibt es zwei Bereiche: ›Kreuznach‹ und ›Schloß Böckelheim‹. Zum Bereich Kreuznach gehören die Großlagen ›Kronenberg‹, ›Pfarrgarten‹, ›Schloßkapelle‹ und ›Sonnenborn‹; zum Bereich Schloß-Böckelheim die Großlagen ›Burgweg‹, ›Paradiesgarten‹ und ›Rosengarten‹. Man wird dem Namen dieser Großlagen auf den Flaschenetiketten häufiger begegnen als denen von Einzellagen, auch wenn es davon an der Nahe, Glan und Alsenz noch fast 500 gibt. Schon früher bestand im Weinbaugebiet der Nahe die Neigung, Weine verschiedener Einzellagen, sofern diese ineinander übergingen, zu sogenannten Gattungslagen zusammenzufassen. Das entspricht zwar nicht ganz dem Begriff der Großlage, war aber bereits ein großer Schritt auf dem Weg, breite Pfade in das Gestrüpp der vielen Einzellagen zu schlagen.

Folgt man der Nahe über Kirn hinaus flußaufwärts, kommt man nach Idar-Oberstein, von dem jedermann weiß, daß es das Zentrum der deutschen Edelsteinindustrie ist. Hier freilich wächst kein Wein mehr. Dafür sind die Höhen des Hunsrück zu rauh. Die Idar-Obersteiner sind viel in der Welt herumgekommen, meist auf der Suche nach Edelsteinen und Edelsteinvorkommen. Aus Brasilien und Kolumbien brachten sie den Spaß am Spießbraten, auf idar-obersteinisch ›Schbeßbroore‹, mit. Oben im Hunsrück trinkt man Bier dazu. Unten an der Nahe Wein, häufig aber auch Bier. Denn Spaß hat man auch daran gefunden. Man sucht sich an einem schönen Sommersonntag ein hübsches Plätzchen, legt die Weinflaschen oder Bier in einen nahen Bach, damit sie schön kühl bleiben, entfacht ein Feuer aus Buchenholzkohlen, läßt diese zu glühender Asche verkohlen, zieht das Fleisch, das die Nacht zuvor in einer Beize aus Wein, Essig, Zwiebelringen, Salz und Pfeffer gelegen hat, auf einen Spieß, legt diesen wiederum auf zwei Astgabeln und wendet den Braten so lange, bis beim Hineinstechen mit einer Gabel kein Blut mehr heraustritt. Es muß gut abgehangenes Rindfleisch, am besten aus der Hochrippe, sein. Das Braten und Aufteilen des Fleisches in faustgroße Portionsstücke ist Sache der Männer. Die Frauen kümmern sich um ein Salätle.

Stammt der ›Schbeßbroore‹ aber wirklich aus Brasilien oder Kolumbien? Sollte man nicht meinen, daß sich schon in der verrußten Küche der Ebernburg ein halber Ochse am Spieß gedreht hat und daß Franz von Sickingen und Ulrich von Hutten wacker dreingehauen haben und die Becher auf das Wohl des Dr. Martinus Luther und das angeblich von den Pfaffen und der ›welschen Hure‹ in Rom verratene Heilige Römische Reich deutscher Nation leerten? Vielleicht haben sie dabei auch des Götz von Berlichingen gedacht, der ihnen ja kein Unbekannter war. Jedenfalls gibt es zwischen Bad Münster am Stein und Ebernburg die Lage ›Götzenfels‹. Der Wein, der dort gedeiht, ist ein wenig rauh; aber das war ja auch der Ritter mit der Eisernen Hand.

Empfehlenswerte Lagen

Altenbamberg:	Kehrenberg (Riesling)
Bad Kreuznach:	Kauzenberg (Riesling), Brückes (Riesling), Kahlenberg (Riesling), Krötenpfuhl (Riesling + Silvaner), Narrenkappe (Riesling + Silvaner)
Bad Münster am Stein:	Rotenfelser mit den Kleinlagen ›Im Winkel‹, ›Höll‹ und ›Steigerdell‹ (Riesling)
Dorsheim:	Burgberg (Riesling)
Guldental:	Honigberg (Silvaner)
Münster-Sarnsheim:	Dautenpflänzer (Riesling)
Niederhausen:	Hermannsberg (Riesling), Rosenheck (Riesling)
Roxheim:	Höllenpfad (Riesling), Mühlenberg (Riesling + Silvaner)
Schloß-Böckelheim:	Kupfergrube (Riesling)

Rheingau

›Schwan‹ oder ›Krone‹, das war die Frage. Zwar ging es nicht um Sein oder Nichtsein, wohl aber darum, wo wir dem Rheingau, Deutschlands berühmtestem Weinbaugebiet, am nächsten sein würden. Die Entscheidung fiel für Oestrich und damit für den ›Schwan‹, wobei es selbstverständlich war, daß wir auch der Krone in Aßmannshausen unsere Reverenz erwiesen. Aßmannshausen gehört eigentlich schon dem Weinbaugebiet Mittelrhein an; seine historischen Verflechtungen mit dem Rheingau sind indessen so eng, daß es durchaus berechtigt ist, wenn ihm im neuen deutschen Weingesetz eine eigene Großlage mit dem Namen ›Steil‹ eingeräumt ist, deren Einzellagen ›Frankenthal‹, ›Höllenberg‹ und ›Hinterkirch‹ heißen. Alle drei sind Rotweinlagen. Folglich hat man der Weißweinlage ›Berg Kaisersteinfels‹ ihren Platz in der Großlage ›Burgweg‹ angewiesen, in der auch die Einzellagen von Lorch, Lorchhausen, Rüdesheim und zum Teil auch Geisenheim zusammengefaßt wurden.

Im übrigen geht es auch im Rheingau mit seinen beiden Bereichen ›Johannisberg‹ und ›Hochheim‹ und seinen Großlagen ›Burgweg‹, ›Steil‹, ›Erntebringer‹, ›Honigberg‹, ›Gottesthal‹, ›Mehrhölzchen‹, ›Deutelsberg‹, ›Heiligenstock‹ und ›Steinmächer‹ genauso wie in anderen deutschen Weinbaugebieten ein bißchen durcheinander. So gehört Oestrich einmal der Großlage ›Mehrhölzchen‹, ein anderes Mal der Großlage ›Gottesthal‹ an. Und Mittelheimer Weine finden sich sowohl in der Großlage ›Erntebringer‹ als auch ›Honigberg‹.

Verwundern kann das nicht; denn die einzelnen Gemeinden sind zum Teil dicht benachbart, gehen manchmal sogar ineinander über, und erst recht gilt das für die einzelnen Weinberge. Noch keiner Großlage gehört die Weinlage ›Neroberg‹ der hessischen Landeshauptstadt Wiesbaden an, während die Weine der Vororte Schierstein, Dotzheim und Frauenstein der Großlage ›Steinmächer‹ zugeordnet wurden. Übrigens wird auch die einzige Weinlage Frankfurts, der ›Lohrberger Hang‹, zum nahen Rheingau gezählt. Damit sich nun der Weinfreund unter den Rheingauer Weinen einigermaßen zurechtfindet, hat man jede Großlage, genauso wie im Weinbaugebiet Hessische Bergstraße, einer ›Leitgemeinde‹ zugeordnet. Für die Großlage ›Burgweg‹ zum Beispiel ist das Rüdesheim.

Nach diesem geographischen Lagenstudium, das die Kehlen trocken machte, war es wirklich an der Zeit, den ersten Schluck Rheingauer zu schlürfen. Auf der fast bis an das Rheinufer vorspringenden Terrasse des ›Schwanen‹ fanden wir noch ein Plätzchen und gaben uns zuerst einem erfreulicheren Studium hin, dem der Weinkarte. Uns war dabei klar, daß wir nicht mit einem Paukenschlag beginnen durften. So schied eine Beeren- oder Trockenbeerenauslese, obwohl letztere geradezu charakteristisch für die Rheingauer Weine ist, von vornherein aus. Ein Oestricher sollte es auf jeden Fall sein. Das berühmte ›Lenchen‹, das mit einer Helene nichts zu tun hat, sondern ein Diminutiv von Lehne = Abhang ist, hätten wir aus dem eigenen Weinberg des ›Schwanen‹ trinken können. Wir entschieden uns für einen 1969er Doosberg Kabinett aus dem Weingut Esser, wohl eingedenk der Tatsache, daß um Oestrich wie bei allen nahe am Rhein liegenden Orten der Wein selten die Spitzenqualität erreicht wie die Weine der mehr landeinwärts liegenden Orte. Es mag am Boden liegen, der in seiner Oberschicht aus Löß besteht. Es mag auch daran liegen, daß der Neigungswinkel der Weinberge und damit auch die Sonneneinstrahlung geringer sind. Es gibt Ausnahmen – wo gäbe es sie nicht – wie etwa der Geisenheimer ›Rothenberg‹, der Ehrbacher ›Marcobrunn‹ und in Rüdesheim der ›Berg Rottland‹ und ›Berg Schloßberg‹. Aber die meisten ganz großen Spitzenweine kommen aus Rauenthal, Kiedrich, Hallgarten, Hattenheim mit seinem berühmten ›Steinberg‹, und von Schloß Johannisberg.

Aber was haben diese feinen Nuancen viel zu sagen, da der Rheingau als solcher von der Natur begnadet ist. Die Berge des Taunus halten die kalten Ost- und Nordwinde ab. Diese Berge waren es ja auch, die den Rhein zwangen, hinter Mainz seinen mehr oder weniger von Süden nach Norden ziehenden Lauf zu ändern, einen Knick zu machen und plötzlich von Osten nach Westen zu fließen.

Anbaugebiet Rheingau >
mit den Bereichen Johannisberg und Hochheim

RHEINGAU
Kaub
Lorch
RHEINGAU
RAUENTHAL
WIESBADEN
HALLGARTEN
MARTINSTHAL
ASSMANNSHAUSEN
OESTRICH
KIEDRICH
MITTELHEIM
Bingerbrück
GEISENHEIM
Eltville
HOCHHEIM
RÜDESHEIM
WALLUF
MAIN
RHEIN
NAHE
Bingen
MAINZ
Bad Kreuznach
RHEINHESSEN
Nierstein
Bad Münster
Oppenheim
WORMS
Weinheim
Wachenheim
MANNHEIM
Forst Deidesheim
BADEN-BADEN
RHEINPFALZ

Er tut das auf rund 30 Kilometer Länge; dann nimmt er bei Aßmannshausen seine alte Richtung wieder auf. Viel Raum ist am nördlichen Ufer zwischen Taunus und Strom nicht vorhanden. Im Durchschnitt sind es nicht mehr als fünf Kilometer; aber die 30 Kilometer Länge und fünf Kilometer Breite haben es in sich. Voll kann die Sonne auf die zwanzig Dörfer und Städtchen und ihre Weinberge prallen. Der Strom selbst wirkt wie ein Hohlspiegel, der die Sonnenstrahlen auffängt und wieder zurückwirft. Gleichzeitig sorgt er mit Eintritt der Dunkelheit für einen maßvollen Temperatur- und Feuchtigkeitsausgleich. Was fast allen Weinbergen, die Rotweine von Aßmannshausen ausgenommen, gemeinsam ist, das ist die gleiche Rebe, der Riesling. Wir finden seine Charakterisierung in dem Kapitel über die deutschen Reb- und Traubensorten. 1970 waren von insgesamt 2980 Hektar Rebland 78 Prozent mit Riesling, 11 Prozent mit Müller-Thurgau, 6 Prozent mit Silvaner und der Rest mit Früh- und Spätburgunder und sonstigen Reben bepflanzt.

Man hat den Anbau von Rieslingreben bereits für das Jahr 1435 festzustellen geglaubt; andere Weinforscher nennen die Zeit des Dreißigjährigen Krieges. Wein hat es schon lange vorher gegeben. Freilich nicht schon zur Römerzeit, wie etwa an der Mosel und Pfalz. Dafür erschien den Legionären der schmale, damals bis dicht an den Rhein bewaldete Streifen Land, das erst noch gerodet sein wollte, zu unergiebig. Die Stunde des Rheingauer Weinbaus schlug mit dem Regierungsantritt Karls des Großen. Im vierten Regierungsjahr, 772, schenkte ein gewisser Alwalach, wahrscheinlich ein Lehnsmann des Königs, Güter und Hausgesinde der Abtei Fulda, und zwar, wie es in der Schenkungsurkunde heißt, »in Richegowe in villa que dicitur Gisenheim« (»im Rheingau in dem Geisenheim genannten Landsitz«). Seitdem ist der Weinbau im Rheingau, der ursprünglich Königsland war, mit der Abtei Fulda aufs engste verbunden. Fulda wiederum unterstand dem Erzbistum Mainz. Es gab zwischen Mainz und Rüdesheim etwa ein Dutzend Klöster. Zwei von ihnen sollten für den Weinbau besondere Bedeutung gewinnen: Johannisberg und Eberbach, beide Gründungen von Zisterziensermönchen. Kurmainzisch blieb der Rheingau bis 1803, jenem historischen Jahr, dem wir bei unserer Wanderung durch die deutschen Weinbaugebiete schon so oft begegnet sind. Damals sprach der Reichsdeputationsausschuß in Rastatt das für seine Rieslingweine bereits berühmte Ländchen dem Herzogtum Nassau zu. 1866 wurde der Rheingau preußisch und ist gut dabei gefahren. Heute ist er hessisch und wird von Wiesbaden aus regiert. Fast ein Jahrtausend haben die Rheingauer, ob Winzer, Gärtner oder Handwerker, unter dem kurmainzischen Krummstab gelebt. Sie waren deshalb nicht kirchenfrömmer als ihre Glaubensgenossen an der Mosel. Im Gegenteil, sie hielten an ihren Rechten eisern fest. Ein gewisser Haas nannte sie zu Ende des 18. Jahrhunderts sogar hartnäckig und halsstörrisch. Das konnten sie freilich sein, wenn es um den Wein, das Gold ihres Gaus – sie sagen übrigens noch heute *das* Rheingau –, ging. Ihren Madonnen und Christuskindern auf den Altarbildern ihrer Kirchen drückten sie Trauben in die Hand. Und als sie 1525 gleichfalls die große Unruhe erfaßte, die damals die Bauern in ganz Mittel- und Süddeutschland packte, da soffen sie, anstatt mannhaft zu kämpfen, das große Faß von Kloster Eberbach, das 40 000 Liter Wein enthielt, aus.

Dieses Eberbach mußten wir uns natürlich ansehen. Es liegt wenige Kilometer nördlich von Hallgarten in einem Bachteil, angelehnt an einen Bergwinkel, und stellt heute noch eine der größeren geschlossenen Klosterbauten auf deutschem Boden dar. Romantische, gotische und barocke Bauformen sind miteinander verschmolzen. 1803 verließen die letzten, inzwischen recht weltlich gewordenen Mönche das Kloster. Die nassauischen Herzöge kümmerten sich nicht viel um den leer gewordenen Gebäudekomplex. Ihnen dienten die einst sakralen Räume mit den gotischen Schwipbögen lediglich als ›Wein-Cabinet‹, d. h. als Lagerraum für »einige Stücke Hochheimer, Markobrunner, Steinberger, Hattenheimer und Rüdesheimer Gewächsen«, wie es in einem großherzoglichen Dekret aus dem Jahre 1812 heißt.

Das Kloster drohte zu einer Ruine zu werden. Da nahm sich 1914 die preußische Domänenverwaltung seiner an. Die Restaurierung erfolgte mit einer gewissen preußischen Nüchternheit. Sie teilt sich dem Besucher noch heute, da die Verwaltung in den Händen der hessischen Staatsweingüter liegt, mit. Immerhin, Kloster Eberbach wurde zum Mittelpunkt des Weinbaus im Rheingau. In den Sommermonaten wechseln Chor- und Orchesterkonzerte in der Basilika und im Laiendormitorium mit Serenaden in den Kreuzgängen. Aber was sind diese musikalischen Veranstaltungen schon gegenüber der alljährlichen traditionellen Rheingauer Weinversteigerung, der gleichfalls alljährlichen Hessischen Landesweinprämiierung und der überregionalen DLG-Bundesweinprämiierung, die gleichfalls in den Räumen von Kloster Eberbach abgehalten werden. Auch die ›Rheingauer Weinseminare‹ finden hier statt. Die Zisterzienser Klostergründer, die 1135 dem Urwald hier mit Axt und Hacke zu Leibe rückten, hätten ihre Freude daran gehabt.

Die Weinversteigerungen sind ein Anlaß, uns auch einmal kurz mit den Preisen für Rheingauer Weine zu befassen. Da sie zu den auch im Ausland am meisten begehrten deutschen Weinen gehören, ist der Preis für sie, verglichen mit denen für Weine der anderen deutschen Weinbaugebiete, relativ hoch. Eine 1971er Spätlese aus der Pfalz, und zwar ein Forster Stift, Erzeuger-Abfüllung aus dem Katholischen Pfarrgut, ist bei der traditionsreichen und renommierten Hamburger Weinhandlung C. C. F. Fischer für DM 8.50 zu haben. Dagegen stellt sich eine Spätlese aus dem Rheingau, in diesem Fall ein 1971er Erbacher Honigberg aus dem Weingut Martin auf DM. 10.20. Beeren- und erst recht Trockenbeerenauslesen erzielen auf den Weinversteigerungen geradezu schwindelnde Preise. Den Höchststand erreichte eine Flasche 1921er Steinberger Riesling Trockenbeerenauslese im Jahre 1926. Sie erhielt den Zuschlag bei 173 Goldmark, was etwa einem heutigen Wert von DM 600.– entspricht. Aber wir brauchen gar nicht so weit zurückzugehen. Am 6. Januar 1971, dem Dreikönigstag, wurden in der Hochheimer Lage Domdechaney bei 10 Grad Kälte und hohem Schnee die letzten zu Stein gefrorenen Trauben, und zwar Beere für Beere, geerntet. Bei der Versteigerung im Kloster Eberbach am 27. Mai 1971 wurde der Zuschlag bei DM 206.– pro Flasche Eiswein erteilt. Wer kauft solche Weine, wird man fragen. Nun, Wein ist heute nicht die schlechteste Kapitalanlage, vor allem Rheingauer Wein nicht, der sich durch besondere Haltbarkeit auszeichnet. Sind auch in bezug auf die Kellerwirtschaft die optimalsten Voraussetzungen erfüllt, dann können Beeren- und Trockenbeerenauslesen, denen man ja auch die Eisweine zurechnen muß, gut und gern 30 bis 40 Jahre alt werden, und selbst bei einer gewissen Firne verlieren sie nichts von ihrem Bukett und ihrer Blume. Spät- und Auslesen halten sich bis zu 10 und 15 Jahren in der Flasche.

Die Lage Domdechaney in Hochheim, von der wir soeben sprachen, umfaßt 10,5 Hektar und gehört teils den Hessischen Staatsweingütern, teils dem Weingut der Grafen Schönborn, teils schließlich der Stadt Frankfurt und den Weingütern Werle, Werner Hirsch-

mann, Sack und von Jungenfeld. Das legt die Frage nahe, wie es überhaupt mit der Besitzverteilung im Rheingau steht. Ist der Rheingauer, wie man einmal gemeint hat, ein Herrenwein, d. h., verfügen altadlige Geschlechter über den größten und besten Weinbergbesitz oder haben auch die kleineren und mittleren Winzer einen nennenswerten Anteil an dem Rheingauer Rebgelände?
An klangvollen Namen fehlt es nicht. Da sind die Fürsten Metternich-Winneburg auf Schloß Johannisberg, die Prinzen von Preußen auf Schloß Reinhartshausen bei Erbach, das in ein Luxushotel umgewandelt wurde, die Grafen Matuschka von Greiffenclau auf Schloß Vollrads, die Grafen Schönborn in Hattenheim und Grafen Eltz in Eltville, die Freiherren Langwerth von Simmern in Erbach, die Ritter und Edlen von Oetingen in Erbach, die Freiherren Ritter von Groenesteyn in Kiedrich und die von Brentanos in Winkel. Sicherlich, diese hohen Herren haben schon mit ihren Namen dazu beigetragen, dem Rheingauer Wein zu besonderem Glanz zu verhelfen, ihn sozusagen mit ihrer Adelskrone zu vergolden. Zu dem alten Geburts- und Geschlechteradel gesellten sich im vorigen und diesem Jahrhundert die jungen Sektdynastien, die Burgeffs in Hochheim, die Mattheus Müller (MM) in Eltville, die Henkells in Wiesbaden-Biebrich, die Söhnleins in Wiesbaden-Schierstein, die Kupferbergs in Mainz, die Hoehls in Eltville, die von Mumms in Eltville u. a. Im ganzen gibt es im Rheingau 18 Sektkellereien.
Und da sind schließlich die Asbachs in Rüdesheim, die zwar keinen Sekt herstellen, wohl aber seit rund 60 Jahren den wohl bekanntesten deutschen Weinbrand. Als eine Düsseldorfer Werbeagentur durch 91 Werbeagenturen in 56 Ländern die Frage stellen ließ: »Gibt es Produkte in Ihrem Land, die für jedermann als deutsche Erzeugnisse erkennbar sind, ohne daß sie der Herkunftsbezeichnung ›Made in Germany‹ bedürfen?«, wurde als einzige Spirituose ›Asbach Uralt‹ genannt. Ihre Verbundenheit mit dem Rheingau haben die Asbachs auch dadurch bekundet, daß sie die Stadt Rüdesheim und den Rheingauer Kunst- und Heimatverein kräftig unterstützen, um aus der Brömserburg nicht nur ein Heimatmuseum, sondern ein echtes Weinmuseum zu machen, das nicht nur Winzer- und Küfergeräte, nicht nur leere Flaschen in verschiedensten Formen, sondern auch die sorgsam verkorkten und verkapselten großen Jahrgänge des Rheingaus bewahrt. Der älteste Wein ist ein 1779er Hochheimer, der älteste Rüdesheimer ein

1839er und so geht es weiter durch die Jahrzehnte bis zum 21er, 45er, 49er, 59er und 71er. Leider fehlen die beiden sagenhaften Kometenjahrgänge, der 1811er, der Goethe begeisterte, als er 1814 seine berühmte Reise durch den Rheingau antrat, und der 1911er.
Die großen Herren, Sekt- und Weinbranddynastien in Ehren ... getragen wird der Rheingauer Weinbau doch in der Hauptsache von rund 1700 kleinen Winzerbetrieben, die sich nicht damit zufriedengaben, einen rechtschaffenen Haustrunk oder Tafelwein herzustellen, sondern seit Jahrzehnten bewußt Qualitätsweinbau betreiben. An ein paar Beispielen wird das leicht deutlich. In die 11 Hektar große Spitzenlage ›Hattenheimer Nußbrunnen‹ teilen sich die Freiherren Langwerth von Simmern und das Gemeindewein- und Pfarrgut von Hattenheim. An der 37 Hektar großen Spitzenlage ›Rüdesheimer Berg Rottland‹ sind außer den Hessischen Staatsweingütern, Dr. Oetker und der Sektfirma Deinhard & Co. zwei Dutzend mittlere und kleine Winzerbetriebe beteiligt. In die 55 Hektar große, mit Spätburgunder bepflanzte Lage ›Aßmannshäuser Höllenberg‹ teilen sich die Hessischen Staatsweingüter und 15 andere kleine Winzer. Ähnlich sieht es bei der guten Lage ›Rüdesheimer Roseneck‹ aus. Manche kleine, fünf Hektar nicht erreichende Einzellage ist auch im Rheingau nach Inkrafttreten des neuen deutschen Weingesetzes verschwunden. In manchen Fällen ist das zu bedauern. Die von Kennern so geschätzte Lage ›Hallgartner Jungfer‹ bedeckte bis 1971 nicht mehr als 2,3 Hektar. Sie ist jetzt um das Zwanzigfache gewachsen. Die einst nicht weniger beliebte Lage ›Winkeler Hasensprung‹ gleich auf hundert Hektar. Spitzenweine wird man von diesen Lagen in Zukunft nicht mehr erwarten können, wohl aber ›Qualitätsweine b. A.‹, die sich natürlich in größeren Mengen anbieten lassen und leichter an den Mann zu bringen sind.
Nun, in der Weinstube des Klosters Eberbach bekamen wir noch eine 1969 ›Hallgartner Jungfer‹ und erfreuten uns an ihrer kernigen und doch dezenten Säure. Man tut im Rheingau überhaupt gut daran, etwas abgeschiedene Winkel aufzusuchen. Er ist nun einmal, seitdem der Verkehr nicht mehr auf dem Strom erfolgt, zu einem Durchzugsgebiet geworden. Hinzu kommt, daß die hessische Landeshauptstadt Wiesbaden, die rheinland-pfälzische Hauptstadt Mainz und schließlich das mächtige Ballungsgebiet Rhein-Main mit Frankfurt, Darmstadt, Rüsselsheim und Offenbach beängstigend nahe sind. Auch die vielen Fremden tragen

dazu bei, dieses kleine, ohnehin dicht besiedelte Weinbaugebiet zu einem Tummelplatz nicht immer erfreulicher, feuchtfröhlicher Weinseligkeit zu machen. Der Name ›Drosselgasse‹ in Rüdesheim sagt alles.

Natürlich gönnten wir den Wiesbadenern und Mainzern die Nachbarschaft und Duzbrüderschaft mit dem Rheingau und seinen Weinen. Aber beneiden taten wir sie auch nicht, auch wenn die Wiesbadener im 4,4 Hektar großen Neroberg ihren eigenen städtischen Wingert besitzen. Wein verlangt Stille. Diese findet man auf dem Neroberg im Südwesten der Stadt aber nur im Winter. In der warmen Jahreszeit ist er erfüllt vom vielstimmigen Lärm und Geschrei des großen Freibades auf seinem Gipfel.

Was ein rechter Wiesbadener ist, der hat im Rheingau natürlich seine ganz private und lukrative Weinbezugsquelle, die er nur seinen allerbesten Freunden verrät. Mit ihnen tut er sich zusammen, um beim Winzer direkt gleich einen ganzen oder halben Fuder zu bestellen, sobald im Faß der letzte Abstich erfolgt ist und man ungefähr weiß, was für ein Weinchen diesmal zu erwarten ist.

Vielleicht zieht er einen Hattenheimer oder Rüdesheimer einem Hochheimer vor. Dieser ist, geographisch gesehen, gar kein Rhein-, sondern ein Mainwein. Das etwas nüchterne Städtchen Hochheim liegt wenige Kilometer nordöstlich der Mündung des Mains in den Rhein und darf heute bereits als ein Vorort von Mainz angesprochen werden. Wäre der Prinzgemahl der Königin Viktoria von Großbritannien, der Coburger Prinz Albert, nicht ein so großer Freund des Hochheimer gewesen, so hätte er vielleicht nicht solche Berühmtheit erlangt. Denn aus dem Hochheimer wurde der ›Hock‹ der Engländer und Nordamerikaner, die Sammelbezeichnung für deutschen Rheinwein überhaupt. Der Weinberg, der zu Ehren der Königin Viktoria noch heute den Namen ›Königin Viktoria-Berg‹ trägt, liefert nicht einmal den besten Hochheimer. Dieser stammt aus den Lagen ›Domdechaney‹ und ›Kirchenstück‹. Der Boden dieser beiden Lagen wie der übrigen Hochheimer Lagen überhaupt ist schwer und kräftig, erwärmt sich nur langsam, hält dafür aber auch die Wärme und die Feuchtigkeit länger. So besitzen auch die Hochheimer Rieslinge eine gewisse Schwere und lassen das feine Spiel zwischen Süße und Säure, das die Weine der Rheingauer Spitzenlagen auszeichnet, mitunter vermissen.

Hochheim ist der Ausgangspunkt der Rheingauer ›Riesling-Route‹. Sie führt an Wiesbaden vorbei nach Ober- und Nieder-Walluf,

Rauenthal, Martinsthal, Eltville, Kiedrich, Kloster Eberbach, Erbach, Hattenheim, Hallgarten, Oestrich-Winkel, Mittelheim, Winkel, Johannisberg, Marienthal, Geisenheim, Rüdesheim, Aulhausen, Aßmannshausen, Lorch und Lorchhausen. Dem Weinfreund schlägt beim Klang der meisten dieser Ortsnamen das Herz höher. Manche rechnen noch Bingen und Ingelheim auf dem anderen Ufer des Rheins dem Rheingau zu. Nach dem neuen deutschen Weingesetz gehören sie indessen zum Weinbaugebiet Rheinhessen.

Schwer zu sagen, welchem Ort man den Vorzug geben soll. Jeder hat seine Reize und Sehenswürdigkeiten; Eltville, die ehemalige Burg der Mainzer Erzbischöfe aus dem 14. Jahrhundert, in der der Erfinder der Buchdruckerkunst, Gutenberg, zum Ritter geschlagen wurde; Kiedrich seine Pfarrkirche mit einem berühmten Madonnenbild; Erbach das Schloßhotel Reinhartshausen, den weltbekannten Weinberg ›Marcobrunn‹ und ebenfalls eine schöne gotische Pfarrkirche; Hattenheim eine Burg, in der heute die Freiherren Langwerth von Simmern residieren, und viele schöne alte Fachwerkhäuser; Hallgarten seine Pfarrkirche Maria Himmelfahrt mit einer Terrakotta-Muttergottes; Winkel sein ›Graues Haus‹, das älteste steinerne Haus Deutschlands, das schon im 9. Jahrhundert errichtet sein soll; Geisenheim seinen Dom; Johannisberg sein Schloß; Rüdesheim seine Drosselgasse, die Brömersburg und das Niederwalddenkmal, auf das man mit dem Sessellift fahren kann; Aßmannshausen seine ›Krone‹ und Lorch wie Lorchhausen das nahe Wispertal, dessen Forellen noch besser als die des Schwarzwalds schmecken.

Gute Unterkunft findet man überall, gut verpflegt wird man auch, und wenn die Rheinsalme auch nicht mehr aus dem von Industrieabwässern verpesteten Rhein stammen, so haben sich doch die Aale behaupten können. Zu gebackenem Aal sollte man, auch wenn das anscheinend gegen die Regel verstößt, daß zu Fisch Weißwein gehört, roten Aßmannshäuser trinken. Er erinnert auch daran, daß der Rheingau im Mittelalter sowohl Rot- wie Weißweingebiet war. Der Rote hieß, wenn es sich um einen minder guten handelte, ›Grobrot‹. Von der ganzen Rotweinherrlichkeit sind die insgesamt 44 Hektar umfassenden Aßmannshäuser Lagen ›Höllenberg‹, ›Frankenthal‹ und ›Hinterkirch‹ übriggeblieben. Der ›Höllenberg‹, der mit Hölle nichts zu tun hat, sondern hinter dessen Namen sich das Wort ›Helde‹ = Halde verbirgt, liefert den teuersten deutschen Rotwein aus den Trauben des Spätburgunders, ob auch den besten, diese Frage lassen die Experten offen. Einige Rotweinlagen an der Ahr und im badischen Kaiserstuhl übertreffen den Aßmannshäuser an Farbfülle, Alkoholgehalt und Blume, erreichen wiederum nicht dessen Kernigkeit und Frucht. Es hat Pläne gegeben, den Spätburgunder auch in Aßmannshausen durch Riesling zu ersetzen. Zum Glück ist es beim Plänemachen geblieben.

Langsam wurde es Zeit, Abschied vom Rheingau zu nehmen, obwohl die ersten Oktobertage noch sommerlich warm waren und die Sonne das Laub der Weinberge golden glänzen ließ. Wenn sie im Westen hinter dem Horizont versank, dann schimmerte der Strom wie eine riesige, silberne Schüssel, und ein feiner blaugrauer Schleier legte sich zwischen ihn und die Hänge des Taunus. Welcher Platz wäre zum Abschiednehmen wohl geeigneter als Schloß Johannisberg, jene Erhebung, auf der der Überlieferung nach Karl der Große von seiner Pfalz in Engelheim aus die erste Schneeschmelze beobachtet haben soll. In der Tat präsentiert sich der Johannisberg am markantesten von der gegenüberliegenden Seite des Stroms; aber auch der Blick von der Terrasse des Schloßparks gehört zu den stärksten Eindrücken, die der Rheingau vermitteln kann. Der Zutritt zur Terrasse und die Besichtigung des imposanten Schloßkellers sind allerdings nur mit Erlaubnis der fürstlichen Verwaltung möglich, die aber einzelnen Personen und kleineren Gruppen gern erteilt wird. Schließlich kann man verstehen, daß der Fürst Metternich und seine Familie nicht den ganzen Tag über Scharen von Neugierigen auf ihrem mit viel Liebe gehegten und gepflegten Besitz wünschen. Schloß Johannisberg – eine Tafel erinnert daran – liegt genau auf dem 50. Breitengrad, auf gleicher nördlicher Breite also wie etwa Irkutsk in Sibirien und Quebec in Kanada! Von sibirischer oder kanadischer Kälte ist aber nichts zu sehen und zu spüren. Und als wollte man dieser geographischen Tatsache ein Schnippchen schlagen, gedeiht auf dem Quarzitboden des Schloßberges nicht nur einer der besten deutschen Weine, sondern blühen und fruchten im Schloßpark Feigen-, Mandel- und Zitronenbäume, blühen im Sommer Rosen in so verschwenderischer Fülle, daß die Bewohner des nahen Dorfes Johannisberg, das heute einen Stadtteil von Geisenheim bildet, am letzten Sonntag des Juni eine Rosen- und Wein-Kirchweih feiern.

Um 1100 schenkte der Erzbischof Ruthard von Mainz den damaligen Bischofsberg samt Ländereien und Bewohnern der Benediktinerabtei St. Alban in Mainz. 1130 entstand ein selbständiges Kloster, das St. Johannes, dem Täufer, geweiht wurde. 1716 gingen Kloster St. Johannisberg samt Ländereien durch Kauf an die Abtei Fulda über. Erst die tatkräftigen Fuldaer Fürstäbte haben dann aus Johannisberg gemacht, was es heute ist. Anstelle der alten Klostergebäude errichtete einer der namhaftesten Architekten dieser Zeit, Dietz von Felbinger, ein zweiflügeliges, zwar nicht prunkvolles, aber stattliches und der Landschaft glücklich angepaßtes Schloß, dem eine romanische Basilika angegliedert war. Die Fuldaer Fürstäbte weilten gern hier, und sorgsam wachten sie darüber, daß der Wein nicht gelesen wurde, ehe nicht ein berittener Kurier die schriftliche Erlaubnis aus Fulda überbracht hatte. 1755 nun geschah es, daß der Kurier nicht zur gewohnten Zeit zurückkehrte, ja, sich um Wochen verspätete. Die Trauben blieben ungepflückt an den Reben hängen, schrumpften zusammen, wurden immer kleiner und runzliger und waren schließlich von einem weißgrauen Schimmel überzogen. Behutsam mußte man, als der Kurier endlich eingetroffen war und die Leseerlaubnis überbracht hatte, Beere für Beere – es war inzwischen November geworden, und hin und wieder hatte es sogar Frost gegeben – pflücken und dann der Kelter anvertrauen. Gewaltig rumorte der Most und der junge Wein in den Fässern des Schloßkellers. Welche Überraschung aber, als man ihn schließlich probieren konnte. So etwas an edler Süße hatte man noch nie erlebt. Die Fuldaer Fürstäbte konnten der baß erstaunten Weinwelt die erste Trockenbeerenauslese präsentieren. Daß dabei ein sonst bösartiger Schimmelpilz, Botrytis cinerea mit Namen, seine Hand im Spiel hatte, stellte man erst später fest. Im Sommer ist er von den Winzern ebenso gefürchtet wie Reblaus, Mehltau und Roter Brenner. Im Sommer verursacht er die Sauerfäule und überzieht nicht nur die Beeren, sondern auch die Stiele und bringt sie so zum Faulen. Im Spätherbst aber führt er zur Edelfäule, nährt sich nur noch von dem Wasser und der Säure der Beeren, so daß ihr Zuckergehalt gewaltig ansteigt. Die Erfahrungen, die man 1775 mit der Edelfäule gemacht hatte, kamen dem gesamten Rheingau und dann auch dem Weinbau in anderen deutschen Anbaugebieten zugute. Von nun an versuchte man, die Lese, sofern es die Witterung irgendwie erlaubte, hinauszuschieben.

Lange haben sich die Fuldaer Fürstäbte der Folgen des verspäteten Kuriereintreffens – im Johannisberger Schloßpark ist ihm ein Denkmal errichtet – nicht erfreuen können. Ihre Abtei wurde 1803 säkularisiert und fiel an das Herzogtum Nassau. Das Schloß gehörte in rascher Folge einem Prinzen von Oranien, dann Kaiser Napoleon I., dann seinem Marschall Kellermann. 1816 erhielt es Fürst Clemens Metternich von dem österreichischen Kaiser Franz I. für seine Verdienste auf dem Wiener Kongreß zum Geschenk mit der noch heute gültigen Verpflichtung, von der alljährlichen Weinernte den Zehnten an die Familie Habsburg abzuführen. 1942 zerstörten Bomben Schloß und Basilika sowie viele Häuser des kleinen Dorfes Johannisberg. Heute sind die Narben verheilt. Heute zählt Johannisberg außer dem Schloß und seinem Musterweingut drei große, zwei mittlere Weingüter, 20 selbstmarkende Winzer-Familienbetriebe und 34 zu einer Genossenschaft zusammengeschlossene Winzer. Ihre Lagen wie zum Beispiel ›Schwarzenstein‹, ›Vogelsang‹, ›Hölle‹ und ›Hansenberg‹ bilden die Großlage ›Erntebringer‹. Es sind gute Weine, die dort gewonnen werden; aber keiner reicht an die von Schloß Johannisberg heran. Den Schloß Johannisberger gibt es nur als Prädikatswein. Die einzelnen Klassen unterscheiden sich durch die Farbe der Flaschenkapseln:

Kabinett = Rotlack. Gehobene Qualität: Orangelack
Spätlese = Grünlack. Gehobene Qualität: Weißlack
Auslese = Rosalack. Gehobene Qualität: Himmelblaulack
Beerenauslese = Goldlack
Trockenbeerenauslese = Goldlack

Wie die Übersicht zeigt, unterscheidet die Fürstlich Metternich-Winneburg'sche Domänenverwaltung zwischen Standard- und gehobenen Qualitäten.
Eine ähnliche Kennzeichnung besitzen die Prädikatsweine der Graf Matuschka-Greiffenclau'schen Gutsverwaltung auf Schloß Vollrads.

Nur zögernd verließen wir die Johannisberger Schloßterrasse. Noch einmal sahen wir den Rhein silbern aufleuchten, noch einmal funkelte das Laubwerk der Reben in allen Schattierungen von Grün, Gold, Gelb und Rot.

Empfehlenswerte Lagen

Aßmannshausen:	Höllenberg, Hinterkirch (beide Spätburgunder)
Geisenheim:	Rothenberg, Mäuerchen, Kläuserweg,
Eltville:	Taubenberg, Sonnenberg, Langenstück
Erbach:	Marcobrunn, Siegelsberg, Hohenrain, Steinmorgen, Honigberg
Hallgarten:	Würzgarten, Jungfer, Schönhell
Hattenheim:	Nußbrunnen, Wisselbrunn, Mannberg, Steinberg (zu einem Drittel Müller-Thurgau), Engelmannsberg, Heiligenberg, Hassel
Hochheim:	Domdechaney, Kirchenstück, Königin Viktoriaberg
Johannisberg:	Von Schloß Johannisberg alle Weine; von Dorf Johannisberg: Hölle, Vogelsang, Klaus
Kiedrich:	Wasseros, Gräfenberg, Sandgrub
Lorch:	Kapellenberg
Lorchhausen:	Rosenberg
Martinsthal:	Wildsau
Mittelheim:	Goldberg, St. Nikolaus, Schloß Vollrads
Niederwalluf:	Walkenberg
Oesrich:	Doosberg, Schloß Reichartshausen
Rauenthal:	Baiken, Gehrn, Wülfen, Rothenberg
Rüdesheim:	Berg Rottland, Berg Schloßberg, Roseneck
Wiesbaden:	Neroberg
Winkel:	Hasensprung, Bienengaren

Wo nicht besonders vermerkt, handelt es sich ausschließlich um Riesling-Weine.

Rheinhessen

Das Land ist heute von einer merkwürdigen Geschichtslosigkeit, obwohl es nicht weniger geschichtsträchtig ist als andere deutsche Lande. Ein paar Daten mögen letzteres bezeugen:

Mainz: das Moguntiacum der alten Römer, vorher wahrscheinlich schon eine keltische Siedlung, im Jahre 13 v. Chr. eine römische Garnison, im 3. Jahrhundert n. Chr. Hauptstadt der Provinz Germania Superior (Obergermanien), in den blutigen Wirren der Völkerwanderung nahezu zerstört, seit 782 Sitz eines Erzbischofs unter den fränkischen Karolingern, seit dem 13. Jahrhundert Kurfürstentum, das auch den Reichskanzler stellte, die ›goldene Stadt‹ des Mittelalters, an dessen Ende Johannes Gensfleisch zum Gutenberg den Buchdruck mit beweglichen Lettern erfand, bedeutende Handelsmetropole, deren Gebiet weit über das Rheinbecken hinausreichte, zu dem Aschaffenburg, Fritzlar und Amöneburg in Hessen, Erfurt und Eichsfeld in Thüringen gehörte, vorübergehend auch die kurpfälzische Bergstraße, 1803 säkularisiert und zu Hessen-Darmstadt geschlagen, seit 1946 Hauptstadt des Bundeslandes Rheinland-Pfalz . . .

Worms: wahrscheinlich ebenso wie Mainz zuerst eine keltische Siedlung, dann das Borbetomagus der Römer und als solches Hauptstadt des Vangionengaus, seit dem 4. Jahrhundert n. Chr. Sitz eines Bischofs, ab 410 Residenz des Burgunder-Königs Gundikar (Gunther), dessen Reich bereits 26 Jahre später von den Hunnen vernichtet wird, seit etwa 500 n. Chr. fränkisch, im Gegensatz zu Mainz sich mit Erfolg gegen die bischöfliche Obergewalt wehrend, seit 1273 Freie Reichsstadt, wiederholt Schauplatz großer politischer Entscheidungen, wie des ›Wormser Edikts‹ von 1521, das über Luther, der hier seine Thesen verteidigte, und seine Anhänger, allerdings ohne große Wirkung, die Reichsacht verhängte, 1689 wie Speyer im dritten Eroberungskrieg Ludwigs XIV. von Frankreich zerstört und verwüstet, 1792 bis 1815

Hauptstadt des französischen Departements ›Mont Tonnere‹ (Donnersberg), seit 1816 hessisch, seit 1946 rheinland-pfälzisch ...

Oppenheim: einst zum karolingischen Kloster Lorsch gehörend, seit 1147 wieder im Besitz der deutschen Könige und römischen Kaiser, 1225 zur Freien Reichsstadt erhoben, wiederholt Schauplatz großer Entscheidungen, wie 1076 des radikalen Bruchs zwischen König Heinrich IV., hinter den sich 25 deutsche Bischöfe gestellt hatten, und dem Papst Gregor VII., der ihn ein Jahr später, nach dem Bußgang in Canossa, wieder in die Kirche aufnehmen muß, Verlust der Reichsfreiheit und nun wie viele andere Städte des späteren Rheinhessens dem Kurfürsten von der Pfalz untertan.

Ingelheim: Königspfalz bis 1375, da es der Luxemburger König Karl IV. an die Kurpfalz verpfänden muß, weil er Geld braucht, vorher eine der Lieblingspfalzen Karls des Großen, der sich auch hier um die Intensivierung des Weinbaus bemühte.

Vier Städte nur und ein paar der wichtigsten Daten ihrer Vergangenheit. Es knistert, ja, es dröhnt nahezu von großer, vor allem deutscher Historie! Was aber ist geblieben? Sicherlich, die großen Dome, St. Peter in Worms, St. Martin in Mainz, St. Katharinen in Oppenheim, stehen noch oder wurden, wo sie zerstört waren, wieder aufgebaut. Und St. Andreas, Dreifaltigkeitskirche, Magnuskirche, Martinskirche und Paulskirche, nicht zuletzt die Liebfrauenkirche, die einem berühmten Wein ihren Namen verlieh, alle in Worms, laden zur andachtsvollen Betrachtung noch immer ein. Und Mainz mit St. Stephan und St. Quintin, dem kurfürstlichen Schloß, dem Haus der Deutschherrenritter, das später großherzogliches Palais wurde, manch barocken Adelspalästen, besitzt noch immer etwas vom goldenen Glanz vergangener Zeiten. Verläßt man aber den Umkreis der wenigen größeren Städte, nimmt einen ein Land auf, das fast völlig bäuerlich wirkte, hätte nicht auch in ihm im vorigen Jahrhundert die Industrie Fuß gefaßt, nicht im gleichen Umfang allerdings wie nördlich im Raum Frankfurt und südlich im Raum Mannheim-Ludwigshafen.

Wir haben in einem Sonderdruck der Zeitschrift ›Der Deutsche Wein‹ aus dem Jahre 1970 geblättert, in dem sich manche Weinbaugemeinde damit empfiehlt, daß sie auf ihre uralte Weintradition hinweist, so Molsheim, Dittelsheim und Frei-Laubersheim auf 1200 Jahre Weinbau, Gau-Odernheim und Bechtheim auf Weinbau seit der Frankenzeit. Aber man spürt nichts davon, wenn man diese Gemeinden durchfährt oder besucht. Sie wirken traditionslos. Vieles ist gewiß in jenem unseligen Krieg vernichtet worden, mit dem Frankreich 1689 das Land und die benachbarte Pfalz heimsuchte. Vielleicht liegt es aber auch daran, daß die Bewohner dieses Landes, die trotz seines Namens stammesmäßig niemals Hessen, sondern Franken waren, von jeher mehr der Gegenwart als der Vergangenheit gelebt haben. Es fehlt Rheinhessen das, was wir Deutschen, ob zu Recht oder nicht, ›romantisch‹ nennen. Es ist ein trotz aller Industrie nüchtern-bäuerliches Land. Nüchternheit paarte sich hier schon früh mit Geschäftstüchtigkeit. So ist es auch kein Zufall, daß rheinhessische Weine in der Ausfuhrstatistik an erster Stelle stehen. Die Namen Nierstein, Oppenheim und Liebfrauenmilch mögen dazu beigetragen haben.

Ja, trotz des Weines und trotz des ›Fröhlichen Weinbergs‹ des Carl Zuckmayer, der hier 1896 in Nackenheim als Sohn eines Flaschenkapselfabrikanten geboren wurde! Der Wein scheint fast eine Selbstverständlichkeit zu sein, war es schon vor rund 2000 Jahren, bereits zu einer Zeit, da hier römische Offiziere ihre ›villae‹ besaßen, heute würden wir Bungalows sagen, und durch ihre Kolonnen Wein anbauen ließen, da der römische Ratsherr Dativius, Bürger der Stadt Moguntiacum (Mainz), 260 n. Chr. seinen Mitbürgern einen Ehrenbogen stiftete. Eine Nachbildung steht heute am Schloßplatz. Reblaub und Trauben umranken seine Säulen.

Nächst der Rheinpfalz ist Rheinhessen mit einer Rebfläche von rund 18 200 Hektar und einer jährlichen Durchschnittserzeugung von 1,5 Millionen Hektolitern Deutschlands größter Weinproduzent. Was aber fast wichtiger ist: In keinem anderen deutschen Weinbaugebiet nimmt von der gesamten landwirtschaftlichen Nutzfläche 12 Prozent der Weinbau ein! Es gibt nur sechs Gemeinden, in denen keine Reben gezogen werden. Geographische Lage, Klima und Boden laden ja auch direkt zum Weinbau ein. In die Kniekehle des Rheinstroms zwischen Wiesbaden und Bingen gebettet, durch Hunsrück, Taunus und Donnersberg von rauhen Winden geschützt, gehört Rheinhessen zu den fünf regenärmsten Gebieten Deutschlands mit einer durchschnittlichen Jahrestemperatur von 9,8 Grad Celsius und 180 bis 200 frostfreien Tagen. Warme und trockene Herbste sind häufig und begünstigen das Ausreifen der Beeren, vor allem bei zwei relativ wenig frostempfindlichen Rebsorten wie Müller-Thurgau und Silvaner, die 77 Prozent des Rebsatzes ausmachen. So konstant das Klima ist, so vielfältig ist die Bodenformation: an der sogenannten ›Rheinfront‹, wo die edelsten Tropfen geerntet werden und die sich dem Rhein entlang etwa von Mainz bis Worms erstreckt, ist es kalkhaltiger Löß, der das Wasser festhält; bei Nierstein und Nackenheim Rotliegendes, bei Bingen verwitterter Quarzschiefer und bei Siefersheim Porphyr- und Melaphyrboden. Das Land ist flach oder nur schwach hügelig und erleichtert den Anbau durch den arbeits- und kräftesparenden Einsatz von Traktoren und anderen Geräten. Nur mählich steigt es nach Westen an, um bei Alzey eine Höhe von etwa 170 Metern zu erreichen. Nackenheim, Nierstein und Oppenheim, drei Namen, die jedem Weinfreund vertraut sind und Weltgeltung besitzen, liegen zwischen 60 und 80 Metern hoch.

Wer wollte alle die Gemeinden nennen, die Weinbau betreiben? Ihre Kette reicht von Appenheim im Bereich ›Bingen‹ bis Weinheim im Bereich ›Wonnegau‹. Außer diesen beiden Bereichen gibt es noch den Bereich ›Nierstein‹, womit die Schöpfer des neuen deutschen Weingesetzes keinen großen Einfallsreichtum bewiesen, sondern höchstens den bereits etwas schimmernden Begriff des ›Niersteiners‹ in ein noch schieferes Licht gerückt haben. Nierstein selbst hat seine eigene Großlage mit Namen ›Auflangen‹, wozu eine der früher besten Niersteiner Lagen ihren guten Namen opfern mußte. Großlagen gibt es insgesamt 24.

Im Gegensatz etwa zum Rheingau, zur badischen Ortenau und Teilen der pfälzischen Mittelhaardt wird der größte Teil der Rebfläche in landwirtschaftlichen Gemischtbetrieben genutzt. Die

Anbaugebiet Rheinhessen >
mit den Bereichen Bingen, Nierstein und Wonnegau

RHEINHESSEN
Kaub
Lorch
RHEINGAU
WIESBADEN
Rüdesheim
Bingerbrück
Eltville
MAIN
RHEIN
NAHE
INGELHEIM
Bingen
GAU-ALGESHEIM
MAINZ
NACKENHEIM
SPRENDLINGEN
RHEINHESSEN
WÖRRSTADT
Nierstein
PFAFFEN-
SCHWABENHEIM
Bad Münster
GAU-BICKELHEIM
ALZEY
Oppenheim
DALSHEIM
GUNTERSBLUM
PFEDDERSHEIM
OSTHOFEN
WORMS
Weinheim
Wachenheim
Forst Deidesheim
MANNHEIM
BADEN-BADEN
RHEINPFALZ
BADEN
Schweigen
OFFENBURG
N

meisten Winzer könnten von ihrer Rebfläche nicht leben, da 74 Prozent nicht mehr als einen Hektar und nur ein Prozent mehr als fünf Hektar besitzen. Wein-, Acker-, Gemüse- und Obstbau sowie etwas Viehzucht ergänzen sich. Vielfach wird der Weinbau wie auch in Teilen Württembergs, an der Bergstraße und in Nordbaden nebenberuflich betrieben. Da die Bewohner Rheinhessens eigenwillig sind, entwickelte sich das Genossenschaftswesen langsamer als in anderen deutschen Weinbaugebieten. Auch die Flurbereinigung kam nur zögernd voran. Noch heute ist die Anlage von Straßen und Wegen zu den einzelnen Rebflächen eines der wichtigsten Gebote des rheinhessischen Weinbaus. Neuerdings ist das deutliche Bestreben zu erkennen, die eigene, allzu kleine Rebfläche durch Pacht oder Kauf oder über die Genehmigung zur Anpflanzung von Reben auf eigenem Gelände zu erweitern.

Bis vor wenigen Jahren war der Silvaner die meistangebaute Rebsorte. Inzwischen hat ihm der Müller-Thurgau den Rang abgelaufen. In weitem Abstand mit nur 198 Hektar gegenüber 7730 und 7097 Hektar folgt der Riesling. Das Verhältnis von Weißwein und Rotwein ist 92 zu 8. Nennenswerter Rotweinanbau findet sich nur im Umkreis der lebhaften Industriestadt Ingelheim. Langsam beginnt hier zur Freude jedes Weinkenners die Spätburgunder-Traube den Portugieser zu verdrängen. Damit kehren die Winzer aus den Gemeinden bzw. Gemarkungen Ober- und Unteringelheim, Groß-Wintersheim, Engelstadt, Bubenheim, Schwabenheim, Stadecken, Jugenheim, Partenheim, Frei-Weinheim und einiger kleinerer Gemarkungen zu einer Tradition zurück, die, wenn auch nicht absolut nachweisbar, Karl dem Großen zugeschrieben wird, der Reben aus Burgund für die Weingärten seiner Ingelheimer Pfalz kommen ließ. Was allerdings als ›Ingelheimer‹ auf den Markt kommt, ist meistens Portugieser. Ein Tip für Freunde wirklich erstklassiger Ingelheimer Spätburgunder: Man halte sich an die Weine der Firmen Neus und Julius Wasem & Söhne. Sie können die ganze samtige Fülle eines echten Burgunders erreichen. Und wer vor dem Kauf erst einmal probieren will, setze sich in die Winzerschänke der Winzergenossenschaft Ober-Ingelheim in der Grundstraße.

Wer sich aber durch die ganze Skala der rheinhessischen Weine durchtrinken möchte, für den gibt es nur einen Rat: die Weinstuben im ›Haus des deutschen Weins‹ in Mainz, und zwar nahe dem Stadttheater am Gutenbergplatz. Da es sich um ein Haus des *deutschen* und nicht nur des rheinhessischen Weins handelt, kann man dort auch die Probe aufs Exempel machen und Vergleiche anstellen zwischen einem Riesling vom Rheingau, der Mosel, Badens, der Pfalz, des Mittelrheins, der Ahr, der Nahe, der Hessischen Bergstraße und Württembergs. Wenn es jedesmal auch nur ein Schoppen, also ein Viertelliter ist, so kommen summa in summa fast drei normale Weinflaschen zusammen. Und was dazu speisen? So gut Käse zu Wein schmeckt, so wäre zu ›Meenzer Handkäs mit Musik‹ nicht zu raten. Essig und Wein sind nun einmal Todfeinde. Über einen ›Dippehas‹, einen Topfhasen, jedoch ließe sich reden. Zu ihm wird der in Portionsstücke zerlegte Hase schichtweise mit Scheiben von Schweinebauch, geriebenem Schwarzbrot und Zwiebelscheiben in einen Topf gelegt, mit Salz, Pfeffer, Lorbeerblatt und etwas Knoblauch gewürzt und das Ganze mit einer Flasche Rotwein, natürlich ›Ingelheimer‹, übergossen, der Deckel mit Brotteig an den Topfrand geklebt und das Ganze etwa zwei Stunden auf kleiner Flamme gekocht. Am besten schmeckt es aus einem irdenen Topf, den man in die Röhre stellt. Kartoffelklöße und Feldsalat runden dieses köstliche Mahl ab.

Für Mainz muß man sich schon etwas Zeit lassen, nicht nur des Domes und anderer Kirchen wegen, auch nicht nur um der drei Museen willen, von denen uns das Römisch-Germanische Zentralmuseum als das bemerkenswerteste erscheint. Schließlich hat Mainz ja auch seine Kupferberg-Terrasse und kann stolz darauf sein, daß die Firma Chr. Ad. Kupferberg & Cie., die auf ein fast 175-jähriges Bestehen zurückblicken kann, noch immer ihren Ehrgeiz daran setzt, Sekt ausschließlich nach dem guten, alten Champagner-Verfahren und nicht in Tanks herzustellen. Als wir das ›Haus des deutschen Weins‹ verließen und noch ein wenig durch die nächtliche Stadt bummelten, schien es uns, als ob die Menschen, denen wir begegneten, mindestens eine halbe Flasche Sekt getrunken hätten. Sie waren von einer beschwingten, fast südlichen Heiterkeit, die anders ist als die etwas derbe und laute Heiterkeit der Kölner.

Da die Landesregierung von Rheinland-Pfalz vier Weinbaugebieten, nämlich Rheinhessen, Rheinpfalz, Nahe, Mosel–Saar–Ruwer und dazu noch einen Teil des Mittelrheins zu betreuen hat und damit 51 335 Hektar Rebland von insgesamt 74 533 Hektar deutschem Rebland, versteht es sich fast von selbst, daß dieser Regierung auch ein Minister für Weinbau angehört.

Solchen und ähnlichen Betrachtungen hingen wir nach, als wir von Bingen aus den Rochusberg bestiegen, der von einer Kapelle gekrönt ist, und wir von dort auf den Rhein und Nahe und das rebengesegnete Land herunterblickten. Natürlich kam uns auch der Geheimrat aus Weimar in den Sinn. 1814 hat er hier geweilt, nachdem er vorher mit Marianne von Willemer, die ihn zu seinem ›West-östlichen Divan‹ inspirierte, mit Verwandten in Frankfurt und mit den Brentanos auf deren Landsitz in Winkel im Rheingau zusammengetroffen war. Die von den Franzosen zerstörte Kapelle war neu erbaut worden. Viele pilgerten zu ihr herauf. Goethe schloß sich den Pilgern und Schaulustigen an, setzte sich zu ihnen an lange Tische, leerte wie sie den Wein aus Tonkrüglein, fachsimpelte mit ihnen über den Rüdesheimer, Johannisberger und Aßmannshäuser, verfaßte dann später eine Weinpredigt und stiftete der Kapelle sogar ein Bild. Es waren einige der glücklichsten Augenblicke seines reich bewegten Lebens. Er hat sie in seinem Bericht über das St.-Rochusfest festgehalten. Die Weinpredigt aber lautet:

»Niemand schämt sich der Weinlust; sie rühmen sich einigermaßen des Trinkens. Hübsche Frauen gestehen, daß ihre Kinder mit der Mutterbrust zugleich Wein genießen. Wir fragten, ob denn wahr sei, daß es geistlichen Herren, ja Kurfürsten geglückt, acht Rheinische Maß*, das heißt sechzehn unserer Bouteillen, in 24 Stunden zu sich zu nehmen?

Ein scheinbar ernsthafter Gast bemerkte, man dürfe sich zur Beantwortung dieser Frage nur der Fastenpredigt ihres Weihbischofs erinnern, welcher, nachdem er das schreckliche Laster der Trunkenheit seiner Gemeinde mit den stärksten Farben dargestellt, also geschlossen habe:

›Ihr überzeugt Euch also hieraus, andächtige, zu Reu und Buße schon begnadete Zuhörer, daß derjenige die größte Sünde begeht, welcher die herrlichen Gaben Gottes solcherweise mißbraucht. Der Mißbrauch aber schließt den Gebrauch nicht aus. Stehet doch geschrieben: der Wein erfreut des Menschen Herz! Daraus erhellt, daß wir, uns und andere zu erfreuen, des Weins gar wohl genießen können und sollen. Nun aber ist unter meinen männlichen Zuhörern vielleicht keiner, der nicht zwei Maß Wein zu sich nähme,

* 1 Maß = 1,22 Liter

ohne deshalb gerade eine Verwirrung seiner Sinne zu spüren; wer jedoch bei dem dritten oder vierten Maß schon so arg in Vergessenheit seiner Sinne gerät, daß er Frau und Kinder verkennt, sie mit Schelten und Schlägen und Fußtritten verletzt und seine Geliebtesten als die ärgsten Feinde behandelt, der gehe sogleich in sich und unterlasse ein solches Übermaß, welches ihn mißfällig macht Gott und den Menschen und seinesgleichen verächtlich. Wer aber bei dem Genuß von vier Maß, ja von fünfen oder sechsen noch dergestalt sich selbst gleichbleibt, daß er seinem Nebenchristen liebevoll unter die Arme greifen mag, dem Hauswesen vorstehen kann, ja die Befehle geistlicher und weltlicher Obern auszurichten sich imstande findet, auch der genieße seinen bescheidenen Teil und nehme es mit Dank hin! Er hüte sich aber, ohne besondere Prüfung weiterzugehen, weil hier gewöhnlich dem schwachen Menschen ein Ziel gesetzt ward. Denn der Fall ist äußerst selten, daß der grundgütige Gott jemand die besondere Gabe verleiht, acht Maß trinken zu dürfen, wie er mich, seinen Knecht, gewürdigt hat. Da mir nun aber nicht nachgesagt werden kann, daß ich in ungerechtem Zorn auf irgend jemand losgefahren sei, daß ich Hausgenossen und Anverwandte mißkannt, oder wohl gar die mir obliegenden geistlichen Pflichten und Geschäften verabsäumt hätte, vielmehr ihr alle mir das Zeugnis geben werdet, wie immer ich bereit bin, zu Lob und Ehre Gottes, auch zu Nutz und Vorteil meines Nächsten mich tätig finden zu lassen, so darf ich wohl mit gutem Gewissen und Dank dieser anvertrauten Gabe mich auch fernerhin erfreuen.

Und ihr, meine andächtigen Zuhörer, nehme ein jeder, damit er, nach dem Willen des Gebers, am Leibe erquickt, am Geiste erfreut werde, sein bescheidenes Teil dahin! Und auf daß ein solches geschehe, alles Übermaß dagegen verbannt sei, handelt sämtlich nach der Vorschrift des heiligen Apostels, welcher spricht: Prüfet alles, und das Beste behaltet!‹«

Mit anderen Worten hätte diese Predigt auch Carl Zuckmayer halten können. Er hat es in seiner Art auch getan, als er in seinem Gedicht ›Das Essen‹ die Euphorie des Trinkens besang:

> Laßt mich hier schweigen vom Besoffensein,
> Vom tiefsten, tödlichsten Hinübergleiten,
> Vom hellsten, wachsten Indiewindereiten,
> Die Welt ist groß und unser Wort ist klein.

Worte sind in der Tat zu klein, wenn ein ganz großer rheinhessischer Wein die Gläser füllt, sei es ein ›Oppenheimer Sackträger‹, ›Niersteiner Orbel‹ oder ›Nackenheimer Rotenberg‹. Wie aber steht es um die ›Liebfrauenmilch‹? Carl Zuckmayer schrieb einmal: »Es gibt keine Weinkarte in den Vereinigten Staaten und Kanada« – beide Länder waren ihm ja durch die Zeit seiner Emigration vertraut – »vermutlich auch nicht in Asien, Afrika und Australien, auf der nicht, wenn deutscher Wein angeboten wird, zuoberst die ›Liebfrauenmilch‹ prangt. ›Liebfrauenmilch‹ alt und jung. ›Liebfrauenmilch‹ in allen Jahrgängen, ›Liebfrauenmilch‹ auf echten deutschen Etiketten, deren Gewährsmann man kennt, ›Liebfrauenmilch‹ mit falscher Orthographie und nie gehörten Produzenten. Man bekommt den Eindruck, daß ganz Deutschland aus einem einzigen Weinberg besteht, auf dem nur ›Liebfrauenmilch‹ wächst.«
Das neue deutsche Weingesetz kennt nur die Großlage ›Liebfrauenmorgen‹ im Bereich ›Wonnegau‹ und für Worms, das insgesamt 20 Einzellagen aufweist, nur die eine Einzellage ›Liebfrauenstift-Kirchenstück‹. Die ›Liebfrauenmilch‹ – auch die Schreibweise ›Liebfraumilch‹ gibt es – aber ist geblieben. Bei allem Reformeifer haben sich die Gesetzesschöpfer nicht dazu durchringen können, diesen Weinen allein die 50 Morgen zu überlassen, die rund um die Liebfrauenstiftskirche, die Mitte des 15. Jahrhunderts erbaut wurde und die mit einem Kloster verbunden war, zu überlassen. ›Liebfrauenmilch‹ war schon zu lange zu einem Typenwein geworden, der nicht einmal aus der Gemarkung Worms, ja, nicht einmal aus Rheinhessen zu stammen brauchte, sondern der auch in bestimmten Anbaugebieten der Rheinpfalz und der Nahe hergestellt werden durfte, vorausgesetzt, seine Geschmacksart wurde von den drei Rebsorten Riesling, Silvaner und Müller-Thurgau bestimmt, sein Alkohol-Restzuckerverhältnis überschnitt nicht den Wert 3:1, bei Rieslingen 2.5:1, sein Ausgangsmostgewicht betrug mindestens 60 Grad Öchsle, und er war ›lieblicher‹ Art. So ist es bis heute geblieben, und Paragraph 4 der ersten rheinland-pfälzischen Landesverordnung zum neuen Weingesetz hat es bestätigt.

Vielleicht wäre alles anders gekommen, wenn 1792 ein gewisser Peter Joseph Valckenberg, ein gebürtiger Aachener, nicht den Weinbergbesitz des Liebfrauenstifts-Klosters in dem inzwischen französisch gewordenen Worms erworben hätte. Er war nicht weniger rührig und erwerbstüchtig als es die Rheinhessen sind, be-

reiste, nun Winzer, Weinhändler und Bürger von Worms geworden, trotz ständiger Kriegswirren Holland und England und warb geschickt für seine ›Liebfrauenmilch‹. Den Engländern war sie nicht ganz unbekannt. Bereits 1687 hatte Mr. Maximilien Misson einen Reisebericht veröffentlicht, in dem es hieß: »Man hat dort (in Worms) so viel Weinstöcke angepflanzt, daß man alle Jahre ungefähr 15 Fuder Wein erntet. Das Fuder ist ein Faß, das etwa 200 englische Gallonen enthält. Sie machen großes Aufheben von diesem Wein, und sie haben ein Sprichwort, das sagt, er sei süßer als die Milch der Heiligen Jungfrau.«
Die Nachfrage nach ›Liebfrauenmilch‹ im In- und Ausland wurde so groß, daß den Erben des Peter Joseph Valckenberg (die Firma existiert noch heute) nichts anderes übrigblieb, nicht nur Wein aus den 50 Morgen rings um die Liebfrauenstiftskirche, sondern auch aus anderen Lagen Rheinhessens als ›Liebfrauenmilch‹ auf den Markt zu bringen. Was den Valckenbergs recht war, schien anderen Weingutsbesitzern und Weinhändlern nur billig.
Nicht kalkhaltiger Löß, Rotliegendes, Porphyr oder Quarzitschiefer sind es, in die die Reben rund um die Liebfrauenstiftskirche ihre Wurzel senken, sondern Schutt, der sich seit der Römerzeit hier angesammelt hat. Und keine Hügel geben Schutz vor rauhen Winden, sondern die Rückfronten von Häusern und Fabriken. Aber von Worms müssen wir später noch mehr erzählen. Vorläufig fuhren wir wieder nordwärts, die Liebfrauenstraße entlang bis Alsheim, vorbei an Osthofen und Mettenheim, und noch weiter nach Guntersblum, Dienheim, Oppenheim, Nierstein, Nackenheim, Bodenheim und Laubenheim.

Dem Weinkenner sind alle diese Namen wohl vertraut. Er weiß auch, daß man mit dem Oppenheimer ›Krötenbrunnen‹ und Niersteiner ›Domtal‹ das gleiche Spiel getrieben hat wie mit der ›Liebfrauenmilch‹. Eine gesetzliche Handhabe dazu bot das Weingesetz von 1909. Auch die Weine mit dieser Lagenbezeichnung – ursprünglich handelte es sich um Spitzenlagen, die im In- und Ausland einen großen Ruf besaßen – wurden zu Typen- bzw. Gattungsweinen, die sich den erlauchten Lagennamen zulegen durften, »soweit sie« – so der Gesetzgeber – »gut und lieblich sind und im Umkreis von 30 Kilometern wachsen«. Aus den 30 Kilometern wurden dann 100 Kilometer und mehr. Die Niersteiner Weinbergsbesitzer und Weinhändler suchten sich zu wehren und beantragten 1950 beim Deutschen Patentamt in München den Schutz ihres einst so renommierten Weins unter der Bezeichnung ›Gutes Domtal‹. Das ging bis 1970 gut. Dann wurden sie wieder weich und erklärten sich bereit, den Namen ›Gutes Domtal‹ als Bezeichnung für eine Großlage herzugeben, und zwar innerhalb des Bereichs ›Nierstein‹. Der Gesetzgeber entschied anders, schuf für die Gemeinden Dalheim, Dexheim, Friesenheim, Hahnheim, Köngernheim, Lörzweiler, Mommenheim, eine Nackenheimer Einzellage, Nieder-Olm, Selzen, Sörgenloch, Undenheim, Weinolsheim, Zornheim und für die Niersteiner Einzellage ›Pfaffenkappe‹ in der uns schon bekannten Inkonsequenz die Großlage ›Gutes Domtal‹ und für eine Reihe Niersteiner Weine die Großlage ›Auflangen‹. Weitere Niersteiner Einzellagen finden sich schließlich in der Großlage ›Spiegelberg‹. Und aus dem Oppenheimer ›Krötenbrunnen‹ wurde ebenfalls eine Großlage, an der Oppenheim selbst mit den Einzellagen ›Herrengarten‹, ›Paterhof‹, ›Schloß‹, ›Schloßberg‹ beteiligt ist und in die sich im übrigen die Weinbaugemeinden Alsheim, Dienheim, Dolgesheim, Eich, Eimsheim, Gimbsheim, Guntersblum, Hillesheim, Mettenheim, Ülversheim und Wintersheim teilen. Oppenheimer und Dienheimer Weine finden wir aber auch in der Großlage ›Güldenmorgen‹ und nicht einmal die schlechtesten, darunter einen der besten rheinhessischen Tropfen überhaupt, den ›Oppenheimer Sackträger‹, dem einer der früher besten Lagen der alten Reichsstadt, der ›Reisekahr‹, kurzerhand zugeschlagen wurde. Er hätte es, wie etwa der Bernkasteler ›Doctor‹, trotz seines geringen Lagenumfangs verdient, am Leben zu bleiben. Vielleicht war die Flasche ›Reisekahr‹, die der Herr rheinland-pfälzische Weinbauminister während der Beratung über die Schaffung der Großlagen und Dezimierung der Einzellagen probierte, zufällig korkig.

Wir aber wollten uns den Genuß durch die Inkonsequenzen des neuen deutschen Weingesetzes nicht vergällen lassen. Wir setzten uns in den Rathauskeller der ›Stadt der Gotik und des Weins‹ und hatten volles Verständnis dafür, daß die deutschen Könige und römischen Kaiser des Mittelalters mit Vorliebe in ihr ihre Reichstage abhielten, und tranken einige Flaschen Oppenheimer ›Zuckerberg‹. Ihn hat man bestehen lassen, obgleich er nur drei Hektar umfaßt, vielleicht, weil sich die Landes-Lehr- und -Versuchsanstalt und die Stadt Oppenheim in seinen Besitz teilen, wobei noch etwas Rebgelände für die Firma Sittmann übrigbleibt. Als Nachtquartier aber wählten wir Alzey. Von Alzey, genauer gesagt, von Weinheim am Fuß des Donnersbergs bis Ingelheim zieht sich, parallel zur ›Rheinfront‹, das Tal der kleinen Selz entlang eine zweite Kette von Weinorten wie Gau-Odernheim und Gau-Bischofsheim, etwas abseits davon im Westen auf hügeligerem Gelände und fast bis an den Lauf der Nahe reichend Wöllstein, Volxheim, Hackenheim, Gau-Bickelheim, Wörrstadt, Nieder-Saulheim, Sprendlingen, Ockenheim und Gau-Algesheim, östlich der Selz Harxheim, Dalsheim, Westhofen, Hessloch und Dexheim, um nur die wichtigsten zu nennen. Wirklich ganz große Weine weisen sie alle nicht auf, wohl aber gute, saubere und anständige Tropfen von jener ›lieblichen‹ Art, die den rheinhessischen Wein bei den Damen so beliebt machte.

Auch Alzey, aus dem Volker, der Fiedelspieler des Nibelungenliedes stammte, weiß mit keinen ganz großen Weinen aufzuwarten, ebensowenig Worms, wenn wir einmal von den Weinen aus dem kleinen Rebgelände um die Liebfrauenstiftskirche absehen. Daran ändern auch die 20 Einzellagen nichts, die in und um Worms zur Großlage ›Liebfrauenmorgen‹ zusammengefaßt wurden.

Aber wie könnte man Rheinhessen verlassen, ohne etwas länger in Worms geweilt zu haben! Es sind nicht nur die sieben Kirchen allein, die zum Bleiben zwingen. Da ist auch die 1034 gestiftete, 1938 in der ›Kristallnacht‹ zerstörte, nach dem Kriege aber wieder aufgebaute Synagoge, an die sich der vielleicht älteste jüdische Friedhof Deutschlands mit Grabsteinen noch aus dem 11. Jahrhundert anschließt. Da ist der schlichte und doch eindrucksvolle Empirebau von Schloß Herrnsheim mit Panoramatapeten aus dem Anfang des 19. Jahrhunderts. Da ist das Museum in der St. Andreaskirche und da ist das Kunsthaus Heylshof, eine Stiftung der später in den Freiherrnstand erhobenen Familie Heyl zu Herrnsheim, die in Worms eine große Lederfabrik besaßen und die heimlichen Könige der Stadt waren. Ihre Weingüter aber hatten und haben sie noch in Nierstein.

Der Heylshof wurde über den Fundamenten einer von den Franzosen 1689 zerstörten, mittelalterlichen Burganlage errichtet. Diese Anlage enthielt auch den Saal, in dem 1521 Martin Luther vor ›Kaiser und Reich stand‹, wie auf einer Bronzetafel zu lesen ist. Ob er, aufs Evangelium pochend, wirklich gesagt hat: »Hier stehe ich; ich kann nicht anders; Gott helfe mir. Amen«, darüber ist in unzähligen historischen Seminaren diskutiert und debattiert wor-

den. Da der Mönch aus Wittenberg lateinisch sprach, ist durchaus ein Übersetzungsfehler möglich. Aber was tut es schon, wie Luthers Worte haargenau gelautet haben. So oder so schwang in ihnen der eherne Glockenton einer der entscheidenden Augenblicke der deutschen Geschichte. Die Wormser Bürger waren jedenfalls auf Luthers Seite und eine nicht geringe Anzahl von deutschen Fürsten. So auch der Herzog von Braunschweig, der dem ›Mönchlein‹, als er sah, wie erschöpft es war, eine große Kanne mit Braunschweiger Mumme ins Quartier schicken ließ. Das dunkle, braune Bier hat Luther wahrscheinlich besser geschmeckt als ein Becher mit edelstem rheinhessischen Wein, jenem Wein, von dem es im Nibelungenlied heißt: »Guoten win, den besten, den man kunde vinden, umben Rin.«
Wir saßen in der ›Domschenke‹ in der Wormser Stephansgasse, und während wir bedächtig und etwas in uns gekehrt die Gläser mit 1971er Niersteiner Glöck Spätlese, mit das Beste, was das ehemalige Reichsdorf zu bieten hat, zu Munde führten, sannen wir über das Schicksal von Worms nach, in dem sich uns symbolhaft das Schicksal ganz Deutschlands zu verkörpern schien. Wein stimmt nicht immer nur heiter. Er macht auch ernst und gedankenvoll.

Empfehlenswerte Lagen

Albig:	Schloß Hammerstein (Müller-Thurgau)
Alsheim:	Frühmesse (Silvaner)
Alzey-Schafhausen:	Römerberg (Morio-Muskat), Rotenfels (Faber)
Bechtheim:	Geyersberg (Riesling), Gotteshilfe (Riesling + Silvaner, Großlage), Heiligkreuz (Müller-Thurgau und Riesling), Rosengarten (Müller-Thurgau und Riesling), Stein (Huxelrebe)
Bechtholsheim:	Homberg (Silvaner)
Bingen:	Scharlachberg (Riesling), Schloßberg-Schwätzerchen (Riesling)

Bodenheim:	Burgweg (Silvaner), Heitersbrünnchen (Silvaner), Hoch (Silvaner), Leidhecke (Silvaner), Mönchspfad (Silvaner), Silberberg (Silvaner), Westrum (Riesling)
Dalsheim:	Sauloch (Müller-Thurgau), Stieg (Riesling)
Dexheim:	Doktor (Huxelrebe)
Dienheim:	Falkenberg (Riesling), Kreuz (Silvaner), Tafelstein (Müller-Thurgau)
Dittelsheim-Heßloch:	Geiersberg (Faber), Pfaffenmütze (Gewürztraminer)
Eckelsheim:	Kirchberg (Ruländer)
Eimsheim:	Hexelberg (Müller-Thurgau)
Flörsheim:	Bürgel (Müller-Thurgau), Hubacker (Auxerrois und Riesling)
Framersheim:	Hornberg (Müller-Thurgau), Zechberg (Riesling)
Friesenheim:	Bergpfad (Müller-Thurgau)
Gau-Algesheim:	Steinert (Frühburgunder)
Gau-Bischofsheim:	Kellersberg (Riesling)
Guntersblum:	Authental (Riesling), Bornpfad (Silvaner), Steig-Terrassen (Gewürztraminer)
Harxheim:	Lieth (Müller-Thurgau), Schloßberg (Silvaner)
Horrweiler:	Gewürzgärtchen (Scheurebe)
Ingelheim:	Burgberg (Silvaner), Lottenstück (Spätburgunder), Rheinhöhe (Spätburgunder), Schloßberg (Müller-Thurgau), Sonnenhang (Frühburgunder)
Mainz:	Edelmann, Hüttberg, Johannisberg, Kirchstück, Klosterberg, Sand, Weinkeller (die einzelnen Rebsorten waren nicht in Erfahrung zu bringen. In allen Fällen handelt es sich um keine Spitzenweine)
Mettenheim:	Michelsberg (Riesling)
Monzernheim:	Steinböhl (Riesling)
Nackenheim:	Engelsberg (Silvaner), Rothenberg (Riesling + Silvaner)

Nierstein:	Auflangen (Riesling + Silvaner, Großlage), Bildstock (Müller-Thurgau), Brückchen (Riesling), Bergkirche, Findling, Fuchsloch (Silvaner), Glöck (Riesling), Heiligenbaum (Riesling), Hipping (Riesling), Klostergarten (Silvaner), Kranzberg (Riesling), Orbel (Riesling), Oelberg (Riesling), Paterberg (Silvaner), Pettenthal (Silvaner), Rosenberg (Riesling), Spiegelberg (Silvaner, Großlage), Zehnmorgen (Riesling)
Oppenheim:	Daubhaus (Riesling + Silvaner), Goldberg (Riesling), Gutleuthaus (Riesling), Herrenberg (Riesling), Kreuz (Riesling), Paterhof, Sackträger (Riesling), Schloß, Schloßberg, Schützenhütte, Zuckerberg (Riesling)
Ockenheim:	Goldberg (Portugieser), Hockenmühle (Silvaner), Laberstall (Riesling), St. Jakobsberg (Müller-Thurgau)
Osthofen:	Rheinberg (Müller-Thurgau)
Sponsheim:	Palmenstein (Silvaner)
Stadecken-Elsheim:	Spitzberg (Müller-Thurgau)
St. Johann:	Geyersberg (Müller-Thurgau), Steinberg (Müller-Thurgau und Gewürztraminer)
Selzen:	Osterberg (Müller-Thurgau und Scheurebe)
Volxheim:	Mönchberg (Silvaner), Alte Römerstraße (Rebsorte unbekannt, wahrscheinlich Silvaner)
Westhofen:	Steingrube (Müller-Thurgau)
Wöllstein:	Äffchen (Silvaner)
Worms-Herrnsheim:	Lerchelsberg (Müller-Thurgau), St. Annaberg (Müller-Thurgau)
Zornheim:	Dachgewann (Müller-Thurgau)

Für einige empfehlenswerte Lagen sind als Rebsorte Neuzüchtungen wie z. B. Huxel-, Scheu-, Faber- und Siegerrebe genannt. Das darf nicht zu dem Schluß verleiten, daß die betreffende Lage ausschließlich mit diesen Rebsorten bestockt ist, gibt aber Gewähr dafür, daß ein Wein aus diesen Lagen mit der genannten Rebsorte prämiiert wurde und damit besonders empfehlenswert ist.

Rheinpfalz

Hat mar'n Wingert, dut man Rewe baue,
Isch der Wein im Keller aam sein Kind,
Dorum probt jetzt ihr emol mein Fässer,
Fremde Auge sehe alsfort besser,
Dann die Vadderlieb, sell waaß man,
isch oft blind.

A. Nadler

Wir kamen aus Rheinhessen, einem gewiß weingesegneten, aber landschaftlich ein wenig eintönigen Land. Schon bei Monsheim, etwas westlich von Worms, änderte sich das Gesicht der Landschaft. Blaugrüne Höhenzüge zeichneten sich im Westen am Horizont ab, Vorläufer des Pfälzer Waldes, auch Haardt oder Haardtgebirge genannt. Heiterkeit prägte das Land. Sie steigerte sich hinter Neustadt, dem betriebsamen Sitz des Regierungsbezirks Rheinpfalz, zu sonniger Fröhlichkeit. Waren wir vorher noch ziemlich eben am Fuße des Gebirges entlanggefahren, das Höhen bis zu 600 Metern erreicht, so begann jetzt die Straße in vielen Windungen bergauf und bergab zu schwingen, verengte sich in den vielen Ortschaften mit weinberühmten Namen fast zu Gassen und durchquerte zur Rechten und zur Linken – warum das etwas abgegriffene Wort diesmal nicht gebrauchen – ein Meer von Reben. Längst schon befanden wir uns auf der ›Deutschen Weinstraße‹. Sie beginnt bei Bockenheim, dessen Lage ›Klosterschaffnerei‹ im Besitz des Schloßguts Janson einen der pfälzischen Spitzenweine hervorbringt. Sie ist rund 75 Kilometer lang und erhielt diesen stolzen Namen im Jahre 1936, in dem an ihrem Endpunkt Schweigen, hart an der französischen Grenze, das Deutsche Weintor errichtet wurde. In der Urkunde, die damals in den noch äußerlich friedvollen Jahren des Dritten Reiches in das Tor eingemauert wurde, hieß es, es solle ›Symbol sein des Deutschtums, eine Pforte zum Reich, Sinnbild des Lebenswillens, der Kraft und der friedvollen Aufbauarbeit des geeinten deutschen Volkes‹. Man liebte damals große Worte.

Kurz vor Schweigen, etwa bei Bergzabern, diesem hübschen und gesegneten Kurort, ändert das Gebirge seinen Namen. Von nun an heißt es Wasgau, was gleichbedeutend mit Vogesen oder Vosges ist. Man mag die Dinge drehen und wenden, wie man will. Etwas Französisches erfüllt die Atmosphäre der Pfalz, so viel Not und Leid die Generäle des französischen Sonnenkönigs Ludwig XIV. diesem Land 1698 auch zugefügt haben, als sie Burgen, Schlösser, Städte und Dörfer in Ruinen verwandelten. Aber auch Zerstörer hinterlassen ein Erbe.

Wir saßen an einem flimmernd heißen Julitag in einem Garten im Dörfchen Seebach, das eigentlich schon ein Vorort von Bad Dürkheim ist. Oleanderbüsche, von roten und rosa Blüten übersät, und ein knorriger Feigenbaum spendeten Schatten. Vor uns stand eine mächtige Platte mit Weißkäse, Handkäse, Butter, kernigem Graubrot und Radieschen. Dazu passen eine Deidesheimer ›Leinhöhle‹ oder ein Forster ›Jesuitengarten‹ ebensowenig wie zum Leibgericht der Pfälzer, dem Saumagen, der einem in letzter Vollendung im Weinhaus Henninger zu Kallstadt präsentiert oder serviert wird. Ein Kallstadter ›Saumagen‹ hätte dazu gepaßt; aber seit 1971 gibt es ihn nicht mehr. Wie die einst so berühmte Gimmeldinger ›Meerspinne‹ fiel er als Einzellage der Planierungswalze des neuen deutschen Weingesetzes zum Opfer. Die ›Meerspinne‹ lebt immerhin noch als Großlage im Bereich ›Mittelhaardt – Deutsche Weinstraße‹ fort. Den ›Saumagen‹ gibt es fortan nur noch als handfestes Essen.

Wären die Pfälzer Schwaben, dann könnte man überhaupt von ›Schwabenstreichen‹ bei der Benennung und Ordnung ihrer Bereiche und Großlagen sprechen. ›Mittelhaardt‹ hätte als Bereichsbezeichnung doch durchaus genügt. Denn die ›Deutsche Weinstraße‹ umfaßt ja auch die kleinen Weine an beiden Enden dieser Deutschen Weinstraße, die man getrost Schoppenweine nennen soll,

Anbaugebiet Rheinpfalz
mit den Bereichen Südliche Weinstraße und Mittelhardt/Deutsche Weinstraße >

NAHE
NAHE
Bingen
RHEIN
RHEINPFALZ
Nierstein
Bad Münster
Oppenheim
KIRCHHEIMBOLANDEN
WORMS
BOCKENHEIM
DIRMSTEIN
KALLSTADT
BAD
FREINSHEIM
DÜRKHEIM
FORST
MANNHEIM
Deidesheim
NEUSTADT
MAIKAMMER
EDENKOBEN
RHEINPFALZ
LANDAU
ILBESHEIM
BADEN
Schweigen
Ihringen
FREIBURG
Müllheim
BASEL

ob sie nun aus Burrweiler im Süden oder Dirmstein im Norden stammen. Es ist auch nicht ganz einzusehen, warum die Kallstadter Weine einmal zur Großlage ›Kobnert‹ und ein anderes Mal zur Großlage ›Feuerberg‹ gehören und die guten Wachenheimer Tropfen einmal zur Großlage ›Mariengarten‹ und ein anderes Mal zur Großlage ›Schenkenböhl‹. Nun, Kummer mit der Benennung und Ordnung der Großlagen und Erhaltung oder Abschaffung der Einzellagen hatten wir ja schon in anderen deutschen Weinbaugebieten erlebt.

Wir waren schließlich nicht allein in die Rheinpfalz gefahren, um dem neuen Weingesetz Inkonsequenzen nachzuweisen. Das hätten wir auch zu Hause haben können. Zu Hause hätten wir gleichfalls nachlesen können, daß die Rheinpfalz mit rd. 21 000 Hektar bestockter Rebfläche das größte deutsche Weinland ist und in der Erzeugung mit durchschnittlich 1 740 000 Hektolitern Wein die aller übrigen deutschen Weinbaugebiete übertrifft, ja, um einen Vergleich zu ermöglichen, die des Rheingaus um das Elffache übersteigt. Wer trinkt nur den vielen Pfälzer Wein? Einmal die Pfälzer selbst und dann die übrigen Bundesdeutschen. Jede dritte Flasche Wein, die in der Bundesrepublik geleert wird, enthält Pfälzer. Das war schon immer so, seitdem die Rheinpfalz des ›Römischen Reiches deutscher Nation Weinkeller‹ ist.

Der Pfälzer Wein kommt ja auch dem heutigen Konsumentengeschmack höflich entgegen. 33 Prozent der Gesamtrebfläche ist mit Silvaner-, 23 Prozent mit Müller-Thurgaureben besetzt. Die Trauben beider Rebsorten liefern milde und schmeichelnde Weine ohne viel Säure. An dritter Stelle folgt der Portugieser, der vor allem um Bad Dürkheim zu Hause ist, an vierter der Riesling und an fünfter der Morio-Muskat. Auch dem Ruländer behagt es, selbst wenn er nur 3,4 Prozent der Rebfläche einnimmt. Alle anderen Rebsorten, ob Traminer, Weißburgunder, Spätburgunder und eine Reihe von Neuzüchtungen, fallen unter ›ferner liefen‹. Der verhältnismäßig starke Anbau der Morio-Muskat-Rebe, eine Neuzüchtung der Bundesforschungsanstalt für Rebenzüchtung in Geilweilerhof bei Siebeldingen unweit von Landau und damit in der Pfalz – die Österreicher kennen sie schon länger –, hat wohl darin seinen Grund, daß sich ihr Most vorzüglich zum Verschnitt mit Silvaner eignet. Von 75 Grad Öchsle ab liefert sie aber auch selbständige Weine mit dezentem Muskatgeschmack. Und das ist wiederum etwas für die Pfälzer Leckermäuler.

Uns zog es weiter nach Deidesheim. Wer nicht in Deidesheim war, dort in der ›Kanne‹ gegessen hat, kennt die Pfalz nicht. Die dem Deidesheimer Rathaus gegenüberliegende ›Kanne‹ gehört zu den ältesten Gaststätten Deutschlands. Sie entwickelte sich aus einer im 12. Jahrhundert gegründeten Klosterherberge, machte manche Verwandlungen durch und verbindet heute Altüberliefertes und Modernes in schöner wechselvoller und farbiger Harmonie. Da es hoher Sommer war und das Gemäuer auch um acht Uhr noch immer die Sonnenwärme des Tages zurückstrahlte, konnten wir draußen im Spitzweghöfchen sitzen und schmausen. Man kann sich echt pfälzisch delektieren. Vortrefflich ist der pfälzische Zwiebelkuchen, zu dem indessen die Spitzengewächse aus dem Dr. Bürklin-Wolfschen Weingut, das im nahen Wachenheim liegt, zu schade sind. Zu Wild und Wildgeflügel – ein Tip für Schlemmer: im September zur Rebhuhnzeit in Deidesheim Station machen – wäre ein molliger Burgunder angemessen gewesen. Aber Spätburgunder wird in der Rheinpfalz so gut wie nicht angebaut, und die Weine aus der Portugieser-Traube und aus der Umgebung von Bad Dürkheim sind mehr Schoppen- und Tafelweine. Wir entschieden uns für Kalbsmedaillons, die mit feinem Ragout fin überstrichen und mit Trüffelscheiben gekrönt waren, Erbsen auf Pariser Art und Macaire-Kartoffeln. Als Sauce gab es nur reinen, leicht mit Weißwein abgeschmeckten Kalbsjüs. Als weinseligen Begleiter wählten wir einen 1969er Deidesheimer ›Hohenmorgen‹ Riesling Spätlese, Originalabfüllung Dr. Bürklin-Wolf. (1969 gab es ja die Originalabfüllung noch.) Damit kommen wir zu den drei großen ›B‹, den Weinkönigen der Mittelhaardt. Sie haben das Erbe ihrer Väter gut verwaltet. Bei fast allen Spitzenlagen begegnet man als Mitbesitzern den Namen Dr. Bürklin-Wolf, Dr. von Bassermann-Jordan und Reichsrat von Buhl (heute Freiherr von und zu Guttenberg). Sie tauchen auf beim Ruppertsberger ›Hoheburg‹, dem man die einstige Renommierlage ›Mandelgarten‹ abgliederte, bei der Deidesheimer ›Leinhöhle‹, dem Deidesheimer ›Grainhübel‹, dem Deidesheimer ›Hohenmorgen‹, dem Forster ›Kirchenstück‹, dem Forster ›Jesuitengarten‹, dem Forster ›Freundstück‹ und dem Wachenheimer Goldbächel‹. Einige der Lagen sind so exquisit, daß der Gesetzgeber sogar ein Auge zudrückte und nicht auf einer Zusammenlegung bestand, obwohl die Rebfläche wie beim Deidesheimer ›Hohenmorgen‹ nur 2 Hektar beträgt. Für den Nichtfachmann ist es außerordentlich schwer, zu entscheiden,

welche dieser acht Spitzenlagen, denen weitere 17 große Lagen nur wenig nachstehen, den edelsten Wein liefert. Selbst ein so großer Weinkenner wie Bismarck wagte das nicht, als ihm das Reichsrat von Buhl'sche Weingut je eine Kiste Deidesheimer ›Kirchenstück‹ und Forster ›Jesuitengarten‹, jeweils ›feinste Auslese‹, zum Geschenk machte. Der Nichtfachmann soll diese Weine so nehmen und genießen, wie sie sind. Vor allem soll er sich nicht einreden lassen, daß die Pfälzer Weine schwerer seien als andere deutsche Weine. Der Alkoholgehalt des angeblich schweren Pfälzers liegt sogar im langjährigen Mittel 0,6 Prozent unter dem des angeblich leichten Moselweins. Was die Pfälzer Weine von anderen deutschen Weinen, mit Ausnahme vielleicht der Kaiserstühler, unterscheidet, ist die Tatsache, daß sie auch in weniger guten Jahren voller ausreifen, vollmundiger, stoffreicher und aromatischer sind. Sie wachsen ähnlich wie die edlen Burgunder von der Côte d'Or, durch das Haardtgebirge von rauhen Winden geschützt, auf Muschelkalk und Lettenböden, die in der immer mehr sich zu einem erstklassigen Weinbaugebiet entwickelnden Oberhaardt mit Löß überzogen sind. Zwischen Deidesheim und Forst ist sogar vulkanisches Gestein wie Basalt und Glimmerschiefer eingesprengt und verleiht dem Saft der Trauben noch mehr Kraft und Feuer. Das Jahr hat in der Pfalz bei einer Durchschnittstemperatur von 10,5 bis 11 Grad und einer täglichen Sonnenscheindauer von fünf Stunden 2000 Sonnenstunden. Der Boden wiederum ist leicht feuchtigkeitsdurchlässig, und für nächtliche Kühle und Frische sorgt der nahe Rhein. Wen kann es wundern, daß es der Pfälzer, wie man wohl sagt, ›in sich hat‹.
Trotz der drei großen ›B‹ und anderer großer Weingüter wie etwa die von Dr. Deinhard, Wilhelm Spindler, Karl Dercum, C. J. Hoch und andere ist auch die Pfalz wie die meisten deutschen Weinbaugebiete ein Land der selbstwirtschaftenden mittleren und kleinen Winzer, die sich größtenteils zu Genossenschaften oder Vereinen zusammengeschlossen haben.

Besonders günstig hat sich der genossenschaftliche Zusammenschluß in der Oberhaardt, also in dem Gebiet zwischen Schweigen im Süden und Neustadt im Norden ausgewirkt. Ein gutes Beispiel bietet die Genossenschaft Rietburg in Rhodt. Sie ist mit 1300 Mitgliedern und einer Lagerkapazität von 17 Millionen Hektolitern die größte der 35 rheinpfälzischen Winzergenossenschaften. Bei ihrer Gründung im Jahre 1958 zählte sie nur 80 Mitglieder.

Für je ein Viertel Hektar kann ein Genossenschaftsanteil in Höhe von DM 600.– erworben werden. Ziel der Leitung der Rietburger Genossenschaft war es von Anfang an, den Winzern Preise zu garantieren, die sich nach der Qualität der Trauben – in Grad Öchsle gemessen – richten. Dieses Ziel wird erst voll erreicht sein, wenn die einzelnen Genossen ihre Ernte voll abliefern, die sie immer noch zum Teil selbst vermarkten. Bis 1978 will man indessen soweit sein. Das würde allerdings auch eine Verdoppelung der jetzigen Anbaufläche bedeuten sowie eine noch intensivere Flurbereinigung, wie sie größtenteils in Baden anzutreffen ist. Dabei sind die Pfälzer Winzer um nichts dickschädliger als ihre Berufsgenossen in Baden. Trotzdem sind in der Pfalz nur 30 Prozent des Rebegeländes genossenschaftlich erfaßt, in Baden 83 und in Württemberg sogar 85. Hier bestehen also für den pfälzischen Winzer noch bedeutende Chancen. Immerhin hat, jedenfalls bei der Genossenschaft Rietburg, der Zusammenschluß dazu geführt, daß 80 Prozent der Mitglieder den Weinbau nur noch nebenberuflich betreiben und trotzdem auf ihre Kosten kommen. Die 20 Prozent Vollerwerbswinzer haben größere Anbauflächen und besitzen damit eine sichere Existenzgrundlage. Wir sind auf die Winzergenossenschaft etwas ausführlicher eingegangen, weil uns ihre Tätigkeit beispielgebend für die der insgesamt rund 290 deutschen Winzergenossenschaften erschien.

Rhodt, der Sitz der Winzergenossenschaft Rietburg – sie hat ihren Namen von der Ruine Rietburg auf einer Haardthöhe oberhalb des Städtchens Edenkoben – hat auch seine Winzerstube. Aber selbst, wenn es diese nicht gäbe, muß man in Rhodt haltmachen. Es ist nun einmal das reizvollste und hübscheste Dörfchen an der ›Weinstraße‹. Es ist so hübsch und reizend, daß man es unter Denkmalschutz stellte. Was macht es schon aus, daß sich die Weine seiner drei Einzellagen in der Großlage ›Ordensgut‹: ›Klosterpfad‹, ›Rosengarten‹ und ›Schloßberg‹ nicht mit den Grand-Crus von Deidesheim, Forst und Wachenheim messen können! Es sind ja auch nicht nur Rhodter Weine, die man an Ort und Stelle probieren kann. Sie kommen aus Landau, Siebeldingen, Birkweiler, Frankweiler, Gleisweiler, Burrweiler, Weyer , Edenkoben, Maikammer, Diedesfeld, Neustadt und Hambach. Unter ihnen befinden sich der Maikammerer ›Immengarten‹, Birkweiler ›Kastanienbusch‹, Diedesfelder ›Ölgässel‹ und Diedesfelder ›Johanniskirchel‹, vier Lagen, deren Weine allerhöchsten Respekt verlangen.

›Kastanienbusch‹? Nun, wir sind in der Pfalz, und dort gedeihen die Edelkastanien, ›Keschte‹ genannt. Wälder mit Edelkastanien senken sich von einer gewissen Höhe an von den ruinengekrönten Hängen des Haardt und Wasgau hinab in die Ebene. Wären beide Höhenzüge ein Hochgebirge wie die Dolomiten, könnte man sich nach Südtirol versetzt denken. Auch die Städtchen und Dörfer mit ihren festgefügten Häusern, hohen Toreinfahrten, der roten Geranienpracht an Fenstern und Balkonen erinnern an das Land an Eisack und Etsch, das ja auch seine Weinstraße von Eppan bei Bozen bis zur Salurner Klause hat, auf der man ebenfalls in einem Meer von Reben versinkt. So ist es eigentlich schade, daß sich die Pfälzer nicht wie die Schwaben auch die Trollinger- oder Vernatsch-Rebe aus Südtirol holten und anpflanzten. In der Pfalz würde sie sich nicht weniger wohl fühlen und mundigere Weine liefern als der Allerwelts-Portugieser.

›Keschte‹ und Wein, am liebsten junger Wein – die Österreicher würden Heuriger sagen – oder auch nur Federweißer sind in der Pfalz ein unzertrennliches Bündnis eingegangen. Haben die ersten Herbststürme die grünen, stachligen Früchte mit dem braunen Kern von den Bäumen geschlagen, dann macht man sich zum ›Keschtesammeln‹ auf. Am schönsten schmecken sie frisch geröstet, wobei man höllisch aufpassen muß, damit sie nicht anbrennen. Was nicht zum Wein gevespert wird, kommt geschält und gedörrt in die Vorratskammer und wird im Frühwinter, häufig mit Rotkohl zusammen, als Gemüse verspeist. Sonntags gibt es Schweinekoteletts dazu. Folgt diesem noch eine Kerscheplotzer, in Baden Kirschmichel geheißen, dann schmeckt dem Pfälzer Bauern danach seine Pfeife mit ›Pälzer Duwak‹, womöglich mit selbstgebautem. Hauptanbaugebiet des Tabaks ist die Umgebung des kleinen Lustadt bei Landau. Weinberge gibt es hier nicht mehr. Das Land ist flach und ein wenig eintönig. Aber nach Edenkoben und Siebeldingen ist es nicht weit, und über Tabak läßt sich ebensogut fachsimpeln wie über Wein, den man bedächtig zum blauen Dunst schlürft. Die Alten sagen wohl noch »Alle gebott santé« – vom französischen »A votre santé« –, ehe sie das Glas zum Mund führen, und erinnern sich vielleicht des Spruchs aus einem Pfälzer Kräuterbuch von 1630, in dem es heißt: »Der Tabak macht niesen und reinigt Gaumen und Haupt. Er vertreibet Schmerzen und Müdigkeit, verjagt die Läuse, heilet Grind, Brand, alte Geschwüre, Schäden und Wunden.«

Weinverkoster dürfen natürlich auch in der Pfalz nicht rauchen oder schnupfen. Sie brauchen sich dafür auch nicht mit geringen Weinen zu plagen, die in der Pfalz die verschiedensten Namen haben wie ›Räppser‹, ›Krätzer‹, ›Raddegaggl‹ oder ›Zägger‹. Ist der Wein trüb, so heißt er ›Rambass‹ oder ›Truddel‹, und glaubt womöglich einer, daß der Wein gepanscht sei, da murmelt er entrüstet: »Der Wei glaabt an Jesus Christus!« Sie haben schon Humor, die Pfälzer. Der Dürkheimer Wurstmarkt in der zweiten Septemberwoche beweist es.

Nun, es war Juli. So waren wir der Pflicht enthoben, den großen Jahrmarktsrummel, zu dem Hunderttausende kommen, mitzumachen. Aber ›Weck, Worscht und Wei‹, die kulinarischen Wahrzeichen der Pfalz und damit auch des Dürkheimer Wurstmarktes, hatten wir im Rucksack, als wir von Bad Dürkheim aus, übrigens die größte deutsche Weingemeinde, die drei Kilometer zur Klosterruine Limburg emporstiegen. Ein Glück, daß es nur drei Kilometer waren. Denn wieder flimmerte bereits am frühen Vormittag die Luft vor Hitze. Wir stiegen das waldige Tal der Isenach noch etwas höher hinauf, fanden am Ufer des Flüßchens eine schattige, kühle Stelle, legten die Flaschen, mit Steinen beschwert, in das rasch fließende Wasser, sahen auf die von riesigen Rotbuchen umstandenen, großartigen Mauern jener Stätte herab, in der der erste salische König der deutschen Geschichte, Konrad II., am liebsten geweilt hat.

Jetzt war es an der Zeit, ein wenig über die Geschichte der Pfalz nachzudenken, die ja ihren Namen vom Mons Palatinus, einem der sieben Hügel Roms, hat. Vor und nach der Teilung des fränkischen Reiches im Vertrag von Verdun (843) mit Lothringen verbunden, wuchs sie aus salischem Hausbesitz um Worms und Speyer, am unteren Neckar und an der Nahe zu einem neuen Territorium zusammen, das nach dem Ende der Salier größtenteils an die Staufer fiel. 1356 erlangte der Pfalzgraf am Rhein auf Grund der ›Goldenen Bulle‹ unter Kaiser Karl IV., einem Luxemburger, die Kurwürde und erweiterte sein Gebiet um Oppenheim, Kaiserslautern, Zweibrücken, Simmern und Mosbach. 1410 erfolgte die Teilung in vier Hauptlinien: Kurzpfalz, Oberpfalz, Mosbach und Zweibrücken. Letzteres wurde ein selbständiges Herzogtum. Oberpfalz und Mosbach wurden 1448 bzw. 1499 wieder mit der Kurpfalz vereinigt. Im 17. und 18. Jahrhundert wurde die Pfalz mehrere Male verwüstet, wie wir bereits erfuhren und wofür die

Ruine Limburg den Beweis liefert. 1801 wurde sie richtig französisch und blieb das bis 1816, als man sie, ohne sie danach zu fragen, wieder bayerisch machte. 130 Jahre lang wurde sie dann bis 1956 von München aus regiert. Schlecht ist es ihnen erst unter den Wittelsbachern und später unter den Regierungen des Freistaats Bayern nicht gegangen, und so mancher alte Pfälzer denkt an die bayerische Zeit mit leichter Wehmut zurück.
Eine bewegte Geschichte, von der jedoch die Zeit des Mittelalters am mächtigsten anrührt, auch wenn die Zeugen dieser Zeit größtenteils Ruinen sind, mögen sie nun Limburg, Hardenburg, Wachtenburg, Winzina, Maxburg (Hambacher Schloß), Kropsburg, Rietburg, Trifels oder gar Speyer heißen. Ruinen sprechen oft eine lautere und eindringlichere Sprache als unzerstörte Burgen, Schlösser und Dome.

Nicht daß wir beim Nachdenken und Grübeln über die Vergangenheit der nahen Gegenwart nicht gedacht hätten! Wir füllten die Gläser mit Ungsteiner ›Nußriegel‹ und Herxheimer ›Honigsack‹ – absichtlich hatten wir keine Spitzenweine gewählt –, brachen das Graubrot mit der knusprigen Rinde und schoben von Zeit zu Zeit dicke Scheiben mit zwiebelgewürzter Leberwurst in den Mund. Wir stiegen am Nachmittag, diesmal mit leeren Rucksäcken, noch ein Stück höher, wo wir eine Anhöhe erreichten, von der der Blick frei war auf die Ebene. Da lagen sie zu unseren Füßen, all die kleinen Weingemeinden: Bockenheim, Obrigheim, Dirmstein, Dackenheim, Herxheim, Weisenheim am Berg und Weisenheim im Tal, Neuleinigen, Battenberg, Ungstein, Kallstadt, Friedersheim, Wachenheim, Forst, Niederkirchen, Meckenheim, Ruppertsberg, Deidesheim. Nur verschwommen ragten die beiden Türme des Speyerer Domes aus dem blaugrauen Dunst der Rheinebene. Nach Süden und Westen schwangen sich die dicht bewaldeten Höhen des Pfälzer Waldes, der noch reich an Wild ist, vor allem der Naturpark zwischen Kaiserslautern und Pirmasens. Vielleicht war es am Schwarzbach, der bei Waldfischbach-Burgalben in die Moosalb mündet, wo der grimme Hagen Tronje dem ahnungslosen Siegfried den Speer zwischen die Schulterblätter schleuderte? Auch die Pfalz ist ja Nibelungenland. Speyer jedenfalls, die heimliche Hauptstadt der Pfalz, gibt Worms an Alter und Ruhm nichts nach. Speyer, dessen romanischer Dom noch imposanter ist als der von Worms, zählt heute ebensoviel Einwohner wie vor einem halben Jahrtausend. Vielleicht sähe es noch heute so aus wie vor

500 Jahren. Denn die Bomben des Zweiten Weltkrieges haben es verschont. Aber da waren jene neun Jahre von 1689 bis 1698, da die Speyerer samt ihrem Bischof ihre Stadt nicht mehr gesehen hatten. Als sie nach diesen neun Jahren zurückkehrten, war nichts mehr da außer Ruinen. Der Dom aber war unzerstört. In seiner Krypta jedoch lagen, wild durcheinander gestreut, die Schädel und Gebeine von fünf deutschen Königen und Kaisern. Auch der Domnapf war noch da, jene steinerne Schüssel aus dem Jahre 1490, der jedesmal, wenn ein neuer Bischof inthronisiert wurde, bis zum Rand mit gutem pfälzischen Wein gefüllt war, von dem jedermann nach Herzenslust trinken durfte. Die Speyerer bauten ihre Stadt wieder auf, nicht prunkvoll, aber mit feinem Stilgefühl. Sie nutzten sogar die Zerstörung, indem sie in das mittelalterliche Gassengewirr zwischen Dom und Altpörtel, einem erhaltenen Wehrturm aus dem 12. Jahrhundert, eine breite Bresche schlugen, die heute den Namen Maximiliansstraße trägt.

In Speyer war die Stunde gekommen, vom Edelsten zu trinken, was die weinselige Pfalz zu bieten hat. Die Wahl fiel auf einen 1952er Deidesheimer Hohenmorgen Riesling-Trockenbeerenauslese Weingut Geheimrat Dr. von Bassermann-Jordan, den gleichen Wein, den Stefan Andres in seine Laudatio des Pfälzerweins in seinem 1960 erschienenen Buch ›Die Großen Weine Deutschlands‹ aufgenommen hat. Dort heißt es: »Und nun die Musik aus den silbernen Posaunen! Der König des Abends erscheint; altgold die Farbe, schwerflüssig seine Gestalt, weinig sein Atem, markig der Körper, harmonisch die Süße und sein Wesen frisch und alterslos. Ein vollendeter Wein.« Man wird ihn auch noch in weiteren fünf Jahren trinken können. Wir füllten die Gläser stets nur knapp bis zur Hälfte. Wir nahmen nur kleine Schlucke.
Die Erinnerung wurde wach an das kastanienumsäumte Neukastel bei Leinsweiler. In Neukastel liegt der große impressionistische Maler Max Slevogt begraben. Er hat dem Licht und dem schwirrenden Farbenspiel der Pfalz genauso nachgespürt wie van Gogh denen der Provence. Wir vergaßen auch nicht die Rast in einem der kleinen Weinorte der Unterhaardt am Oberlauf von Alsenz und Glan. Sie leiten schon über zu den Weinen der Nahe, doch haben sie nicht deren Fülle und Glanz. Aber sie waren gut zu trinken, mochten sie nun aus Bobenheim, Dackenheim, Neuleiningen, Sausenheim, Asselheim oder Kirchheimbolanden stammen.

Aber auch für die Unterhaardt gilt das Wort ›Keine Regel ohne Ausnahme‹. Wir dachten dabei an Zell – nicht zu verwechseln mit Zell an der Mosel mit seiner ›Schwarzen Katz‹ oder Zell-Weierbach in der badischen Ortenau – im Zellertal nordöstlich des eigentlichen Unterhaardter Weingebiets, dem nachweislich ältesten Weinort der Pfalz, für den Weinbau bereits für das Jahr 708 verbürgt ist. Den Zeller ›Schwarzen Herrgott‹, zum Teil Riesling, zum Teil Traminer, kann man, vor allem wenn es sich um Spätlesen und Auslesen handelt, gut und gern zu den großen Weinen der Pfalz rechnen. Seinen Namen hat er von einem uralten Kreuz, das eine schwarze Christusfigur trug.

Wir gedachten auch des Besuches des Historischen Museums, mit dem sich die Rheinpfalz und der pfälzische Wein ein Denkmal gesetzt haben, an dem niemand vorübergehen sollte, wenn einmal der Weg nach Speyer führt. 1910 konnte es der berühmte Münchner Architekt Gabriel von Seidl der Öffentlichkeit übergeben, ein Bau ganz im Stil jener Zeit, zum Teil der Historie verhaftet, zum Teil aber schon, wenn auch durch Elemente des eben zurückliegenden Jugendstiles etwas verdeckt, in die Zukunft weisend. In drei Geschossen birgt es, was die Stadt Speyer und später auch die gesamte Pfalz schon seit 1611 an Kulturgütern bewahrt und zusammengetragen hat. Der Bogen der Zeit spannt sich von der Älteren Steinzeit, die um 100 000 Jahre zurückliegt, bis zur bürgerlichen Kultur des 19. Jahrhunderts. Das Untergeschoß birgt das deutsche Weinmuseum. Verschiedene Räume zeigen griechische Weinmesser, die darauf hindeuten, daß die in Marsilia, dem heutigen Marseille, ansässigen Griechen schon um etwa 500 v. Chr. bei dem Weinbau in der Pfalz ihre Hand im Spiel hatten. Münzen des ›Weinkaisers‹ Probus, der im 3. Jahrhundert n. Chr. in Trier residierte, Keltern, Zunftsiegel, Fässer in großer Zahl, darunter solche aus der Barockzeit mit reichen Schnitzereien, unzählige Trinkgefäße aus Glas, Keramik und Metall, Wirtshausschilder, Küfer-Handwerksgeräte und vieles andere mehr.

Auch über den Besuch im Weinmuseum sprachen wir noch, als wir bei der Flasche 1952er Deidesheimer ›Hohenmorgen‹ Riesling-Trockenbeerenauslese saßen. Es blieb bei dieser einzigen Flasche. Noch einen anderen Wein zu trinken, wäre Sünde gewesen.

Empfehlenswerte Lagen

Oberhaardt, Bereich ›Südliche Weinstraße‹

Bergzabern:	Altenberg (Riesling)
Birkweiler:	Kastanienbusch (Müller-Thurgau), Mandelberg (Müller-Thurgau und Ruländer), Rosenberg (Optima)
Edesheim:	Forst (Silvaner und Müller-Thurgau), Rosengarten (Scheurebe)
Eschbach:	Hasen (Müller-Thurgau)
Edenkoben:	Heidegarten (Riesling), Heilig Kreuz (Silvaner), Kirchberg (Müller-Thurgau), Kastaniengarten (Kerner), Mühlberg (Silvaner), Schwarzer Letten (Silvaner)
Flemlingen:	Herrenbuckel (Huxelrebe), Zechpeter (Scheurebe und Optima)
Frankweiler:	Biengarten (Ruländer), Kalkgrube (Silvaner)
Gleisweiler:	Hölle (Müller-Thurgau)
Godramstein:	Klostergarten (Gewürztraminer, Ruländer und Scheurebe), Münzberg (Optima, Portugieser, Riesling)
Ilbesheim:	Ritterberg (Müller-Thurgau und Weißburgunder)
Landau-Nußdorf:	Nußdorfer Herrenberg (Müller-Thurgau und Scheurebe), Nußdorfer Kirchenstück (Silvaner), Nußdorfer Bischofskreuz (Scheurebe)
Maikammer:	Heiligenberg (Müller-Thurgau), Immengarten (Silvaner), Kirchenstück (Riesling)
Rhodt:	Klosterpfad (Müller-Thurgau), Rosengarten (Gewürztraminer und Morio-Muskat), Schloßberg (Müller-Thurgau)
Schweigen:	Sonnenberg (Huxelrebe)
St. Martin:	Baron (Morio-Muskat und Ruländer), Zitadelle (Riesling + Silvaner)
Walsheim:	Forstweg (Huxelrebe)
Weyher:	Heide (Silvaner), Michelsberg (Silvaner)

Mittelhaardt, zusammen mit Unterhaardt Bereich ›Mittelhaardt Deutsche Weinstraße‹

Bad Dürkheim:	Fronhof (Huxelrebe), Michelsberg (Riesling, Schenkenböhl (Riesling, Großlage), Spielberg (Scheurebe und Silvaner)
Bockenheim:	Goldgrube (Riesling), Grafenstück (Morio-Muskat, Großlage), Heiligenkirche (Ruländer), Sonnenberg (Scheurebe und Weißburgunder)
Dackenheim:	Mandelröth (Müller-Thurgau)
Deidesheim:	Grainhübel (Riesling), Herrgottsacker (Riesling + Silvaner), Hofstück (Gewürztraminer und Riesling, Großlage), Kieselberg (Riesling), Leinhöhle (Riesling), Letten (Riesling), Mäushöhle (Riesling), Nonnenstück (Riesling), Paradiesgarten (Riesling)
Dirmstein:	Mandelpfad (Müller-Thurgau, Ruländer und Silvaner)
Duttweiler:	Kalkberg (Riesling), Mandelberg (Portugieser, Riesling und Weißburgunder)
Diedesfeld:	Johanniskirchel (Silvaner), Ölgässel (Ruländer)
Erpolzheim:	Kirschgarten (Gewürztraminer)
Freinsheim:	Musikantenbuckel (Silvaner), Oschelskopf (Scheurebe), Schwarzes Kreuz (Silvaner)
Friedelsheim:	Kreuz (Müller-Thurgau), Rosengarten (Riesling), Schloßgarten (Ruländer)
Forst:	Elster (Riesling), Kirchenstück (Riesling), Musenhang (Riesling), Pechstein (Riesling), Ungeheuer (Riesling und Scheurebe)
Gimmeldingen:	Biengarten (Silvaner), Mandelgarten (Riesling), Meerspinne (Riesling, Großlage), Schlössel (Riesling)
Gönnheim:	Mandelgarten (Riesling und Scheurebe), Sonnenberg (Riesling und Scheurebe)
Grünstadt:	Goldberg (Morio-Muskat und Traminer), Hütt (Gewürztraminer), Klostergarten (Weißburgunder)
Haardt:	Herrenletten (Riesling), Herzog (Riesling)
Hambach:	Kaiserstuhl (Riesling), Kirchberg (Riesling), Schloßberg (Müller-Thurgau), Römerbrunnen (Siegerrebe)

Herxheim:	Kirchenstück (Riesling), Honigsack (Riesling, Silvaner)
Kallstadt:	Kobnert (Kerner, Großlage), Kreuz (Müller-Thurgau und Riesling), Nill (Riesling), Kronenberg (Gewürztraminer und Scheurebe), Saumagen (Huxelrebe und Riesling, Großlage), Steinacker (Morio-Muskat)
Kirchheim:	Römerstraße (Huxelrebe)
Kleinkarlbach:	Herrenberg (Riesling), Hergottsacker (Ruländer und Scheurebe)
Königsbach:	Jesuitengarten (Silvaner), Ölberg (Riesling)
Leistadt:	Herzfeld (Ruländer), Kalkofen (Müller-Thurgau), Kirchenstück (Riesling)
Mußbach:	Eselshaut (Gewürztraminer, Riesling, Ruländer und Silvaner)
Neustadt:	Mönchsgarten (Müller-Thurgau)
Ruppertsberg:	Gaisböhl (Riesling), Hoheburg (Riesling), Linsenbusch (Müller-Thurgau und Ruländer)
Ungstein:	Herrenberg (Silvaner), Michelsberg (Scheurebe)
Wachenheim:	Altenburg (Riesling), Böhlig (Riesling), Gerümpel (Riesling), Goldbächel (Riesling), Luginsland (Riesling), Mariengarten (Müller-Thurgau, Scheurebe und Weißburgunder, Großlage)
Weisenheim-Berg:	Mandelgarten (Gewürztraminer), Sonnenberg (Huxelrebe), Vogelsang (Ehrenfelser)
Weisenheim am Sand:	Rosenbühl (Riesling, Silvaner und Scheurebe, Großlage)
Zell:	Kreuzberg (Scheurebe), Schwarzer Herrgott (Riesling)

Ausdrücklich ist darauf hinzuweisen, daß bei manchen Lagen die in Klammer angegebene Rebsorte nicht absolut repräsentativ für den Rebenbestand dieser Lage ist, ja, in manchen Fällen nur wenige Prozente des Rebenbestandes ausmachen kann. Die genannte Rebsorte gilt dann für einen Wein, der 1972 von der Landwirtschaftskammer des Landes Rheinland-Pfalz prämiiert wurde.

Württemberg

Was ist das für ein durstig Jahr!
Die Kehle lechzet immerdar,
Die Leber dorrt mir ein.
Ich bin ein Fisch auf trockenem Sand
Ich bin ein dürres Ackerland,
O schafft mir Wein, schafft Wein!

Ludwig Uhland

Mit einem jungen Sportflieger überflogen wir bei klarstem Wetter – nur über der Alb lag ein feiner Dunstschleier – die alte und freie Reichsstadt Esslingen, die sich trotz der Nähe Stuttgarts und starker Industrialisierung in ihrem Kern ihren Charakter, eine Stadt aus dem Musterbuch der Romantik zu sein, wie der erste deutsche Bundespräsident Theodor Heuss einmal schrieb, bewahren konnte. Bis hinunter zu den roten spitzgiebeligen Dächern der Altstadt senken sich die Weinberge, hier Weingärten genannt, mauerumgürtet von dem steilen Burggelände herab. Es war unser erstes Bekanntschaftschließen mit dem, was einer der größten Söhne dieses gesegneten Landes, Friedrich Hölderlin, in die Worte faßte: »Heilig ist mir der Ort / an beiden Ufern, der Fels auch / der mit Rebe und Haus / grün aus den Wellen sich hebt.«
Die Esslinger sind stolz auf ihren Wein. Zwar ist er nicht mehr wie einst Quelle ihres Reichtums; aber 100 Hektar Rebland, größtenteils flurbereinigt, ist schon etwas, was sich sehen lassen kann. Auch die Qualität ist größtenteils gewährleistet. Die Weine von den Einzellagen ›Ailenberg‹, ›Kirchberg‹, ›Lerchenberg‹ und ›Schenkenberg‹, alle zur Großlage ›Weinsteige‹ im Bereich ›Remstal-Stuttgart‹ gehörig, haben über Esslingen hinaus einen guten Namen.
Halten wir gleich fest: Das Weinbaugebiet Württemberg umfaßt die drei Bereiche ›Remstal-Stuttgart‹, ›Württembergisch Unterland‹ und ›Kocher-Jagst-Tauber‹. Großlagen gibt es 15 und Einzellagen 230. Vergebliches Bemühen, sie alle kennenlernen zu wollen, auch wenn sie so verlockende Namen haben wie etwa ›Zuk-

kerle‹, ›Brotwasser‹, ›Pulvermächer‹, ›Höllisch Feuer‹, ›Süßmund‹, ›Frauenzimmer‹, ›Schwobajörgle‹ und ›Schmecker‹. Vorerst geht es darum, uns vom Oberland, von den Ausläufern der Schwäbischen Alp, dem oberen Neckartal und Remstal übers mittlere Neckartal mit Bottwar-, Murr-, Enztal und Stromberg ins untere Neckartal und damit ins Unterland mit Sulm- und Weinsbergertal, Zabergäu mit Heuchelberg und Leintal sowie Oberes Bottwar- und Schozachtal und schließlich weiter ins fränkische Hohenloher Land, Kocher-, Jagst- und Taubertal langsam durchzutrinken.

Heute ist das relativ leichter als früher. Heute erzeugt Württemberg im Jahr durchschnittlich 460 000 Hektoliter Wein auf rund 6700 Hektar Rebfläche. Im 16. Jahrhundert waren es 45 000 Hektar, und da man, schon um des Zehnten willen, Massenträger anbaute wie ›Elbling‹ und ›Putzschere‹, war die Weinproduktion dementsprechend sehr viel größer. Es konnten aber schon damals nicht nur Massenträger gewesen sein, die man kelterte. Denn bis zum Dreißigjährigen Krieg galt das Wort ›Neckarwein – Schleckerwein‹. Der Herzog Christoph wollte bereits um 1550 den Neckar kanalisieren, um die Weine seines Landes, seinen größten Reichtum, per Schiff über den Rhein nach Holland und England ausführen zu können. Die Reformationskriege und später der Dreißigjährige Krieg machten einen dicken Strich durch solche Pläne. Seitdem ›schlotzen‹ die Schwaben auch nicht mehr wie dereinst pro Kopf der Bevölkerung 120 Liter Wein im Jahr.

Angefangen hat die Schlotzerei schon im 8. Jahrhundert, ja, vielleicht schon unter römischer Herrschaft. Aber so ganz sicher ist letzteres nicht, obwohl man in einer Römersiedlung bei Bad Cannstatt Traubenkerne gefunden hat. Der eigentliche Weinbau begann wie auch in den meisten anderen deutschen Weinbaugebieten – vergleiche das Kapitel ›Ein wenig Geschichte‹ – mit der Ausbreitung der Klöster. Wieder stoßen wir hier wie in Baden auf die reiche Abtei St. Gallen, die bereits 708 Weinberge bei Cannstatt besaß. Weingärten oder Wengerte, wie die Schwaben auch sagen, am Oberlauf des Neckar waren indessen eine Seltenheit. Die Reben kletterten durch Jahrhunderte hindurch langsam vom Unterland ins Oberland. Sie erreichten 1075 Stuttgart, Waiblingen im Remstal 1275 und erst im 14. Jahrhundert Tübingen und Reutlinge, die rund 400 bzw. 650 Meter hoch liegen. Das sind Höhen, die auf die Dauer in so nördlicher Breite den Reben nicht ganz behagen. Die Reutlinger haben es sich trotzdem nicht verdrießen lassen. Sie bauen heute noch Wein, wenn auch mehr zu repräsentativen Zwecken, um nämlich dem Herrn Oberbürgermeister die Gelegenheit zu bieten, illustre Gäste mit einem Schluck ›Reutlinger‹ zu begrüßen. Das hat man schon zur Zeit des Prinzen Eugen, des Eroberers von Belgrad, getan. Dieser freilich sagte, daß er lieber noch einmal Stadt und Festung Belgrad erobern wolle, als einen Schluck Reutlinger zu trinken. So darf er sich nicht wundern, daß ihm die Reutlinger kein Denkmal gesetzt haben. Heute soll der Reutlinger besser sein und sich in guten Jahren sogar mit den Weinen des Unterlandes messen können.

Auch mit dem Tübinger Wein ist das so eine Sache. Die Tübinger selbst nennen ihn ›räs‹, was soviel wie herb bedeutet. Früher zogen selbst die Herren Professoren der von Graf Eberhard im Barte 1477 gegründeten Universität ihren eigenen Wein. In der unteren Stadt gibt es im Herbst noch ein paar Besenwirtschaften, in denen sich Einheimische wie ›Reing'schmeckte‹, Professoren und Studenten, Bürger und Beamte und natürlich auch die ›Gogen‹ oder ›Raupen‹, wie man in Tübingen seltsamerweise die Weingärtner nennt, zum Probeschluck des Neuen zusammenfinden. Wie aber könnte das bißchen Wein, das noch in und um Tübingen gewonnen wird, auch nur für die fast 13 000 Studenten ausreichen, von den 68 000 Einheimischen und ›Reing'schmeckten‹ ganz zu schweigen.

Besser sieht es schon in Metzingen, Kohlberg, Neuffen, Beuren, Linsenhofen und Weilheim an der Teck aus. Auch Rottenburg, Deutschlands kleinste Bischofsresidenz, besitzt noch ein paar Weingärten auf den Keuperterrassen am Südhang über dem Neckar. Auf jeden Fall lebt in seinen Mauern eine der ältesten deutschen Weinbrüderschaften, die Urbanbrüderschaft. Sie ist einer der Hauptträger der Rottenburger Fasnet (Fastnacht), die zwischen dem ›schmotzigen Donnerstag‹ und Fastnachtsdienstag

Anbaugebiet Württemberg
mit den Bereichen Kocher/Jagst/Tauber, Remstal/Stuttgart und Württembergisch Unterland

WÜRTTEMBERG
WIESBADEN
MAIN
RHEIN
Hochheim
WÜRZBURG
MAIN
HOMBURG
DARMSTADT
Miltenberg
Bensheim
Weinheim
WEIKERSHEIM
Bad Mergentheim
GUNDELSHEIM
WEINSBERG
HEILBRONN
KÜNZELSAU
PFEDELBACH
TAUBER
MANNHEIM
BRACKENHEIM
MAULBRONN
BÖNNIGHEIM
NECKAR
LUDWIGSBURG
GROSSBOTTWAR
STUTTGART
ESSLINGEN a. N.
WÜRTTEMBERG
STRÜMPFELBACH
BADEN-BADEN
TÜBINGEN
METZINGEN
OFFENBURG

gefeiert wird und während der nicht nur die 14 000 Rottenburger, sondern dazu noch 50 000 Auswärtige ›aus em Häusle‹ sind. Was an Wein im Oberland gedeiht, hat das neue deutsche Weingesetz in der Großlage ›Hohenneuffen‹ und der Einzellage ›Schloßsteige‹ zusammengefaßt; nur dem Städtchen Metzingen hat es noch eine Einzellage zugebilligt: ›Hofsteige‹. Metzingen liegt knapp 500 Meter hoch. So ist es kaum anzunehmen, daß sich der Weinbau hier wieder ausbreiten wird wie etwa an der Bergstraße oder im badischen Kraichgau.

Da uns im Oberland der Wein nicht so stark in Anspruch nahm, ergriffen wir die Gelegenheit, uns mit der Geschichte Württembergs etwas näher zu befassen. Weinfreunde und Weintrinker kommen darum nicht ganz herum. Machen wir es indessen kurz! Entstanden ist dieses heute mit Baden und Hohenzollern vereinigte Land aus den Besitzen der Herren und Grafen von Wirdeberch seit 1135, die im mittleren Neckar- und Remstal größere Ländereien besaßen. Nach dem Tode des letzten Stauferkönigs und -kaisers (1268) konnten sie sich, zum Teil in heftigen Auseinandersetzungen mit den Habsburgern, beträchtliche Teile des staufischen Erbes aneignen. 1495 erkannte der römische Kaiser deutscher Nation Maximilian I., der ›letzte Ritter‹, Württemberg als unabhängiges Reichslehen an und erhob es zum Herzogtum Württemberg und Teck. Kurze Zeit, von 1520 bis 1534, wurde es habsburgisch, 1599 wieder unabhängiges Reichslehen. Groß war die Zahl der Freien Reichsstädte und geistlichen Territorien. Zu den Freien Reichsstädten zählten bis 1803 (Reichsdeputationsausschuß in Rastatt) außer Reutlingen und Esslingen auch Heilbronn, Wimpfen, Schwäbisch-Hall. 1803 erhielt das drei Jahre später zum Königreich erhobene Land dafür, daß es auf die Grafschaft Mömpelgard in der burgundischen Pforte verzichtete, von Napoleons Gnaden das Vierfache dieser Grafschaft an Land, vor allem im Hohenlohischen und zwischen Alb und Bodensee. Seitdem haben auch Menschen fränkischen Stammes ein Wort in Stuttgart mitzureden. 1918 war es dann wie überall in Deutschland mit dem Königtum zu Ende.

Dem Wein blieben die Württemberger über die Jahrhunderte treu. Ausgeprägte Individualisten, die sie nun einmal waren und noch heute sind, holten sie sich gleich zwei Rebsorten ins Land, die sonst in keinem deutschen Weinbaugebiet zu finden sind: den Trollinger und Lemberger (siehe Seiten 39/46). Das war ein Grund für uns, die heutige württembergische Weinkarte etwas näher zu betrachten. Wir taten das unter der kundigen Leitung eines älteren Mannes, den wir in der Kloster-Post zu Maulbronn kennenlernten. Das Haus war einst die Herberge dieses berühmten Klosters, das uns bis heute in schönster Geschlossenheit noch aus dem Mittelalter bewahrt blieb. Aus der Herberge wurde später eine Thurn- und Taxis'sche Poststation. Die Einrichtung erinnert noch heute an die gemütliche Postkutschenzeit. Hausspezialität sind Maultaschen, Aale aus dem Klostersee und geröstete Kalbshaxen mit Spätzle. Natürlich hatten wir eine Flasche ›Eilfingerberg‹ auf dem Tisch. Im Mittelalter war dieser von Zisterzienser Mönchen angebaute und gepflegte Wein der Lieblingswein vieler deutscher Kaiser. Selbst am Vatikan schätzte man ihn. Kloster Maulbronn – Herman Hesse hat ihm in seinem Roman ›Narziß und Goldmund‹ ein Denkmal gesetzt – besaß über hundert Dörfer und noch manchen anderen guten Weinberg mehr, ehe es 1504 von Herzog Ulrich erobert und 1556 zu einer protestantischen Klosterschule umgewandelt wurde. Der Wein stammte aus der Stuttgarter Hofkellerei und entpuppte sich als ein köstlicher, rassiger Riesling von dezenter Süße und Säure.

An der Spitze der württembergischen Haupttraubensorten, so wurden wir bei ›Eilfingerberg‹ und Laugenbretzeln belehrt, steht freilich noch immer der rote Trollinger, wie Württemberg überhaupt noch ein Rotweinland ist. Samtroter, eine beachtliche Spezialität des Taubertals, Helfensteiner, Heroldrebe, Schwarzriesling – eine irreführende Bezeichnung, da er mit dem Riesling überhaupt nichts zu tun hat, sondern ein Abkömmling der burgundischen Pinot-Meunier-Rebe ist – Portugieser, Spätburgunder, Trollinger und Lemberger bedecken mit ihren Trauben 58 Prozent der württembergischen Rebfläche. Gleich hinter dem Trollinger kommt aber bereits der Riesling, gefolgt in weitem Abstand von Silvaner, Müller-Thurgau, Kerner und ganz wenig Traminer. Wie es denn um den berühmten ›Schillerwein‹ stünde, wollten wir noch wissen. Unser kundiger Gewährsmann zuckte die Schultern, nahm dann noch einen tiefen Schluck und meinte, daß es eigentlich schade sei, daß sein Anbau immer mehr zurückgehe. Er sei zwar nichts Großes, wohl aber lieblich, frisch und anregend. Aber was sollte man machen, seitdem man die Schwaben, so weit sie Wengerter seien, dazu gebracht habe, den Mischsatz aufzugeben und nur noch reine Sorten anzubauen. Der ›Schiller‹, wie sein großer Namensvetter aus Marbach, dessen Vater ja ein Wengerter war, ein echter

›Schwob‹, ist nicht, wie man vermuten könnte, ein Rosé wie der badische Weißherbst, sondern ein ›Rötling‹, an dem sich die Schwaben Jahrhunderte hindurch gelabt haben. Auch ›Papa Heuss‹ tat das, als er noch Professor und später Bundespräsident war. Vielleicht hat der ›Schiller‹ ihn sogar dazu angeregt, mit der Schrift ›Weinbau und Weingärtnerstand in Heilbronn‹ zum Dr. phil. zu promovieren? Später hat er sich dann an den Renommierwein seiner Vaterstadt, den Lemberger vom Brackenheimer Zweifelberg, gehalten. Aber dorthin kommen wir ja noch. Bis dahin hat es indessen noch eine gute Weile. Wir waren durch den Besuch von Maulbronn ohnehin etwas von unserer Weinroute abgekommen, die uns vom Oberland direkt nach Stuttgart führen sollte.

Rund um Stuttgart und ins Remstal

Manchmal haben auch Funktürme mit ihren Restaurants etwas Gutes. Jedenfalls sahen wir vom ›Korb‹, wie sich die Gaststätte auf 150 Meter Höhe des Funkturms in Stuttgart-Degerloch nennt, die Lande um Neckar und Rems mit den vier Großlagen ›Weinsteige‹, ›Sonnenbühl‹, ›Kopf‹ und ›Wartbühl‹ zu unseren Füßen liegen. Als kulinarischen Begleiter hatten wir einen Tropfen von dem Stuttgarter ›Mönchberg‹ gewählt. Er ist einer der württembergischen Spitzenweine, genauso wie der benachbarte Cannstatter ›Zuckerle‹. Stuttgart war einmal die deutsche Großstadt mit der größten Rebfläche innerhalb ihrer Mauern. Heute ist sie von Heilbronn übertroffen worden. Groß-Stuttgart mit den einstigen selbständigen Gemeinden Hedelfingen, Ober- und Untertürkheim, Uhlbach, Rotenberg, Wangen, Rohracker, Bad Cannstatt, Zuffenhausen, Mühlhausen, Münster, Feuerbach und Degerloch umschließt 428 Hektar Rebfläche. 37,5 Hektar entfallen davon auf die Innenstadt mit den Lagen ›Mönchberg‹ und ›Kriegsberg‹. Der Wein müßte unerschwinglich teuer sein, gemessen an den Bodenpreisen im Kessel der Stuttgarter City. Aber der Boden gehört der Stadt Stuttgart; sonst wüchse hier längst kein Wein mehr. Und Stuttgart kann stolz auf diesen Wein sein, sei es nun ein Riesling, Trollinger oder Spätburgunder. Alle drei Rebsorten werden auf dem nur acht Hektar großen ›Mönchberg‹ angebaut. Die übrigen 29,5 Hektar Rebfläche in der Innenstadt verteilen sich auf die Lage ›Kriegsberg‹ und kleinere Wengerte, die sich, von Gärten, Parks und Waldstücken unterbrochen, zu den über 200 Meter hohen Hügeln über dem Talkessel des Nesenbaches hinaufziehen. Um aber zu erleben, wieviel Wein zwischen Stuttgart und Esslingen wächst, muß man hinaus nach Rotenberg fahren und den Weg zur Grabkapelle der württembergischen Könige einschlagen. So weit das Auge reicht, nichts wie Weinberge! Auf rotem Keupermergel gedeiht hier ein trefflicher Tropfen. Vor allem die Weine des ›Schloßberges‹, in den sich Rotenberg, Uhlbach und Untertürkheim teilen, sind zu loben, werden aber noch von denen des Uhlbacher ›Götzenbergs‹ übertroffen, der einen Trollinger von hervorragender Qualität liefert. Aber wie das so bisher in Württemberg war: die Uhlbacher, Rotenberger und Untertürkheimer trinken ihre Weine halt selbst.

Das wird sich vielleicht ändern, wie sich schon so manches an der bisher unerschütterlichen Tatsache geändert hat, daß die Schwaben so eifersüchtig auf ihre Weine sind, daß sie sie anderen nur knurrend gönnten. So ganz langsam beginnen sie, was die Badener schon längst taten: für ihre Weine zu werben. Selbst an solche Spitzenweine wie den Weikersheimer ›Schmecker‹, Gundelsheimer ›Himmelreich‹, Neipperger ›Schloßberg‹, Kleinbotterer ›Süßmund‹, ›Eilfingerberg Klosterstück‹, Cannstatter ›Zuckerle‹ und Stettener ›Pulvermächer‹ kommt der Nicht-Württemberger heute noch nicht so leicht heran.

Die Lage Cannstatter ›Zuckerle‹ war bis zur großen Lagenbereinigung durch das neue deutsche Weingesetz nur 1,5 Hektar groß, in den sich das Musterweingut der Stadt Stuttgart und die Weingärtnergenossenschaft ›Stuttgart–Bad Cannstatt‹ teilten. Dann hat man ihr weitere Lagen um Bad Cannstatt, Hofen, Mühlhausen und Münster, die alle zu Groß-Stuttgart gehören, zugeschlagen, so daß Cannstatter ›Zuckerle‹ heute auf 21 Hektar wächst. Man wird abwarten müssen, ob das dem ›Zuckerle‹, den es als Riesling, Trollinger und Spätburgunder gibt, bekommt.

Wir hatten die Liste der neun Bereiche, Groß- und Einzellagen mit auf die Reise genommen. Und wieder wunderten wir uns, warum einzelne Orte gleich zwei Großlagen zugeordnet wurden. Das ist zum Beispiel auch für einen so berühmten Weinort wie Stetten im Remstal der Fall. Seine Lage ›Mönchhalde‹ wurde zur Großlage ›Sonnenbühl‹ geschlagen, die Lagen ›Brotwasser‹, ›Häder‹, ›Lindhälder‹ und ›Pulvermächer‹ dagegen zur Großlage ›Wartbühl‹. Das von der Ruine Yburg gekrönte, 5300 Einwohner zählende Städtchen Stetten gehört mit Strümpfelbach und Schnait zu den drei Wein-Wallfahrtsorten des Remstals. An der Spitze aber stehen die Riesling-Hochgewächse von der drei Hektar großen Lage ›Brotwasser‹. Ein seltsamer Name für einen Wein! Er soll von einer adligen Dame des Mittelalters stammen, die die Gewohnheit hatte, ihr täglich Brot nur in den Wein von dem Hang der Yburg zu tauchen. Dafür war er uns zu schade. Wir setzten uns in die Gaststube ›Zur Linde‹, nachdem wir das Schloß besichtigt hatten, in dem von 1712 bis 1731 die berüchtigte Mätresse des Herzogs Eberhard Ludwig, die Gräfin Grävenitz, residiert hatte. Als der Herzog sie einmal für sieben Wochen mit seinem Gefolge besuchte, wurden 20 000 Liter Wein aus der ›Stettener Herrschaft‹ getrunken. An ›Brotwasser‹ hat es auch nicht gefehlt.

Die Strümpfelbacher, Fellbacher, Waiblinger, Korber, Winnender, Groß- und Kleinbottwarer, um noch ein paar viel besuchte Weinorte des Remstals zu nennen, tun es ebenfalls nicht. Schnait, ein Städtchen von 5500 Einwohnern, scheint den Stuttgartern und Esslingern besonders ans Herz gewachsen. Vielleicht liegt es daran, daß hier der Liederkomponist Friedrich Silcher (1789 bis 1860) geboren wurde. Seinem Andenken ist sogar ein Museum gewidmet, das in einem der vielen hübschen Fachwerkhäuser untergebracht ist. Silcher hat das verdient. Denn noch lange werden die Schwaben und nicht nur sie allein seine Lieder singen, die längst zu Volksliedern geworden sind: »Ich hatt' einen Kameraden«, »Ännchen von Tharau«, »Ich weiß nicht was soll es bedeuten« und viele andere. Sicherlich hat ihn zu diesen Liedern und auch zu größeren Kompositionen nicht zuletzt der gute Schnaiter Wein von der Burghalde, dem ›Altenberg‹ und ›Sonnenberg‹ inspiriert. Auf 140 Hektar Rebfläche gedeiht hier auch der in Württemberg nicht sehr häufige Silvaner, der in guten Jahren eine halbe Million Liter erbringt. Daneben gibt es ausgezeichnete, im Spiel zwischen fruchtiger Säure und natürlicher Süße ausgeglichene Rieslinge.

Noch malerischer als Schnait ist das zum Wochenende viel aufgesuchte Strümpfelbach, in dem 32 Fachwerkhäuser unter Denkmalschutz stehen und das 1967 in dem Wettbewerb ›Unser Dorf soll schöner werden‹ den ersten Preis erhielt. Vor allem zur Kirschblütenzeit pilgern die Stuttgarter und Esslinger nach Strümpfelbach. Auch letztere sind den Strümpfelbachern heute willkommen. Längst haben sie vergessen, daß die Bürger der Freien Reichsstadt Esslingen in dem Krieg, den sie 1349 gemeinsam mit den anderen Reichsstädten gegen den Grafen von Württemberg führten, den mitten in der Weinlese befindlichen Ort überfielen, brandschatzten und 450 000 Liter Wein aus den Fässern laufen ließen. Das Zerschlagen von Weinfässern war nun einmal bis ins 18. Jahrhundert hinein eines der beliebtesten Mittel der Kriegsführung. Heute ruht Strümpfelbach ruhig in sich selbst, trinkt seine guten Rieslinge von ›Gastenklinge‹ und ›Nonnenberg‹ oder verkauft sie, pflegt seine Kirschbäume und seine Erdbeer- und Himbeerstauden. Vielleicht gibt es eines Tages gar kein selbständiges Strümpfelbach mehr. Denn zwischen ihm und den Gemeinden Endersbach, Beutelsbach, Schnait und Großheppach sind seit geraumer Zeit Verhandlungen über einen kommunalen Zusammenschluß im Gange. Es wäre schade um die Individualität jedes dieser Orte.

Aber nachdem man die so individualistischen Schwaben auch dazu gebracht hat, sich, soweit sie Weingärtner sind, zu Genossenschaften zusammenzuschließen, halten sie sich immer mehr an das Wort ihres großen Landsmannes Friedrich Schiller: »Geschlossen werden auch die Schwaben mächtig.« Wie mächtig sie geworden sind, zeigen die Anlagen der ›Landeszentralgenossenschaft‹ mit Sitz in Obertürkheim und Möglingen. Die Anlagen in Möglingen gehören zu den größten dieser Art in Deutschland überhaupt. Genossenschaften sind aber keine Diktatoren. So läßt auch die württembergische Landeszentralgenossenschaft den örtlichen Genossenschaften viel freien Raum zur Entfaltung und zur Erzeugung von ausgesprochenen Qualitätsweinen. Spitzenweine liefern zum Beispiel die Fleiner, Cannstatter, Weinsberger, Heilbronner, Stettener, Uhlbacher und Mundelsheimer Genossenschaften. So mancher Weingärtnersohn ist, ehe er es zum Kellermeister brachte, in der Staatlichen Lehr- und Versuchsanstalt für Weinbau in Weinsberg unter der heutigen Leitung der Herren Dr. Götz und Klenk zur Schule gegangen. Eine der bekanntesten Rebzüchtungen dieser Akademie des Weinbaus ist der ›Kerner‹ (siehe Seite 38). Es gibt auch eine ganze Reihe von Weingütern in Besitz der Lehr- und Versuchsanstalt und somit des Landes Württemberg-Baden, so in Gundelsheim mit den Spitzenlagen ›Himmelreich‹ und ›Käsberg‹, weiter in Weinsberg selbst mit den recht guten Lagen ›Schemelsberg‹ und ›Wartburg‹. So mancher Weingarten befindet sich auch in städtischem Besitz. Natürlich fehlen auch private Weingutsbesitzer, die aus dem Bürger- oder Bauernstand hervorgegangen sind, nicht. Dagegen ist die Zahl der adligen Weingutsbesitzer, im Gegensatz etwa zum Rheingau oder zur badischen Ortenau, gering. Als Beispiele seien die Weingüter des Grafen Neipperg am Heuchelberg, des Grafen Adelmann gleichfalls am Heuchelberg und des Fürsten Hohenlohe-Oehringen genannt. Was es mit diesen Weinen auf sich hat, werden wir noch kennenlernen. Es war ohnehin Zeit, den Raum Stuttgart–Esslingen und das Remstal zu verlassen und uns neckarabwärts zu wenden.

Empfehlenswerte Lagen

Beutelsbach:	Käppele (Müller-Thurgau)
Esslingen:	Schenkenberg (Silvaner und Trollinger)
Fellbach:	Lämmler (Spätburgunder und Trollinger)
Großheppach:	Steingrüble (Silvaner)
Schnait (Rems):	Sonnenberg (Silvaner)
Stetten:	Pulvermächer (Riesling)
Strümpfelbach:	Altenberg (Trollinger)
Stuttgart:	Kriegsberg (Riesling und Trollinger,) Mönchberg (Riesling, Spätburgunder, Kerner, Müller-Thurgau)
Stuttgart-Bad Cannstatt:	Berg (Kerner), Steinhalde (Trollinger), Zuckerle (Muskat-Trollinger + Lemberger, Riesling, Kerner)
Stuttgart-Hedelfingen:	Lenzenberg (Trollinger und Spätburgunder)
Stuttgart-Obertürkheim:	Kirchberg (Riesling), Mönchberg (Silvaner)
Stuttgart-Rotenberg:	Schloßberg (Riesling, Trollinger, Silvaner, Kerner, Herold)
Stuttgart-Uhlbach:	Götzenberg (Trollinger und Herold)
Stuttgart-Untertürkheim:	Gips (Trollinger), Herzogenberg (Müller-Thurgau, Riesling, Ruländer)
Waiblingen:	Hörnle (Trollinger)

Am mittleren Neckar und im Enz-, Murr- und Bottwartal

Zuerst ein ganz wenig Geographie! Die Nebenflüsse des sich fortan wie ein Mäanderband durch Muschelkalkfelsen und Keuperabhänge schlingenden Neckars kommen wie Enz und Murr aus Osten von den Höhen des Schwäbischen Jura oder wie die Enz von denen des sich nach Osten immer weiter abflachenden Schwarzwaldes. Die Enz ist die stattlichste von ihnen. An ihren Ufern liegen Pforzheim, Mühlhausen, Vaihingen und Bietigheim. Bei Besigheim vermählt sie sich mit dem Neckar. Murr und Bottwar sind weniger anspruchsvoll. Wem sagen schon, wenn er ein Schwabe ist, Ortsnamen wie Steinheim oder Oberstenfeld viel. Durch das östliche Drittel der Landschaft zieht sich die Autobahn Stuttgart–Heilbronn. Wer sie herunterrast, kann keinen Wein probieren. Da ist es schon besser, von Stuttgart aus die Landstraße 10 zu nehmen und über Vaihingen, Lienzingen und Maulbronn nach Knittlingen zu bummeln oder der Bundesstraße 27 zu folgen, die von Ludwigsburg über Bietigheim und Besigheim nach Kirchheim führt. Noch besser ist es, die kleinen Nebenstraßen gemächlich abzufahren. Wein gibt es überall. Und hübsche Städtchen und Dörfer mit behaglichen Gasthäusern auch, mögen sie nun Beihingen, Rosswag, Groß- und Kleiningersheim, Mundelsheim, Besigheim, Walheim, Steinheim, Klein- und Großbottwar, Hof, Lembach, Bietigheim, Walheim oder Kirchheim heißen. Wein hat man überall einmal gebaut. Heute nicht mehr, da sich fast überall kleinere oder größere Fabriken oder deren Filialbetriebe niedergelassen haben. Die Bewohner fanden genügend andere Verdienstmöglichkeiten und haben den Weinbau zu einer Nebenbeschäftigung, fast möchte man sagen, zu einem Hobby gemacht. Wären die Weingärtnergenossenschaften und große Weingüter wie die der Württembergischen Hofkammer oder der Grafen Adelmann in Kleinbottwar nicht, so sähe es in diesem Teil Württembergs mit dem Wein nicht so gut aus, dann würden sich dessen Bewohner mit der Herstellung eines bekömmlichen Haustrunks begnügen, und dann gäbe es keine Weine wie die Knittlinger ›Reichshalde‹, den ›Eilfingerberg‹ von Maulbronn, den wir ja schon kennengelernt haben, und den Mundelsheimer ›Käsberg‹.

Die rechte Reisezeit für diese Landschaft ist Ende Oktober. Dann haben auch die Besenwirtschaften ihre Tore geschlossen; dann liegt morgens schon dünner Reif auf den Feldern, dann flammen die Weingärten in allen Schattierungen von Gelb, Gold und Rot, dann rumort in den Fässern bereits der junge Wein, dann hat man hier und da schon hausgeschlachtet, dann sind die berühmten, kroß gebratenen Enten des ›Alten Rentamts‹ in Schwaigern prall und rund, aber nicht zu fett und bilden die wunderschönste Grundlage zu einer Flasche dunkelrotem Lemberger aus dem Weingut der Grafen von Neipperg. Die Spitzenweine dieses Gebiets sind schnell aufgezählt. Es sind der Mundelsheimer ›Käsberg‹, wo man es inzwischen auch mit Spätburgunder versucht hat, der Kleinbottwarer ›Süßmund‹, der noch immer von den Zeiten her, als der Obere Berg und die Traminer Klinge noch nicht zur Großlage ›Wunnenstein‹ zusammengefaßt wurden und da er dem württembergischen General von Brüssele gehörte, als ›Brüssele‹ auf den Markt kommt. Heute bauen hier die Grafen Adelmann Wein – und zwar neben Traminer und Muskat-Trollinger auch Schwarzriesling und Spätburgunder an. Sonst aber ist das Land zwischen mittlerem und unterem Neckartal hauptsächlich Rotweinland, wobei neben Portugieser, den man früher fast nur zu Verschnittzwecken benutzte, bis man entdeckte, daß auch er seine Qualitäten hat, Schwarzriesling und Spätburgunder, hauptsächlich aber Trollinger angebaut werden. Auch der Schiller ist hier, vor allem in kleineren Winzerbetrieben, noch zu Hause.

Wer so ein richtiges, noch etwas verträumtes schwäbisches Städtchen entdecken will, fahre nach Steinheim an der Pforte zum weingesegneten Bottwartal. Zwar gibt es auch hier Industrie – wo gäbe es sie in Schwaben nicht –, und zwar ist Steinheim für seine Stuhlerzeugung bekannt. Berühmt aber ist Steinheim, das im 16. Jahrhundert vergeblich Freie Reichsstadt werden wollte, für den Schädel des homo steinheimensis geworden, den Kopf einer jungen Frau, die hier einmal vor 250 000 Jahren gelebt haben muß. Auch das fast erhaltene Skelett eines Mammuts wurde in dem Schotter der Murr entdeckt. Beides kann man sich im ›Urmensch-Museum‹ im Hans Trautwein-Haus ansehen. Uns zog das hübsche Fachwerkhaus mit dem löwengeschmückten Renaissancebrunnen davor mehr an. Die Bottwar mündet bei Steinheim in die Murr und diese wiederum bei Benningen in den Neckar. Wieder wenige Kilometer oberhalb Benningens liegt Marbach, Friedrich

Schillers Geburtsort. Nun, man kommt nicht darum, sich sein Geburtshaus in der Nikolausstraße anzusehen. Von dort ist es nicht weit bis zum ›Goldenen Löwen‹, aus dem Schillers Mutter stammte. Auch das Schiller-Nationalmuseum und das Deutsche Literaturarchiv mit den Nachlässen Ludwig Uhlands, Justinus Kerners, Wilhelm Hauffs, Rainer Maria Rilkes, Hugo von Hoffmannsthals und Heinrich Manns lohnt einen Besuch.

Schiller hatte ein anderes Verhältnis zum Wein als sein Freund und Dichterkollege Goethe. Wohl wußte Goethe auch um die Euphorie des Rausches; aber er gab sich ihr selten hin. Auch dem Wein gegenüber blieb er ein Mensch des Maßes und der Mitte. Schiller dagegen suchte, wenn er trank, den Rausch, weniger um der Euphorie willen, sondern weil er spürte, daß er den Akohol brauchte, wenn die Arbeit zu sehr auf ihm lastete und seine schwache körperliche Konstitution eines Impulses bedurfte. Goethe hat einmal zu Eckermann gesagt: »Schiller hat nie viel getrunken, er war sehr mäßig; aber in Augenblicken körperlicher Schwäche suchte er seine Kräfte durch etwas Liqueur oder ähnliches Spirituoses zu steigern.« Wenn er Wein trank, war es schwerer Wein. Am 30. Juni 1804, ein Jahr vor seinem Tode, bestand sein Weinvorrat aus Malaga (61 Bouteillen), Bourgogner (35), Champagner (22), Weißer Portwein (10), Leistenwein (2), Ruster (17), Oedenburger (6), Frankenwein (34), Falerner (42), Rum (5) und Muskateller (4).

Zwar waren Schillers Ahnen in Marbach größtenteils Winzer gewesen. Der Marbacher gehört aber nicht gerade zu den Spitzenweinen Schwabens, und außerdem waren die Schillers arme Leute, die ihren Wein lieber verkauften und dafür Apfelwein tranken. Den Duft von Äpfeln hat der Autor des ›Liedes an die Freude‹ so geliebt, daß er in seiner Schreibtischschublade jederzeit ein paar Äpfel liegen hatte. Und wieder ist es der Rausch, die Euphorie, die er im ›Lied an die Freude‹ besang:

Küsse gab sie uns und Reben . . .
Freude sprudelt in Pokalen.
In der Traube goldnem Blut,
Trinken Sanftmut Kannibalen . . .
Brüder, fliegt von euren Sitzen,
Wenn der volle Römer kreist,
Laßt den Schaum zum Himmel spritzen,
Dieses Glas dem guten Geist!

So halten es auch die Leute, die im Enztal und am Stromberg leben, in Bietigheim, Gündelbach, Horrheim, Roßwag, Illingen, Maulbronn, Knittlingen, Vaihingen. Mehr oder weniger gehören alle diese Gemeinden zur Großlage ›Stromberg‹, einem knapp 400 Meter hohen Höhenzug, in dessen Waldbestand sich die Weingärten hineinschmiegen. Auch hier überwiegen die Rotweine. Einen besonderen Namen haben sich neben dem Maulbronner ›Eilfingerberg‹ die Roßwager Weine gemacht. Man merke sich die Lagen ›Halde‹ und ›Lichtenberg‹. Leicht ist hier auf den steilen Muschelkalk- und Keuperhängen, die alle starke Terrassierung verlangen, der Weinbau nicht. So gilt auch heute noch der alte Spruch, den man aus dem Jahre 1617 in Marbach entdeckte: »Vinum macht viel Sorg und Mühe / Hier in unsrem Abendland / Aengstlich Sorgen spät und frühe / das ist uns hier wohlbekannt.«

Empfehlenswerte Lagen

Asperg:	Berg (Riesling und Trollinger)
Besigheim:	Neckarberg (Müller-Thurgau, Schwarzriesling, Trollinger)
Bönnigheim (Enz):	Sonnenberg (Lemberger, Schwarzriesling)
Großbottwar:	Harzberg (Trollinger), Lichtenberg (Riesling, Spätburgunder, Ruländer, Traminer, Schwarzriesling)
Beilstein:	Wartberg (Helfensteiner, Trollinger, Riesling)
Hessigheim:	Katzenöhrle (Kerner, Müller-Thurgau, Riesling, Riesling + Silvaner, Spätburgunder)
Marbach:	Marbacher Trollinger
Mundelsheim:	Käsberg (Trollinger), Rozenberg (Müller-Thurgau, Riesling + Silvaner, Silvaner, Schwarzriesling, Spätburgunder)
Roßwag:	Halde (Lemberger + Trollinger, Riesling + Silvaner), Lichtenberg (Spätburgunder)
Schwaigern:	Grafenberg (Lemberger, Trollinger), Vogelsang (Kerner, Ruländer, Samtrot, Schwarzriesling, Traminer)
Vaihingen (Enz):	Höllisch Feuer (Helfensteiner und Schwarzriesling)

Im unteren Neckartal

Wenn man heute den Hamburgern und Bremern mitteilte, daß sie morgen aufhörten, Bürger einer freien, sich selbst regierenden Stadt zu sein und sich als Bürger Niedersachsens oder Schleswig-Holsteins zu betrachten hätten, kann man nachfühlen, wie den Heilbronnern 1803 zumute gewesen sein muß. Zu Ende war es mit der reichsfreien Herrlichkeit. Sie waren fortan Untertanen des späteren Königs von Württemberg, dessen Vorfahren schon immer ein begehrliches Auge auf die reiche und blühende Stadt im ›Unterland‹ geworfen hatten. Aber nicht nur den Heilbronnern allein erging es so. Auch mit der Herrschaft der Deutschritter, der Löwensteiner, Neipperger und Hohenloher Grafen, der Klöster und Stifte, mögen sie nun Lauffen, Maulbronn, Bebenhausen, Öhringen, Hirsau, Comburg, Wimpfen und Möckmühl heißen, war es vorbei. An ihrer Stelle verwalteten nun die Oberamtleute das Land, darunter auch in Brackenheim etwas nördlich des Flüßchens, das sich Zaber nennt und von dem das Ländchen zwischen dem Heuchelberg, einem mäßig hohen, auf seinen Kuppen bewaldeten Höhenzug, und der Zaber seinen Namen hat. Es ist *das* – man beachte den Artikel – Zabergäu (nicht Gau). Die Schwaben sind darin eigenwillig. So ganz schwäbisch sind sie trotzdem hier schon nicht mehr. Denn der schöne Kraichgau, die Völkerpforte zwischen Schwarz- und Odenwald, ist nicht weit, und durch diese Pforte sind schon zu Karls des Großen Zeiten viele Franken nach Osten und in das Zabergäu gewandert und von dort weiter erst das Neckartal abwärts und dann das Kocher- und Jagsttal aufwärts.

Was aber auch immer in vielen Jahrhunderten geschah – und es geschah auf diesem Flickenteppich deutscher Territorialgeschichte allerlei –, Heilbronn blieb der Mittelpunkt. Heilbronn saß wie eine fette Spinne in seinem Netz, das es durch Abmachungen mit Reichsdörfern, die es hier auch gab, klug erweiterte. Sie hießen Böckingen, Neckargartach, Flein und Frankenbach, gehören heute längst als Vororte zur Großstadt Heilbronn und sorgten nach ihrer teilweisen Eingemeindung dafür, daß das Rebgelände Heilbronns auf 470 Hektar wuchs und damit dasjenige Stuttgarts um 32 Hektar überflügelte. Nur besitzt die geschäftige, im Zweiten Weltkrieg zu

80 Prozent zerstörte Stadt nicht ganz so berühmte Lagen wie die Landeshauptstadt. Immerhin, die Rieslinge, Trollinger, Samtroten und Frühburgunder vom 37 Hektar großen ›Wartberg‹, seit Erlaß des neuen deutschen Weingesetzes mit der Lage ›Löwenherz‹ vereinigt, erfordern Respekt. Und schließlich ist es auch ja nicht weit nach Flein mit seinem ›Eselsberg‹, nach Schwaigern mit dem Schloß und ›Schloßberg‹ der Grafen Neipperg, die das alte Rentamt in eine gastronomische Pilgerstätte verwandelten. Auch dort reift in guten Jahren ein hervorragender Riesling und für die echten Viertelschlotzer ein köstlicher Trollinger. Auch die Einzellage ›Heuchelberger Ruthe‹ in Schwaigern gehört den Grafen von Neipperg. Ist ein Jahr einmal zu trocken für den durchlässigen Keuperboden, so sind der dort gleichfalls gezogene Traminer und Ruländer nicht ganz das, was man sich wünscht. Halten sich indessen Sonne und Feuchtigkeit die Waage, dann erzielt man Spitzengewächse. Und man muß schon weiter neckarabwärts nach Gundelsheim fahren, wo die Staatliche Lehr- und Versuchsanstalt Weinsberg 2,5 Hektar auf bester Südlage mit Muschelkalkboden Spätburgunder und Traminer anbaut. Die Lage heißt mit Recht ›Himmelreich‹.

In Gundelsheim mit dem stolzen Schloß Horneck der ehemaligen Deutschordensritter hätten wir das Zabergäu indessen verlassen, was wir einfach nicht dürfen, solange wir Brackenheim nicht besucht haben. Denn Brackenheim, etwas abseits der Zaber gelegen, ein hübsches Städtchen, mit den Ortsteilen Botenheim und Haberschlacht 3 350 Einwohner zählend, besitzt in dem 86 Hektar umfassenden ›Zweifelberg‹, dessen Weine nur unter diesem Namen verkauft werden, auch wenn sie nicht Prädikatsweine sind, eine der besten Lagen Württembergs. Es ist auch der Geburtsort von Professor Theodor Heuss. Als echter Schwabe haßte ›Papa Heuss‹ alle falsche Sentimentalität. Als ihn die Brackenheimer Stadtväter fragten, ob sie sein Geburtshaus abreißen könnten, um Raum für einen neuen Weinkeller zu schaffen, da schrieb er ihnen: »Reißt das alte Haus nur ab. Eine Stätte zur Pflege des guten Brackenheimer Weines scheint mir viel wichtiger zu sein, als romantischer Ruhm und Vorrat.«

Der Krieg hat seine Vaterstadt kaum verändert. Anders war es mit Weinsberg, das zu nahe an Heilbronn lag, als daß es die Bomben des Zweiten Weltkrieges nicht auch getroffen hätten. Das Rathaus wurde gleich dreimal getroffen und immer wieder aufgebaut. Seitdem stehen an seiner Stirnwand, in Stein gemeißelt, die Worte »Dennoch, trotzdem, eineweg«. Vielleicht haben hier schon die Römer Wein angebaut. Jedenfalls hat man einen römischen Gutshof mit Badegebäude aus dem Jahre 100 n. Chr. ausgegraben. Aber nicht dadurch wurde Weinsberg berühmt, sondern durch seine Frauen. Als die Bürger der Stadt, inzwischen Untertanen eines staufischen Lehnsherrn, 1140 nicht so wollten wie ihr Herr, und diesem König Konrad III. zur Hilfe kam, zogen sich die Männer der Stadt auf ihre Burg zurück. Konrad III. gewährte den Frauen der Stadt freien Abzug mit der Zusage, daß sie ihr Liebstes mitnehmen dürften. Da zogen die Weiber von Weinsberg hinauf zur Burg, nahmen ihre Männer Huckepack und zogen von dannen. Seitdem heißt die Burg ›Weibertreu‹. Justinus Kerner hat dieses alles in einem Gedicht säuberlich nacherzählt.

Nach diesem Dichter, Arzt und Sonderling, der sich mit alchimistischen Studien beschäftigte und den Ehrgeiz hatte, Weinsberg zu einem zweiten Weimar zu machen, hat die seit 100 Jahren bestehende Staatliche Lehr- und Versuchsanstalt für Wein- und Obstbau eine ihrer Rebenzüchtungen ›Kerner‹ genannt. Von dieser Anstalt sind stärkste Impulse für den württembergischen Weinbau ausgegangen, und ihre Musterweingärten in Laufen, dem Geburtsort Friedrich Hölderlins, Gundelsheim und auf Gut Windeck haben so manchem Weingärtner oder seiner Weingärtnergenossenschaft als Vorbild gedient. Übrigens ist hier wie überhaupt im ganzen ›Unterland‹ die Bezeichnung ›Wengerter‹ für Weingärtner oder Winzer am meisten verbreitet. Die beste Lage Weinsbergs, im Besitz der Lehr- und Versuchsanstalt, ist der 16 Hektar große, vor allem mit Rieslingreben bepflanzte ›Schemelsberg‹. Wer einen 1971er Schemelsberger Riesling Beerenauslese im Keller liegen haben sollte, besitzt einen beneidenswerten Schatz. Außerhalb Württembergs, ja, des Unterlandes dürften das nur wenige sein. Die Unterländer und ihr Wein halten zusammen. Man kennt sich zu gut, und bereits wenn der neue Wein in den Fässern oder in den stählernen Gärbottichen rumort, hat man sich ein viertel, halbes oder ganzes Fuder gesichert.

Weinsberg liegt im sogenannten Weinsberger Tal, dem geographisch noch das Sulmtal zugeordnet wird. Es zieht sich etwa bis Löwenstein hin, wo das Hohenloher Land beginnt. Manches Weinstädtchen und -dörfchen wäre zu nennen. So etwa Ellhofen, wo der erste Stauferkönig Konrad III. den Welfenherzog Heinrich schlug und wo zum erstenmal der Schlachtruf »Hie Welf – hie

Waiblinger« erklang. Noch lange sollte er in der deutschen und italienischen Geschichte erklingen, meist in der italienischen Form von Guelfen und Ghibellinen. Heute trinken die Ellhofer ihre guten Tropfen von den Lagen ›Altenberg‹, ›Althälde‹ und ›Ranzenberg‹ in aller Ruhe.

Wir sind dem Weinsberger Tal nicht weiter bis ins Hohenlohische gefolgt. Wir fuhren von Weinsberg nach Cleversulzbach, erwiesen dort dem Dichter und Pfarrer Eduard Mörike unsere Reverenz und erreichten bei Neuenstadt die Kocher. Über die Weine, die dort und im nicht weit entfernten Ödheim wachsen, ist nicht viel zu sagen. Mit den Spitzenlagen und großen Lagen ist es in diesem nördlichen Teil Württembergs zu Ende. Die Weine schmekken erdig, haben sogar ein wenig ›Bodengefährtle‹ zuviel; aber es sind saubere, anständige Burschen, die man zu einem Käsebrot trinken sollte. Da sind die Weine des noch nördlicheren Jagsttals, vor allem die des fast noch ganz von Mauern umschlossenen, altertümlichen Möckmühl schon anspruchsvoller. Wir ließen uns in der Burgschenke in Jagsthausen einen Möckmühler ›Hofberg‹ einschenken und waren höchst angetan. Dazu ließen wir uns gebakkene Forellen aus der Jagst schmecken, mit ›Knöpfle‹, den etwas derberen Vettern der Spätzle, die mehr Kloß- als Nudelcharakter haben, und mit Salat, der aus Rapunzeln, von den Schwaben liebenswürdigerweise ›Sonnenwirbele‹ genannt, und Gurken bestand. Hier in Jagsthausen, wo die Ritter und Freiherrn von Berlichingen schon seit dem 13. Jahrhundert auf gleich drei Schlössern bzw. Burgen sitzen, befanden wir uns gar nicht mehr unter Schwaben, sondern unter Franken. Das Hohenloher Land erwartete uns.

Empfehlenswerte Lagen

Brackenheim:	Zweifelberg (Lemberger und Riesling), Wolfsaugen (Lemberger)
Cleebronn:	Michaelsberg (Kerner, Müller-Thurgau, Portugieser, Riesling, Riesling + Silvaner, Schwarzriesling, Spätburgunder)
Dürrenzimmern:	Mönchsberg (Müller-Thurgau, Riesling, Spätburgunder Weißherbst)
Eberstadt:	Eberfürst (Lemberger, Müller-Thurgau, Riesling, Ruländer, Samtrot, Schwarzriesling)
Erlenbach:	Kayberg (Lemberger, Portugieser, Riesling, Schwarzriesling, Trollinger)
Flein:	Eselsberg
Grantschen:	Wildenberg (Helfensteiner, Lemberger, Riesling, Schwarzriesling, Trollinger)
Hausen:	Staig (Lemberger und Trollinger)
Heilbronn:	Stahlbühl (Riesling), Stiftsberg (Kerner, Lemberger, Müller-Thurgau, Riesling, Ruländer, Samtrot, Schwarzriesling, Spätburgunder, Traminer)
Lauffen:	Jungfer (Schwarzriesling), Katzenbeißer (Kerner, Müller-Thurgau, Ruländer, Trollinger), Nonnenberg (Riesling, Ruländer)
Lehrensteinfeld:	Steinacker (Trollinger)
Löwenstein:	Altenberg (Spätburgunder), Wohlfahrtsberg (Riesling)
Neckarsulm:	Scheuerberg (Schwarzriesling)
Nordheim:	Sonntagsberg (Lemberger, Müller-Thurgau, Riesling, Ruländer, Silvaner)
Talheim:	Schloßberg (Riesling, Schwarzriesling)
Weinsberg (Zabergäu):	Ranzenberg (Riesling), Schemelsberg (Müller-Thurgau, Riesling)

Hohenlohe und das Taubertal

Die Hohenlohes waren bis zu ihrer Mediatisierung im Jahre 1803 eines der großen deutschen Adelsgeschlechter. Weit verzweigt über den ganzen süddeutschen Raum, hatten sie ihre Burgen und Schlösser in Waldenburg, Oehringen, Langenburg, Ingelfingen, Bartenstein, Neuenstein, Weikersheim und Schillingsfürst (nicht weit von Rothenburg ob der Tauber), alle innerhalb eines Gebietes, das noch heute das Hohenloher Land heißt. Die Hohenlohes hatten sich kein schlechtes Fleckchen Erde ausgesucht. Der Boden besteht vielfach aus sogenannter Lettenkohle, die gute Ernten liefert. Immer gingen Acker-, Gemüse- und Obstbau mit dem Weinbau Hand in Hand. So gab es keine Monokultur, auch in den Tälern der drei beherrschenden Flüsse Jagst, Kocher und Tauber nicht, die mit ihren Felsen aus Kalkstein und Keuper Abwechslung in eine manchmal etwas monotone Landschaft bringen. Es gibt auch Wälder; aber sie sind mehr dunkelgrüne Tupfen inmitten einer grünen Landschaft, über die einst nicht nur die Hohenlohes geboten, sondern eine buntgemischte Sippe von Rittern und Baronen, manche von ihnen, wie etwa die Berlichingen, stolz auf ihre Reichsfreiheit pochende Zaunkönige innerhalb der mittelalterlichen Adelshierarchie. Die Hohenlohes aber blieben die mächtigsten und glanzvollsten. Sie dienten den Kaisern des Römischen Reiches deutscher Nation. Sie dienten auch dem letzten deutschen Kaiser Wilhelm II. Fürst Chlodwig zu Hohenlohe-Schillingsfürst wurde 1894 Reichskanzler; ein Hohenlohe-Langenburger ungefähr gleichzeitig Reichsstatthalter in Elsaß-Lothringen, und in Rom trieb gleichfalls und wiederum ungefähr zur gleichen Zeit auch ein Hohenlohe liberale Kirchenpolitik auf eigene Faust.

Es gibt keinen besseren Platz, das Hohenloher Land kennenzulernen als die alte Hohenloher Residenzstadt Oehringen. Wer sich es leisten kann, fährt ein paar Kilometer weiter nach Friedrichsruhe, wo auch ein Hohenloher Schloß steht. Es dient heute mit seinen Neubauten neben dem alten Rentamt, das in eine Gast- und Schlemmerstätte verwandelt wurde und in der Lothar Eiermann, Chevalier de la Chaine des Rôtisseurs, seines Amtes waltet, als Gästehaus. Die Weine, die er ausschenkt, stammen aus dem Weingut des Fürsten Hohenlohe-Oehringen in Verrenberg. Es sind vorzügliche Tropfen. Wer indessen zum Hohenloher Pfannenbrätle lieber Bier trinkt, dem wird Bier aus der Fürstlich Hohenlohischen Brauerei vorgesetzt. Aber wie gesagt, man muß nicht unbedingt in Friedrichsruhe wohnen, wenn auch das wohltemperierte Schwimmbad und die herrlich weite Rasenfläche mit ihren Liegestühlen sehr verlockend sind. Auch im Hotel ›Württemberger Hof-Post‹ in Oehringen ist gut sein. Und da sind schließlich noch im Kochertal Künzelsau und Ingelfingen, im Jagsttal Schöntal und Vieringen und im Taubertal schließlich Bad Mergentheim und Weikersheim.

In Weikersheim trafen wir ein, als es schon dunkelte. Im ›Grünen Baum‹ neben dem turmgekrönten Barockschloß der Grafen Hohenlohe-Weikersheim, die 1756 ausstarben und ihren Besitz an die Württemberger Herzöge verkauften, war gerade noch ein Zimmerchen zu finden. Wir setzten uns, da alle übrigen Tische besetzt waren, an den langen Stammtisch, an dem man uns freundlich begrüßte. Vor allem ein Alter tat das, der hier jeden Abend einkehrt, drei bis vier Viertele leert und dann trotz seiner 90 Jahre gelassen nach Hause geht. Früher war er Apotheker im nahen Creglingen mit dem berühmten Altar Tilman Riemenschneiders gewesen. Jetzt lebt er von seinen Ersparnissen, und als wir uns als Hamburger zu erkennen geben, fragt er schlitzöhrig, ob Aktien der Hamburgischen Elektrizitätswerke eine gute Anlage seien. Wir konnten ihm das nur bestätigen, worauf er uns empfahl, eine Flasche Weikersheimer ›Schmecker‹ zu bestellen. Das sei ein Weinchen, flüsterte er, kniff die Augen zusammen, spitzte die Lippen und runzelte die Wangen. Ja, das war in der Tat ein Weinchen, nein, ein Wein von einer Güte, wie wir ihn selten getrunken haben. Gewürztraminer ist sicherlich nicht jedermanns Sache; aber dieser ›Schmecker‹ aus der Verwaltung der Fürstlich Hohenlohe-Langenburger Weingüter hatte nichts von der Aufdringlichkeit, die hin und wieder ein Gewürztraminer haben kann. Er war, mit einem Wort, vornehm, und ebenso vornehm, so versicherte uns der Alte, seien die Rieslinge und Muskateller aus den gleichen Weingütern.

Mit Weikersheim war unsere Fahrt durch das Württembergische Weinland zu Ende. Den nächsten Tag wollten wir in Würzburg sein. Als wir auf unser Zimmerchen gingen, fiel der Mond lichthell durchs weitgeöffnete Fenster. Vom Schloßpark her – es war keine Einbildung – hörten wir tatsächlich Nachtigallen schlagen.

Uns fielen ein paar Strophen aus Kerners Gedicht »An das Trinkglas eines verstorbenen Freundes« ein:

Du herrlich Glas, nun stehst du leer,
Glas, das er oft mit Lust gehoben;
Die Spinne hat rings um dich her
Indes den düsteren Flor gewoben.
Jetzt sollst du mir gefüllet sein
Mondhell mit Gold der deutschen Reben!
In deiner Tiefe heil'gen Schein
Schau ich hinab mit frommem Beben
Still geht der Mond das Tal entlang
Ernst tönt die mitternächtge Stunde,
Leer steht das Glas, der eil'ge Klang
Tönt nach in dem kristallnen Grunde.

Empfehlenswerte Lagen

Eschelbach:	Schwobajörgle (Müller-Thurgau, Silvaner)
Harsberg-Neuholz:	Dachsteiger (Riesling, Trollinger), Spielbühl (Trollinger)
Markelsheim (Tauber):	Probstberg (Riesling + Silvaner)
Niedernhall (Kocher):	Burgstall (Kerner, Riesling, Ruländer, Traminer)
Schwabbach:	Schloßberg (Riesling)
Verrenberg:	Verrenberger Burgunder, Lemberger und Riesling aus der Fürst Hohenlohe-Oehringschen Schloßkellerei, Goldberg (Portugieser)
Weikersheim (Tauber):	Schmecker (Gewürztraminer), Karlsberg (Müller-Thurgau, Perle, Riesling, Ruländer, Spätburgunder, Traminer), alle aus den Fürstlich Hohenlohe-Langenburgschen Weingütern

Das kleine Wein-ABC

Abgelagert: Vollständig ausgereifter, auf dem Höhepunkt der Entwicklung stehender Wein.

Alkohol: Farblose, leicht verdampfende Flüssigkeit (Aethylalkohol = C_2H_5OH), die durch die Einwirkung von Hefepilzen (Enzyme) auf den Zucker der Weinbeeren entsteht und der dabei in Alkohol und Kohlensäure aufgespalten wird. Der Alkoholgehalt bei deutschen Weinen liegt in der Regel zwischen 8,5 und 12 Grad.

Alkoholisiert: Meist durch Zusatz von Weinbrand auf einen höheren Alkoholgehalt gebrachter Wein. In der BRD ist das Alkoholisieren verboten.

Anreichern: Heute meist statt ›Verbessern‹ gebraucht (s.d.).

Aroma: Durch ätherische Öle ausgelöste, nur durch den Geruch wahrnehmbare Duftstoffe.

Art: Für Weine ganz bestimmter Anbaugebiete typische Eigenschaften.

Ausgegoren: Weine, bei denen die Gärung vollständig abgeschlossen ist und die daher keine Restsüße (s.d.) besitzen.

Auslese: Dritthöchste Klasse der deutschen Qualitätsweine mit Prädikat, bei denen nur vollreife Trauben nach Aussonderung aller kranken und unreifen Beeren gekeltert werden und deren Gärung ohne Zusatz von Zucker verläuft.

Bissig: Etwas scharf schmeckende und häufig prickelnde Weine mit Resten von Kohlensäure, die meist durch Nachgärung entsteht.

Bitter: Ein übermäßiger Bittermandelgeschmack bei Rotweinen, so gut wie nie bei Weißweinen, hervorgerufen durch zu viel Gerbsäure oder Bakterien.

Böckser: Meist zu junge Weine, die meist infolge von falscher Kellerbehandlung (z. B. zu starke Schwefelung) nach faulen Eiern schmecken. Beim Lagern verliert sich mitunter dieser Geschmack.

Boden-geschmack: Nicht gleichbedeutend mit ›erdig‹ (s.d.). Weine, bei denen man den Boden mitzuschmecken glaubt, auf dem die Reben gewachsen sind, z. B. Schiefer, Keuper, Kies, Ton, Urgestein. Bei bestimmten Weinen erwünscht und als Reinheitsmerkmal geltend. In Württemberg (Schwaben) ›Bodengefährtle‹ genannt.

Brandig: Weine, bei denen übermäßiger Alkoholgehalt unangenehm hervorsticht.

Bukett: (franz.: Bouquet) Das Zusammenwirken aller im Wein vorhandenen Duft- und Aromastoffe, bei denen Geruchs- und Geschmackssinn gleichermaßen beteiligt sind. Je nach der Traubenart sind Weine verschieden bukettreich. Zu den bukettreichen Traubensorten gehören u. a. Muskateller, Morio-Muskat, Muskat-Ottonel, Gewürztraminer und Ruländer.

Delikat: Die Summe aller guten Eigenschaften eines Weins.

Deckweine: Meist ausländische Rotweine, die wegen ihrer größeren Farbintensität und höherem Alkoholreichtum bis 1979 bis zu 25 Prozent mit deutschen Rotweinen verschnitten werden dürfen.

Dekantieren: Vorsichtiges Umfüllen von Rot- und Südweinen aus der Originalflasche in Kristallkaraffen, um Feststoffe, die sich am Flaschenboden, manchmal auch am Flaschenhals als sog. ›Depot‹ (s.d.) oder als ›Tapete‹ festgesetzt haben, auszuscheiden. Bei deutschen Rotweinen nur in seltensten Fällen notwendig.

Depot: Feststoffe, häufig in Flockenform, die sich bei Rotweinen und Südweinen häufig nach einem Alter von über fünf Jahren am Flaschenboden absetzen. Weinsteinkristalle (s.d.) sind kein Depot.

Dick: Manchmal die Eigenschaft von noch zu jungen Weinen, die bereits zu viel Körper (s.d.) besitzen und daher ölig aus der Flasche fließen.

Edel: Vieldeutig, gesetzlich nicht festgelegte Bezeichnung für Weine von besonderer Güte. Einen Wein als ›edel‹ zu bezeichnen, liegt im Ermessen des Winzers oder Weinhändlers.

Edelfäule: Hervorgerufen durch Befall von überreifen Trauben im Spätherbst durch einen Schimmelpilz (Botrytis cinerea), der die Traubenschalen überzieht, diese gleichzeitig hart und doch porös werden läßt und damit bewirkt, daß ein großer Teil des Traubensaftes verdunstet und sich dessen Zuckergehalt damit erhöht. Die Edelfäule ist die Voraussetzung für die Gewinnung von Trockenbeerenauslesen (s.d.).

Ehrlich: Ein Wein, der nicht mehr herzeigen will, als er nach Traubensorte und Lage verspricht.

Eiswein: Ein der Trockenbeerenauslese verwandter Wein, der nur aus Trauben gewonnen wird, die am Stock gefroren sind. Bei ihm wird nur der schwer gefrierende Zuckersaft abgepreßt und vergoren. Bei aller Süße verlangt Eiswein ein genügendes Maß von Säure. Je nach dem Datum der Lese unterscheidet man u. a. zwischen ›Nikolaus‹-, ›Silvester‹- und ›Dreikönigswein‹.

Elegant: Bezeichnung für nicht zu schwere, frische und doch harmonische (s.d.) Weine.

Erdig: Im Gegensatz zum Bodengeschmack (s.d.) unangenehmer, etwas fauler Geschmack nach Erde, der entweder durch Verschmutzen der Trauben bei der Lese oder bei Verwendung schlechten Filtermaterials entstehen kann.

Essigstich: Hervorgerufen durch Bakterien, die sich nach der Gärung entwickeln und dem Wein einen unangenehmen Essiggeschmack verleihen, der nicht beseitigt werden kann.

Extrakt: Bei Verdampfen von Wein bleiben die sogenannten Extraktstoffe zurück, u. a. Glyzerin (s.d.), gewisse Salze und Säuren sowie Zucker (nicht bei durchgegorenen Weinen), die dem Wein ›Körper‹ (s.d.) verleihen.

Fade: Ein meist zu wenig Säure besitzender, unausgeglichener Wein.

Federweißer: Junger Wein, dessen Gärung noch nicht abgeschlossen ist und daher noch Kohlensäure enthält. F., auch Sauser, Bitzler oder Kretzer genannt, ist in Baden, Franken und Württemberg beliebt, steigt aber leicht zu Kopf.

Fehler: Meist durch Mikroorganismen und andere Fremdstoffe, aber auch durch falsche Kellerbehandlung bewirkte Veränderungen.

Fein: Etwas unverbindliche Bezeichnung für Weine von überdurchschnittlicher Qualität.

Finesse: Etwa gleichbedeutend mit ›elegant‹, dabei auf besonders gute Merkmale eines Weins hindeutend.

Firne: Weine, die im Begriff sind, den Höhepunkt ihrer Entwicklung zu überschreiten, nennt man firnig. Sie können dabei ihren Höchstgeschmack erreichen, stehen aber auch vor der Gefahr, ›umzukippen‹. Firne, die es nur bei Weißweinen gibt, deutet sich farblich durch ein leichtes Braunwerden an.

Flach: Ein Wein, der arm an Extraktstoffen (s.d.) ist.

Flüchtig: Wein, bei dem das Bukett (s.d.) nach dem Einschenken schnell verweht.

Frisch: Meist junger Wein, der eine gewisse Spritzigkeit (s.d.) und Säure (s.d.) besitzt.

Fruchtig: Wein, bei dem man deutlich die Traubensorte herausschmeckt. In der Regel ein Zeichen für Qualität, sofern der Traubengeschmack nicht zu stark hervortritt.

Fuder: Faß mit ungefähr 1000 Liter Inhalt.

Fülle: Gleichbedeutend mit Extraktreichtum (s.d.) und Körper (s.d.).

Gefällig: Wein, der keine großen Ansprüche stellt und der in größerer Menge getrunken werden kann.

Glatt: Wein mit viel Körper (s.d.), aber etwas zu wenig Säure.

Glyzerin: Dreiwertiger Alkohol, von dem jeder gute Wein, vor allem Weißwein, 3–6 Gramm pro Liter enthalten muß, damit er Körper (s.d.) besitzt.

Groß: Bezeichnung für Spitzenweine aus berühmten Lagen (s.d.) und besonders guten Jahrgängen.

Halbstück: Weinfaß mit ungefähr 600 Liter Inhalt.

Harmonisch: Ein Wein, bei dem alle guten Eigenschaften, u. a. Alkohol-, Zucker- und Säuregehalt, richtig aufeinander abgestimmt sind.

Hart: Ein Wein mit zu viel Säure.

Herb: Rotwein mit zu viel Gerbsäure.

Herzhaft: Ein Wein mit viel Körper (s.d.).

Heuriger: Frisch angezapfter oder erst kurz auf Flaschen gefüllter Wein aus der letzten Lese (Ernte).

Jungfernwein: Wein aus der ersten Ernte einer Neupflanzung von Reben. Die erste Ernte kann meist erst nach fünf Jahren erfolgen.

Jungwein: Wein kurz nach der abgeschlossenen Gärung, der noch Kohlensäure enthält, aber nicht identisch mit dem ›Federweißen‹ (s.d.) ist.

Kabinett: Unterste Stufe der deutschen Qualitätsweine mit Prädikat (s. Seite 59). Früher Bezeichnung für Weine besonderer Qualität, die entweder in besonderen Kellerräumen gelagert oder für die Weinkeller (Cabinet) von Fürsten oder anderen Standespersonen bestimmt waren.

Kahm: Hautschleier, der sich über alkoholarmen Weinen bildet, wenn diese zu lange der Luft ausgesetzt sind, hervorgerufen durch Mikroorganismen. Kahmiger Wein schmeckt fade (s.d.).

Kernig: Fast identisch mit ›herzhaft‹ (s.d.), aber häufiger auf robustere Weine angewandt.

Klar: Ein Wein ohne jede Trübung, an sich eine Selbstverständlichkeit bei guten und sauberen Weinen.

Klein: Ein Wein ohne Körper (s.d.).

Körper: Gleichbedeutend mit einem hohen Gehalt an Extraktstoffen (s.d.). Bei körperreichen Weinen spricht man auch von ›Stoff‹ und ›Fülle‹.

Korkbrand: In den Korken eingebrannter Namenszug, manchmal auch Wappen oder Emblem des Weingutbesitzers oder auch Abfüllers, der bis zum Erlaß des neuen deutschen Weingesetzes von 1971 für naturreine Weine oder Originalabfüllungen garantierte. Diese Bedeutung hat der Korkbrand heute nicht mehr.

Korkig: Unangenehmer Geschmack, hervorgerufen durch schadhafte oder kranke Korken. Nach Korken schmeckende Weine dürfen an den Lieferanten oder Gastwirt zurückgegeben werden.

Kurz: Wein, dessen Geschmack rasch auf der Zunge zergeht und den Gaumen nicht mehr erreicht.

Lage: Das deutsche Weingesetz von 1970 unterscheidet zwischen ›Großlagen‹, die wiederum innerhalb eines ›Bereiches‹ liegen, und ›Einzellagen‹ innerhalb einer Großlage, die in der Regel mindestens 5 Hektar umfassen müssen. Die Einzellagen müssen amtlich beim Katasteramt (Grundbuchamt) eingetragen sein.

Lese: Die gesamte Weinernte, auch ›Herbst‹ genannt, die wiederum in Früh-, Haupt- und Spätlese zerfällt. Der Beginn jeder Lese wird amtlich festgesetzt.

Lieblich: Ein Wein, bei dem die Süße stärker gegenüber der Säure hervortritt. Liebliche Weine sind häufig auch relativ alkoholarm.

Matt: Überalterter Wein ohne Bukett (s.d.) und Blume (s.d.).

Mild: Fast gleichbedeutend mit ›lieblich‹ (s.d.).

Mollig: Rotweine mit viel Körper (s.d.) und relativ hohem Zuckergehalt sind mollig.

Most: Traubensaft vor der Gärung.

Mostgewicht: Das spezifische Gewicht des Mostes, das anzeigt, um wieviel Grad der Most schwerer ist als Wasser. Je höher der Zuckergehalt des Mostes ist, desto höher ist auch dessen spezifisches Gewicht. Erfinder der Mostwaage ist der deutsche Apotheker und Physiker Ferdinand Öchsle (1774–1852). Wenn es heute auch noch feiner registrierende Instrumente als die Öchsle-Waage gibt, so wird das Mostgewicht noch immer nach Öchsle-Graden berechnet. Das deutsche Weingesetz schreibt für alle Weinklassen Mindest-Öchslegrade vor. Durch amtliche Stichproben wird vor der Lese der Öchslegrad des Mostes in den einzelnen Großlagen festgestellt und durch die Presse bekanntgegeben.

Moussieren: Schäumen. (*Mousseux* = Schaum).

Natur: Davon abgeleitet ›naturrein‹, ›Naturwein‹ usw. – Bis zum Inkrafttreten des neuen Weingesetzes von 1971 durften sich Weine, die nicht gezuckert wurden, so nennen. Das neue Weingesetz verbietet diese Bezeichnung in jeglicher Form.

Nervig: Wein mit deutlichem, doch angenehmem Säuregehalt.

Ölig: Körperreicher Wein mit etwas zuviel Glyzerin(s.d.) -Gehalt.

Önologie: Wissenschaft vom Wein. Vom altgriechischen ›oinos‹ = Wein.

Originalabfüllung: Nach dem neuen Weingesetz nicht mehr gestattete Prädikatsbezeichnung. An ihre Stelle traten die Bezeichnungen ›Erzeugerabfüllung‹, ›Aus eigenem Lesegut‹ und ›Aus dem Lesegut des Winzers . . .‹. Die dritte Bezeichnung ist nur zulässig, wenn die für die Herstellung des Weines verwendeten Trauben ausschließlich von nur einem Erzeuger stammen.

Perlwein: Durch künstliche Zuführung von Kohlensäure perlend gemachter Wein. Er darf, um Verwechslungen zu vermeiden, nicht in Sektflaschen abgefüllt werden.

Pikant: Wein mit lebhafter Säure und Fruchtgeschmack (s.d.).

Qualitätswein: Das neue deutsche Weingesetz unterscheidet zwischen ›Qualitätsweinen b. A.‹ (= bestimmter Anbaugebiete), bei denen eine Zuckerung erlaubt ist, und ›Qualitätsweinen mit Prädikat‹, die nicht gezuckert werden dürfen. Bei letzteren gibt es folgende Rangstufen: Kabinett, Spätlese, Auslese, Beerenauslese, Trockenbeerenauslese bzw. Eiswein (s.d.).

Rahn: Wein, der sich durch Zutritt von Sauerstoff bräunlich färbt, was ein Zeichen für Oxydation ist, die wiederum auf falsche Kellerbehandlung, in diesem Fall zu geringe Schwefelung, zurückzuführen ist. Rahnige Weine, meist Jungweine, stehen vor dem ›Umkippen‹ (s.d.).

Rassig: Ein an sich harmonischer Wein, dem aber dezente Säure besonderen Charakter verleiht.

Reif: Wein, der sich voll entwickelt hat.

Restsüße: Restzucker des Traubensaftes, der bei der Gärung nicht völlig in Alkohol und Kohlensäure verwandelt wurde. Bei manchen deutschen Weinen notwendig und erwünscht, da diese sonst zu viel Säure besäßen. Der Gehalt von Restsüße wird jeweils amtlich festgelegt. Völlig durchgegorene Weine sind auch für Diabetiker geeignet und tragen auf Antrag das gelbe Diabetikersiegel mit dem Zusatz ›wenn vom Arzt verordnet‹.

Römer: Bauchiges, oft grünes Glas mit nach unten sich verbreiterndem Fuß. Das Wort stammt aus dem Mittelfränkischen und hat mit den alten Römern nichts zu tun.

Roséwein: Hellroter Wein, der durch das Angären von dunklen Trauben gewonnen wird, die dann abgepreßt werden und deren Most wie Weißwein zu Ende vergoren wird.

Rotwein: Wein aus dunklen Trauben, bei dem man die Beerenschalen, welche den hell- bis dunklroten Farbstoff enthalten, eine bestimmte Zeit im Most mit vergären läßt.

Rund: So gut wie gleichbedeutend mit ›harmonisch‹ (s.d.).

Samtig: Ungefähr gleichbedeutend mit ›Mollig‹ (s.d.). Vor allem bei Rotweinen von mildem Charakter und etwas süßem Geschmack gebräuchlich.

Sauber: Wein, der keine Fehler aufweist.

Säure: Alle Weintrauben bzw. -beeren enthalten in verschiedener Menge Säuren verschiedenen Charakters. Säure ist bei allen Weinen notwendig, um ihnen Zeit zur Entwicklung zu geben, zu konservieren und geschmacklich abzurunden. Der Säuregrad wird in einzelnen europäischen Ländern bei Qualitätsweinen amtlich festgesetzt. Deutsche Weine enthalten durchweg genügend Säure. Essigsäure (siehe ›Essigstich‹) entsteht durch falsche Kellerbehandlung. Weine mit zuviel Säure bezeichnet man als ›herb‹ (s.d.).

Sauser: Gleichbedeutend mit ›Federweißer‹ (s.d.).

Scharf: Wein, der zu viel Kohlensäure enthält. Ein geringes Quantum von Kolensäure, das den Wein zart prikkelnd macht, ist z. B. bei Saarweinen erwünscht.

Schaumweine: Gesetzliche Bezeichnung für alle moussierenden (s.d.) Weine, sofern ihnen nicht künstlich Kohlensäure zugesetzt wird, damit auch für deutschen Sekt. Schaumweine müssen, unabhängig von dem Herstellungsverfahren, mindestens 3,5 Kohlensäure-Atü besitzen. Die klassische, aber auch kostspieligste Schaumweinherstellung ist das Champagnerverfahren, bei dem sich die gesamte Gärung und der Ausbau des Schaumweins in der Flasche vollzieht. Beim heute vielfach gebräuchlichen Tankgärverfahren erfolgt die zweite Gärung in großen Drucktanks.

Schiller: Das in Württemberg noch gebräuchliche Zusammenkeltern und Zusammengären von hellen und dunklen Trauben liefert den früher sehr beliebten, heute aber immer weniger getrunkenen Schillerwein, der nicht identisch mit Roséwein (s.d.) ist.

Schönen: Gesetzlich erlaubte, aber auch streng vorgeschriebene und kontrollierte Methode zur Klärung des Jungweins durch organische (z. B. Hausenblase) und anorganische (z. B. Kalzium und Natrium) Stoffe.

Schwefeln: Schon im Altertum geübte Methode erstens zur Abtötung von Mikroorganismen (Bakterien) in den Gefäßen, in die der Most gefüllt wird, zweitens zur Konservierung des Weins und drittens zum Stoppen (s.d.) der Gärung; bei normalen Weinen darf der Zusatz von flüssigen Schwefelstoffen nicht mehr als 250 Milligramm pro Liter betragen. Bei Auslesen und allen Weinen mit mehr als 110 Grad Alkoholvolumen ist er etwas höher, in allen Fällen aber weder geschmacksstörend oder gesundheitlich bedenklich.

Schwer: Wein, der mehr als den normalen Gehalt von Zucker und Alkohol aufweist.

Seewein: Bezeichnung für die Weine vom Bodensee.

Sekt: Nach dem Ersten Weltkrieg für deutsche Schaumweine gebräuchliche Bezeichnung. Das Wort stammt von dem spanischen ›secco‹, mit dem im Mittelalter und noch später moussierende Weine vor allem von den Kanarischen Inseln bezeichnet wurden. Von Shakespeare in seinen Lustspielen gebraucht und von den deutschen Übersetzern Tieck und Schlegel in ›Sekt‹ verwandelt, wurde es von dem Berliner Schauspieler Ludwig Devrient Anfang des vorigen Jahrhunderts in Umlauf gebracht.

Spätlese: Zweite Rangstufe der deutschen Qualitätsweine mit Prädikat. Spätlesen dürfen nicht gezuckert werden.

Spiel: Wein, in Deutschland häufig Spät- und Auslesen, haben Spiel, wenn Süße und Säure im lebhaften Wechselspiel stehen.

Spitzengewächs: Wein aus besonders günstigen Lagen (s.d.).

Spritzig: Wein mit dezenter Säure und leichtem ›mousseux‹ (s.d.).

Stoppen: Unterbrechung der Gärung durch Schwefelung (s.d.) oder, jetzt mehr gebräuchlich, Gefrieren.

Stoff: Gleichbedeutend mit ›Extrakt‹ (s.d.) und ›Körper‹ (s.d.).

Straußwirtschaft: Meist ländlicher Betrieb, der selbst gebaute und gekelterte Weine nach deren Ausbau ausschenkt und dieses durch Anbringung eines Straußes (meist Fichten- oder Kiefernzweige) zur Kenntnis bringt.

Stück: Weinfaß von rund 1000 Litern Inhalt.

Süffig: Im Volksmund gebräuchlicher Ausdruck für Weine, die nicht ›spritzig‹ (s.d.) sind, sich leicht trinken lassen und bei denen die Süße mehr hervortritt als die Säure.

Tafelwein: Amtliche Bezeichnung für deutsche Weine, die man früher als Tisch- oder auch als Konsumweine bezeichnete. Im Gegensatz zu Qualitätswein braucht Tafelwein nicht aus bestimmten Groß- und Einzellagen zu stammen, muß aber ein Alkoholvolumen von mindestens 8,5 Prozent aufweisen und darf gezuckert werden. Deutsche Tafelweine müssen auf dem Etikett den Namen eines der fünf für Tafelweine vorgeschriebenen Großanbaugebiete tragen.

Temperieren: Vorsichtige Erwärmung vor allem von bestimmten Rotweinen oder auch Abkühlen von Weißweinen.

Trester: Die Stiele und Kerne von Trauben, die beim Keltern anfallen und nur bei Rotweinen mitvergoren werden. Vielfach wird aus ihnen ein etwas derber Schnaps gebrannt.

Trocken: Völlig durchgegorene Weine, die keinerlei Restsüße (s.d.) enthalten. Tr. ist auf keinen Fall identisch mit ›herb‹ (s.d.).

Trockenbeerenauslese: Höchste Stufe der deutschen Qualitätsweine mit Prädikat. Vergleiche ›Edelfäule‹.

Trüb: An sich soll jeder saubere (s.d.) Wein klar sein. Es kann aber vorkommen, daß sich durch die sogenannte Kältetrübung bei Weißweinen feine Kristalle von Weinsteinsäure (s.d.) bilden. Ein solcher Wein ist durchaus trinkbar.

Verbessern: In der Regel die Erhöhung des Alkoholgehalts von zuckerarmen Weinen durch Zusatz von Zucker (s.d.); aber auch die Schönung (s.d.) und das ›Verschneiden‹ (s.d.). Heute meist durch den Begriff ›Anreichern‹ ersetzt.

Verschneiden: Vermischen von Mosten oder Weinen aus verschiedenen Traubensorten, um gewisse Geschmacksausgleichungen und -angleichungen zu erzielen. Bei deutschen Qualitätsweinen ist die Angabe der verwandten Traubensorten auf dem Etikett gesetzlich vorgeschrieben.

Voll: Soviel wie ›Körper‹ (s.d.).

Wachstum: Früher ein Hinweis für ›naturreine‹ (s.d.) Weine. Heute bei Qualitätsweinen mit Prädikat ersetzt durch die ›Erzeugerabfüllung‹, ›Aus eigenem Lesegut‹ und ›Aus dem Lesegut des Winzers . . .‹. Vergleiche ›Originalabfüllung‹.

Weinig: Wein mit ausgesprochenem Traubengeschmack.

Weinstein: Die Kalium- und Kalziumsalze der Weinsäure (chem.: Dioxyd-Bernsteinsäure). Sie können sich im Faß oder Tank als Kruste absetzen oder in der Flasche feine Nadelkristalle bilden. Vergleiche ›trüb‹.

Weißherbst: In Baden und Württemberg gebräuchliche Bezeichnung für Roséweine‹ (s.d.).

Winzer: Weinbauer im Haupt- oder Nebenberuf, in Württemberg Weingärtner oder auch Wengerter, in Franken Häcker genannt.

Winzergenossenschaften: Freiwilliger Zusammenschluß von meist kleineren Weinbauern auf genossenschaftlicher Grundlage zur gemeinsamen Anlage von Weinbergen, Zufahrtswegen, Bearbeitung der Weinberge, Ernte, Kelterung, Kellerwirtschaft und Verkauf. Sie haben dem Verbraucher gegenüber die gleichen Rechte und Pflichten wie der Einzelbesitzer eines Weinguts.

Würzig: Wein mit natürlicher, auf Bodenbeschaffenheit und Traubensorte beruhende Würze.

Wuchtig: Wein mit viel Alkohol (s.d.) und Körper (s.d.).

Zart: Gleichbedeutend mit ›leicht‹ (s.d.), relativ alkoholarm.

Zucker: Der in dem Saft der Weinbeeren enthaltene Frucht- oder Traubenzucker ($C_6H_{12}O_6$), also eine Verbindung aus Kohlen-, Sauer- und Wasserstoff, auch Glucose genannt, verwandelt sich bei der Gärung in Alkohol (s.d.) und Kohlensäure. Wein, dessen Most infolge von Zuckerarmut nicht genügend Alkohol enthält, wird und kann durch Zusatz von Rüben- oder Rohrzucker (Saccharose) verbessert und damit auf das erwünschte und gesetzlich vorgeschriebene Alkoholvolumen gebracht werden. Bis zum Inkrafttreten des deutschen Weingesetzes von 1970 war auch die sog. ›Naßzuckerung‹, d. h. die Verwendung von Zuckersirup, erlaubt. Heute ist nur noch die sog. ›Trockenzuckerung‹ bei ›Tafelweinen‹ (s.d.) und ›Qualitätsweinen b. A.‹, aber nicht bei Prädikatsweinen in gesetzlich vorgeschriebenen Mengen gestattet.

Die deutschen Weinorte

Anbaugebiet: Ahr

Bereich Walporzheim/Ahr

Großlage: Klosterberg

Weinbauorte:	*Einzellagen:*
Ahrweiler	Daubhaus Forstberg Riegelfeld Rosenthal Silberberg Ursulinengarten
Altenahr	Eck Übigberg
Bachem	Karlskopf Sonnenschein Steinkaul
Bad Neuenahr	Kirchtürmchen Schieferley Sonnenberg
Dernau	Burggarten Goldkaul Hardtberg Pfarrwingert Schieferlay
Heimersheim	Burggarten Kapellenberg Landskrone
Heppingen	Berg
Marienthal	Jesuitengarten Klostergarten Rosenberg Stiftsberg Trotzenberg
Mayschoß	Burgberg Laacherberg Lochmühlerley Mönchberg Schieferley Silberberg
Rech	Blume Hardtberg Herrenberg
Walporzheim	Alte Lay Domlay Gärkammer Himmelchen Kräuterberg Pfaffenberg

Anbaugebiet: Baden

Bereich Badische Bergstr./Kraichgau

Großlage: Hohenberg

Weinbauorte:	*Einzellagen:*
Berghausen	Sonnenberg
Bilfingen	Klepberg
Dietlingen	Keulebuckel Klepberg
Dürrn	Eichelberg
Ellmendingen	Keulebuckel
Eisingen	Klepberg Steig
Ersingen	Klepberg
Grötzingen	Lichtenberg Turmberg
Hohen-wettersbach	Rosengarten
Karlsruhe-Durlach	Turmberg
Söllingen	Rotenbusch
Walzbachtal (Ortsteil Jöhlingen)	Hasensprung
Weingarten	Katzenberg Petersberg
Wöschbach	Steinwengert

Großlage: Mannaberg

Weinbauorte:	*Einzellagen:*
Bad Mingolsheim-Langenbrücken, Ortsteil Bad Langenbrücken, Ortsteil Bad Mingolsheim	Goldberg
Bruchsal (Stadtteil) Obergrombach	Burgwingert
Bruchsal	Klosterberg
Bruchsal (Stadtteil Untergrombach)	Michaelsberg Weinhecke
Dielheim	Rosenberg Teufelskopf
Heidelsheim	Altenberg
Heidelberg	Burg Dachsbuckel Herrenberg
Helmsheim	Burgwingert
Horrenberg	Osterberg
Kraichtal (Stadtteil Oberöwisheim, Stadtteil Unteröwisheim)	Kirchberg
Leimen	Herrenberg Kreuzweg
Mühlhausen	Heiligenstein
Malsch	Ölbaum Rotsteig
Malschenberg	Ölbaum
Nußloch	Wilhelmsberg
Östringen	Hummelberg Rosenkranzweg Ulrichsberg
Rauenberg	Burggraf
Rettigheim	Ölbaum
Rotenberg	Schloßberg
Tairnbach	Rosenberg
Ubstadt-Weiher (Ortsteil Stettfeld)	Himmelreich
Ubstadt-Weiher (Ortsteil Ubstadt)	Weinhecke
Wiesloch	Bergwäldle Hägenich Spitzenberg
Zeutern	Himmelreich

Großlage: Stiftsberg

Weinbauorte:	*Einzellagen:*
Bauerbach	Lerchenberg
Binau	Herzogsberg
Diedesheim	Herzogsberg
Eberbach	Schollerbuckel
Eichelberg	Kapellenberg
Eichtersheim	Sonnenberg
Elsenz	Spiegelberg
Eppingen	Lerchenberg
Eschelbach	Sonnenberg
Flehingen	Lerchenberg
Gemmingen	Vogelsang
Haßmersheim	Kirchweinberg
Heinsheim	Burg Ehrenberg
Herbolzheim	Berg
Kirchardt (Ortsteil Berwangen)	Vogelsang
Kraichtal (Stadtteil Bahnbrücken, Stadtteil Gochsheim, Stadtteil Oberacker)	Lerchenberg
Kraichtal (Stadtteil Neuenbürg, Stadtteil Menzingen, Stadtteil Münzesheim)	Silberberg
Kraichtal (Stadtteil Landshausen, Stadtteil Menzingen)	Spiegelberg
Kürnbach	Lerchenberg
Michelfeld	Himmelberg Sonnenberg
Mühlbach	Lerchenberg
Neckarzimmern	Götzhalde Kirchweinberg Wallmauer

Neckarmühlbach	Hohberg
Neudenau	Berg
Odenheim	Königsbecher
Rohrbach a. G.	Lerchenberg
Sinsheim (Stadtteil Hilsbach)	Eichelberg
Sinsheim (Stadtteil Weiler)	Goldberg
Sinsheim (Stadtteil Weiler)	Steinsberg
Steinsfurt	Steinberg
Sulzfeld	Burg Ravensburger Dicker Franz Burg Ravensburger Husarenkappe Burg Ravensburger Löchle Lerchenberg
Tiefenbach	Schellenbrunnen Spiegelberg
Waldangelloch	Sonnenberg
Zaisenhausen	Lerchenberg

Großlage: Rittersberg

Weinbauorte:	*Einzellagen:*
Dossenheim	Ölberg
Großsachsen	Sandrocken
Heidelberg	Heiligenberg Sonnenseite ob der Bruck
Hemsbach	Herrnwingert
Hohensachsen	Stephansberg
Laudenbach	Sonnberg
Leutershausen	Kahlberg Staudenberg
Lützelsachsen	Stephansberg
Schriesheim	Kuhberg Madonnenberg Schloßberg Staudenberg
Sulzbach	Herrnwingert
Weinheim	Hubberg Wüstberg

Bereich Badisches Frankenland

Großlage: Tauberklinge

Weinbauorte:	*Einzellagen:*
Beckstein	Kirchberg Nonnenberg
Boxberg (Stadtteil Unterschüpf)	Mühlberg
Dertingen	Mandelberg Sonnenberg
Gerlachsheim	Herrenberg
Großrinderfeld	Beilberg
Höhefeld	Kemelrain
Kembach	Sonnenberg
Königheim	Kirchberg
Königshofen	Kirchberg Turmberg Walterstal
Külsheim	Hoher Herrgott
Krautheim	Heiligenberg
Krautheim (Stadtteil Klepsau)	Heiligenberg
Lauda	Altenberg Frankenberg Nonnenberg
Lindelbach	Ebenrain
Marbach	Frankenberg
Oberlauda	Altenberg Steinklinge
Oberschüpf	Altenberg Herrenberg
Reicholzheim	First Kemelrain Satzenberg
Sachsenflur	Kailberg
Tauberbischofsheim	Edelberg
Tauberbischofsheim (Ortsteil Impfingen)	Silberquell
Uissigheim	Stahlberg
Werbach	Beilberg Hirschberg
Wertheim	Schloßberg

Bereich Bodensee

Großlage: Sonnenufer

Weinbauorte:	*Einzellagen:*
Bermatingen	Leopoldsberg
Bodman	Königsweingarten
Hagnau	Burgstall
Hilzingen	Elisabethenberg
Immenstaad	Burgstall
Kippenhausen	Burgstall
Konstanz	Sonnenhalde
Markdorf	Burgstall Sängerhalde
Meersburg	Bengel Chorherrnhalde Fohrenberg Haltnau Jungfernstieg Lerchenberg Rieschen Sängerhalde
Oberuhldingen	Kirchhalde
Reichenau	Hochwart
Salem (Ortsteil Kirchberg)	Schloßberg
Singen	Elisabethenberg Olgaberg
Stetten	Fohrenberg Lerchenberg Sängerhalde
Überlingen	Felsengarten

zur Zeit keiner Großlage angehörend:

Weinbauorte:	*Einzellagen:*
Klettgau (Ortsteil Erzingen)	Kapellenberg
(Ortsteil Rechberg)	Kapellenberg
Lottstetten (Ortsteil Nack)	Steinler

Bereich Markgräflerland

Großlage: Vogtei Rötteln

Weinbauorte:	*Einzellagen:*
Bamlach	Kapellenberg
Binzen	Sonnhohle
Blansingen	Wolfer
Efringen-Kirchen	Kirchberg Oelberg Sonnhohle Steingässle
Egringen	Sonnhohle
Eimeldingen	Sonnhohle
Fischingen	Sonnhohle
Feuerbach	Steingässle
Grenzach	Hornfelsen
Haltingen	Stiege
Herten	Steinacker
Hertingen	Sonnhohle
Holzen	Steingässle
Huttingen	Kirchberg
Istein	Kirchberg
Kleinkems	Wolfer
Lörrach	Sonnenbrunnen
Ötlingen	Sonnhohle Stiege
Rheinweiler	Kapellenberg
Riedlingen	Steingässle
Rümmingen	Sonnhohle
Schallbach	Sonnhohle
Tannenkirch	Steingässle
Weil am Rhein	Schlipf Stiege
Welmlingen	Steingässle
Wintersweiler	Steingässle
Wollbach	Steingässle

Großlage: Burg Neuenfels

Weinbauorte:	*Einzellagen:*
Auggen	Letten Schäf
Bad Bellingen	Sonnenstück
Badenweiler	Römerberg
Ballrechten-Dottingen	Altenberg Castellberg

Britzingen	Altenberg
	Rosenberg
	Sonnhole
Britzingen (Ortsteil Dattingen)	Altenberg
	Rosenberg
	Sonnhole
Feldberg	Paradies
Hügelheim	Gottesacker
	Höllberg
	Schloßgarten
Laufen	Altenberg
Liel	Sonnenstück
Lipburg	Kirchberg
Mauchen	Frauenberg
	Sonnenstück
Müllheim	Pfaffenstück
	Reggenhag
	Sonnhalde
Niedereggenen	Röthen
	Sonnenstück
Niederweiler	Römerberg
Obereggenen	Röthen
Schliengen	Sonnenstück
Steinenstadt	Schäf
	Sonnenstück
Sulzburg	Altenberg
Zunzingen	Rosenberg

Großlage: Lorettoberg

Weinbauorte:	*Einzellagen:*
Bad Krotzingen	Steingrüble
Biengen	Maltesergarten
Bollschweil	Steinberg
Buggingen	Höllberg
	Maltesergarten
Ebringen	Sommerberg
Ehrenstetten	Oelberg
	Rosenberg
Eschbach	Maltesergarten
Freiburg i. Br.	Jesuitenschloß
	Steinler
Grunern	Altenberg
	Schloßberg
Heitersheim	Maltesergarten
	Sonnhohle
Kirchhofen	Batzenberg
	Höllhagen
	Kirchberg
Mengen	Alemannenbuck
Merzhausen	Jesuitenschloß
Norsingen	Batzenberg
Pfaffenweiler	Batzenberg
	Oberdürrenberg
Schallstadt-Wolfenweile	Batzenberg
	Dürrenberg
Scherzingen	Batzenberg
Schlatt	Maltesergarten
	Steingrüble
Seefelden	Maltesergarten
Staufen	Schloßberg
Staufen (Ortsteil Wettelbrunn)	Maltesergarten
Tunsel	Maltesergarten
Wittnau	Kapuzinerbuck

Bereich Kaiserstuhl-Tuniberg

Großlage: Attilafelsen

Weinbauorte:	*Einzellagen:*
Gottenheim	Kirchberg
Merdingen	Bühl
Munzingen	Kapellenberg
Niederrimsingen	Rotgrund
Oberrimsingen	Franziskaner
Opfingen	Sonnenberg
Tiengen	Rebtal
Waltershofen	Steinmauer

Großlage: Vulkanfelsen

Weinbauorte:	*Einzellagen:*
Achkarren	Castellberg
	Schloßberg
Amoltern	Steinhalde
Bahlingen	Silberberg
Bickensohl	Herrenstück
	Steinfelsen

Bischoffingen	Enselberg Rosenkranz Steinbuck
Bötzingen	Eckberg Lasenberg
Burkheim	Feuerberg Schloßgarten
Breisach a. Rh.	Eckartsberg Augustinerberg
Endingen	Engelsberg Steingrube Tannacker
Eichstetten	Herrenbuck Lerchenberg
Ihringen	Castellberg Fohrenberg Kreuzhalde Schloßberg Steinfelsen Winklerberg
Ihringen (Ortsteil Blankenhornsberg)	Doktorgarten
Jechtingen	Eichert Enselberg Gestühl Hochberg Steingrube
Kiechlinsbergen	Ölberg Teufelsburg
Königschaffhausen	Hasenberg Steingrüble
Leiselheim	Gestühl
Neuershausen	Steingrube
Nimburg	Steingrube
Oberbergen	Baßgeige Pulverbuck
Oberrotweil	Eichberg Henkenberg Käsleberg Kirchberg Schloßberg
Riegel	St. Michaelsberg
Sasbach	Limburg Lützelberg Rote Halde Scheibenbuck
Schelingen	Kirchberg
Wasenweiler	Kreuzhalde Lotberg

Bereich Breisgau

Großlage: Burg Zähringen

Weinbauorte:	*Einzellagen:*
Buchholz	Sonnhalde
Denzlingen	Eichberg Sonnhalde
Emmendingen (Ortsteil Hochburg)	Halde
Freiburg i. Br. (Ortsteil Lehen)	Bergle Schloßberg
Glottertal	Eichberg Roter Bur
Heuweiler	Eichberg
Sexau	Sonnhalde
Wildtal	Sonnenberg

Großlage: Burg Lichteneck

Weinbauorte:	*Einzellagen:*
Altdorf	Kaiserberg
Bleichheim	Kaiserberg
Bombach	Sommerhalde
Broggingen	Kaiserberg
Ettenheim	Kaiserberg
Hecklingen	Schloßberg
Heimbach	Bienenberg
Herbolzheim	Kaiserberg
Kenzingen	Hummelberg Roter Berg
Köndringen	Alte Burg
Malterdingen	Bienenberg
Mundingen	Alte Burg
Nordweil	Herrenberg
Ringsheim	Kaiserberg
Tutschfelden	Kaiserberg
Wagenstadt	Hummelberg

Großlage: Schutterlindenberg

Weinbauorte:	*Einzellagen:*
Ettenheim (Ortsteil Wallburg)	Kirchberg
Friesenheim	Kronenbühl
Heiligenzell	Kronenbühl
Hugsweier	Kronenbühl
Kippenheim	Haselstaude

Lahr	Herrentisch
	Kronenbühl
Mahlberg	Haselstaude
Mietersheim	Kronenbühl
Münchweiler	Kirchberg
Oberschopfheim	Kronenbühl
Oberweier	Kronenbühl
Schmieheim	Kirchberg
Sulz	Haselstaude

Bereich Ortenau

Großlage: Fürsteneck

Weinbauorte:	*Einzellagen:*
Berghaupten	Kinzigtäler
Bermersbach	Kinzigtäler
Bottenau	Renchtäler
Diersburg	Kinzigtäler
	Schloßberg
Durbach	Bienengarten
	Josephsberg
	Kapellenberg
	Kasselberg
	Kochberg
	Ölberg
	Plauelrain
	Schloß Grohl
	Schloßberg
	Steinberg
Erlach	Renchtäler
Gengenbach	Kinzigtäler
	Nollenköpfle
Hofweier	Kinzigtäler
Lautenbach	Renchtäler
Nesselried	Renchtäler
	Schloßberg
Nieder-schopfheim	Kinzigtäler
Nußbach	Renchtäler
Offenburg (Ortsteil Zell-Weierbach)	Abtsberg
(Ortsteil Fessenbach)	Bergle
	Franzensberger
Oberkirch (Ortsteil Haslach)	Renchtäler
Oberkirch	Renchtäler
Ödsbach	Renchtäler
Ohlsbach	Kinzigtäler
Ortenberg	Andreasberg
	Franzensberger
	Freudental
	Schloßberg
Rammersweier	Kreuzberg
Reichenbach	Amselberg
	Kinzigtäler
Ringelbach	Renchtäler
Stadelhofen	Renchtäler
Tiergarten	Renchtäler
Ulm	Renchtäler
Zunsweier	Kinzigtäler

Großlage: Schloß Rodeck

Weinbauorte:	*Einzellagen:*
Achern (Ortsteil Oberachern)	Alter Gott
	Bienenberg
Altschweier	Sternenberg
Baden-Baden	Eckberg
	Sätzler
Bühl (Ortsteil Neusatz)	Burg Windeck Kastanienhalde
	Sternenberg
	Wolfhag
Bühlertal	Engelsfelsen
	Klotzberg
Eisental	Betschgräbler
	Sommerhalde
Kappelrodeck	Hex vom Dasenstein
Lauf	Alter Gott
	Gut Alsenhof
	Schloß Neu-Windeck
Mösbach	Kreuzberg
Neuweier	Altenberg
	Gänsberg
	Heiligenstein
	Mauerberg
	Schloßberg
Obersasbach	Alter Gott
	Eichwäldele
Obertsrot	Grafensprung
Ottersweier	Althof
	Wolfhag

Renchen	Kreuzberg
Sasbachwalden	Alter Gott Klostergut Schelzberg
Sinzheim	Frühmeßler Klostergut Fremersberger Feigenwäldchen Sätzler Sonnenberg
Steinbach	Stich den Buben Yburgberg
Varnhalt	Klosterbergfelsen Sonnenberg Steingrübler
Weisenbach	Kestelberg
Waldulm	Kreuzberg Pfarrberg

Anbaugebiet: Hessische Bergstraße

Bereich Starkenburg

Großlage: Schloßberg

Leitgemeinde: Heppenheim

Weinbauorte:	*Einzellagen:*
Heppenheim (einschl. Erbach und Hambach)	Eckweg Guldenzoll Maiberg Steinkopf Stemmler Zentgericht

Leitgemeinde: Bensheim

Großlage: Wolfsmagen

Weinbauorte:	*Einzellagen:*
Bensheim	Hemsberg Kalkgasse Kirchberg Paulus Streichling

Leitgemeinde: Auerbach

Großlage: Rott

Weinbauorte:	*Einzellagen:*
Auerbach	Fürstenlager Höllberg
Schönberg	Herrnwingert

Großlagenfrei

Seeheim	Mundklingen
Zwingenberg	Alte Burg Steingeröll

Bereich Umstadt

Weinbauorte:	*Einzellagen:*
Dietzenbach	Wingertsberg
Roßdorf	Roßberg
Groß Umstadt	Herrnberg Stachelberg Steingerück
Klein-Umstadt	

Anbaugebiet: Franken

Bereich Mainviereck

Großlage: Reuschberg

Weinbauorte:	*Einzellagen:*
Hörstein	Abtsberg

Großlage: Heiligenthal

Weinbauorte:	*Einzellagen:*
Großostheim	Reischklingenberg Harstell
Wenigumstadt	übrige Rebflächen

Großlagenfrei

Weinbauorte:	*Einzellagen:*
Aschaffenburg	Pompejaner
Bürgstadt	Mainhölle Centgrafenberg

Dorfprozelten	Predigtstuhl
Engelsberg	Klostergarten
Erlenbach a. Main	Hochberg
Großheubach	Bischofsberg
Großwallstadt	Lützeltalerberg
Kreuzwertheim	Kaffelstein
Klingenberg	Schloßberg
	Hochberg
Michelbach	Apostelgarten
	Steinberg
Miltenberg	Steingrübler
Rück	Johannisberg
	Jesuitenberg
Wasserlos	Schloßberg

Bereich Maindreieck

Großlage: Kirchberg

Weinbauorte:	*Einzellagen:*
Astheim	Karthäuser
Escherndorf	Lump
	Fürstenberg
	Berg
Fahr	übrige Rebflächen
Köhler	übrige Rebflächen
Krautheim	Sonnenleite
Neuses	Glatzen
Neusetz	übrige Rebflächen
Nordheim	Vögelein
	Kreuzberg
Obereisenheim	Höll
Obervolkach	Landsknecht
Stammheim	Eselsberg
Sommerach	Katzenkopf
	Rosenberg
Untereisenheim	Sonnenberg
Volkach	Ratsherr
Wipfeld	Zehntgraf

Großlage: Burg

Weinbauorte:	*Einzellagen:*
Hammelburg	Heroldsberg
	Trautlestal
Ramsthal	St. Klausen
Saaleck	Schloßberg
Wirmsthal	Scheinberg

Großlage: Roßtal

Weinbauorte:	*Einzellagen:*
Arnstein	übrige Rebflächen
Eußenheim	First
Gambach	Kalbenstein
Gössenheim	Arnberg
Himmelstadt	Kelter
Karlburg	übrige Rebflächen
Karlstadt	Im Stein
Mühlbach	übrige Rebflächen
Laudenbach	übrige Rebflächen
Retzstadt	Langenberg
Stetten	Stein

Großlage: Honigberg

Weinbauorte:	*Einzellagen:*
Dettelbach	Berg-Rondell
	Sonnenleite

Großlage: Hofrat

Weinbauorte:	*Einzellagen:*
Buchbrunn	Heißer Stein
Kitzingen	Wilhelmsberg
Mainstockheim	Hofstück
Marktbreit	Sonnenberg
Repperndorf	Kaiser Karl
Segnitz	Pfaffensteig
	Zobelsberg
Sulzfeld	Cyriakusberg
	Maustal

Großlage: Ewig Leben

Weinbauorte:	*Einzellagen:*
Randersacker	Marsberg
	Pfülben
	Sonnenstuhl
	Teufelskeller

Großlage: Ravensburg

Weinbauorte:	*Einzellagen:*
Erlabrunn	Weinsteig
Güntersleben	Sommerstuhl
Retzbach	Benediktusberg
Thüngersheim	Johannisberg
	Scharlachberg
Veitshöchheim	Wölflein

Großlagenfrei

Weinbauorte:	*Einzellagen:*
Böttigheim	Wurmberg
Eibelstadt	Kapellenberg Mönchsleite
Erlenbach bei Marktheidenfeld	Krähenschnabel
Frankenwinheim	Rosenberg
Frickenhausen am Main	Fischer Kapellenberg Markgraf Babenberg
Hallburg	Schloßberg
Homburg	Edelfrau Kallmuth
Lengfurt	Alter Berg Oberrot
Randersacker	Dabug
Rimpar	Kobersberg
Röttingen	Feuerstein
Schweinfurt	Mainleite Peterstirn
Sommerhausen	Reifenstein Steinbach
Tauberrettersheim	Köngin
Veitshöchheim	Sonnenschein
Würzburg	Abtsleite Innere Leiste Kirchberg Pfaffenberg Schloßberg Stein Stein/Harfe

Bereich Steigerwald

Großlage: Schild

Weinbauorte:	*Einzellagen:*
Abtswind	Altenberg
Castell	Bausch Kirchberg
Greuth	Bastel

Großlage: Herrenberg

Weinbauorte:	*Einzellagen:*
Castell	Bausch Feuerbach Hohnart Kirchberg Kugelspiel Reitsteig Schloßberg Trautberg

Großlage: Kapellenberg

Weinbauorte:	*Einzellagen:*
Schmachtenberg	Eulengrund
Steinbach	Nonnenberg
Zell	Kronberg
Ziegelanger	Ölschnabel

Großlage: Schloßberg

Weinbauorte:	*Einzellagen:*
Großlangheim	Kiliansberg
Rödelsee	Küchenmeister Schwanleite
Sickershausen	Storchenbrünnle
Wiesenbronn	Wachhügel

Großlage: Burgweg

Weinbauorte:	*Einzellagen:*
Iphofen	Julius-Echter-Berg Kronsberg Kalb
Markt Einersheim	Vogelsang
Possenheim	übrige Rebflächen

Großlage: Schloßstück

Weinbauorte:	*Einzellagen:*
Bullenheim	Paradies
Ergersheim	Altenberg
Frankenberg	Herrschaftsberg
Hüttenheim	Tannenberg
Ippesheim	Herrschaftsberg
Seinsheim	Hohenbühl
Weimersheim	Roter Berg

Großlagenfrei

Weinbauorte:	*Einzellagen:*
Altmannsdorf	Sonnenwinkel
Handthal	Stollberg
Kammerforst	Teufel
Kleinlangheim	Wutschenberg
Martinsheim	Langenstein
Michelau i. Steigerwald	Vollburg
Oberschwarzach	Herrenberg
Zeil a. Main	Mönschhang

Bereich Bayer. Bodensee

Weinbauorte:	*Einzellagen:*
Nonnenhorn	Seehalde Sonnenbüchel

Anbaugebiet: Mittelrhein

Bereich Bacharach

Großlage: Schloß Reichenstein

Weinbauorte:	*Einzellagen:*
Niederheimbach	Froher Weingarten Reifersley Schloß Hohneck Soonecker Schloßberg
Oberheimbach	Klosterberg Römerberg Sonne Wahrheit
Trechtingshausen	Morgenbachtaler

Großlage: Schloß Stahleck

Weinbauorte:	*Einzellagen:*
Bacharach	Hahn Insel Heylesern Wert Kloster Fürstental Mathias Weingarten Posten Wolfshöhle

Großlage: Gedeonseck

Weinbauorte:	*Einzellagen:*
Boppard	Elfenlay Engelstein Fässerlay Feuerlay Mandelstein Ohlenberg Weingrube
Bacharach/Steeg	Hambusch Lennenborn St. Jost Schloß Stahlberg
Manubach	Heilgarten Langgarten Mönchwingert St. Oswald
Oberdiebach	Bischofshub Fürstenberg Kräuterberg Rheinberg

Bereich: Rheinburgengau

Großlage: Burg Hammerstein

Weinbauorte:	*Einzellagen:*
Bad Hönningen	Schloßberg
Dattenberg	Gertrudenberg
Hammerstein	Hölle In den Layfelsen Schloßberg
Kasbach	Stehlerberg
Leubsdorf	Weißes Kreuz
Leutesdorf	Forstberg Gartenlay Rosenberg
Linz	Rheinhöller
Rheinbrohl	Monte Jup Römerberg
Unkel	Berg Sonnenberg

Großlage: Burg Rheinfels

Weinbauorte:	*Einzellagen:*
St. Goar-Werlau	Ameisenberg Frohwingert Kuhstall Rosenberg

Brey	Hämmchen
Rhens	König Wenzel Sonnenlay
Spay	Engelstein

Großlage: Herrenberg

Weinbauorte:	*Einzellagen:*
Dörscheid	Kupferflöz Wolfsnack
Kaub	Backofen Blüchertal Burg Gutenfels Pfalzgrafenstein Rauschelay Roßstein

Großlage: Loreleyfelsen

Weinbauorte:	*Einzellagen:*
Bornich	Rothenack
Kamp-Bornhofen-Kestert	Liebenstein-Sterrenberg Pilgerpfad
Nochern	Brünnchen
Patersberg	Teufelstein
St. Goarshausen	Burg Katz Burg Maus Hessern Loreley-Edel

Großlage: Marksburg

Weinbauorte:	*Einzellagen:*
Braubach	Marmorberg Mühlberg Koppelstein
Filsen	Pfarrgarten
Koblenz-Ehrenbreitstein	Kreuzberg
Lahnstein	Koppelstein
Osterspai	Liebeneck-Sonnenlay
Urbar	Rheinnieder
Vallendar	Rheinnieder

Großlage: Lahntal

Weinbauorte:	*Einzellagen:*
Bad Ems	Hasenberg
Dausenau	Hasenberg
Fachbach	Einzellagenfrei
Nassau	Schloßberg
Obernhof	Goetheberg
Weinähr	Giebelhöll

Großlage: Schloß Schönburg

Weinbauorte:	*Einzellagen:*
Damscheid	Frankenhell Goldemund Sonnenstock
Dellhofen	Römerkrug St. Wernerberg
Langscheid	Hundert
Niederburg	Bienenberg Rheingoldberg
Oberwesel	Bernstein Bienenberg Goldemund Ölsberg Römerkrug St. Martinsberg Sieben Jungfrauen
Perscheid	Rosental
Urbar b. St. Goar	Beulsberg

Großlagenfrei

Hirzenach	Probsteiberg

Anbaugebiet: Mosel - Saar - Ruwer

Bereich Bernkastel

Großlage: Badstube

Weinbauorte:	*Einzellagen:*
Bernkastel-Kues	Bratenhöfchen Doctor Graben Lay Matheisbildchen

Großlage: Beerenlay

Weinbauorte:	*Einzellagen:*
Lieser	Niederberg-Helden Rosenlay Süssenberg

Großlage: Kurfürstlay

Weinbauorte:	*Einzellagen:*
Andel	Schloßberg
Bernkastel-Kues	Johannisbrünnchen
	Kardinalsberg
	Rosenberg
	Schloßberg
	Stephanus-Rosengärtchen
	Weissenstein
Brauneberg	Hasenläufer
	Juffer
	Juffer-Sonnenuhr
	Kammer
	Klostergarten
	Mandelgraben
Burgen	Hasenläufer
	Kirchberg
	Römerberg
Kesten	Herrenberg
	Paulinsberg
	Paulinushofberger
Lieser	Schloßberg
Maring-Noviand	Honigberg
	Kirchberg
	Klosterberg
	Römerpfad
	Sonnenuhr
Mülheim	Amtsgarten
	Elisenberg
	Helenenkloster
	Sonnenlay
Osann-Monzel	Kätzchen
	Kirchlay
	Paulinslay
	Rosenberg
Veldenz	Carlsberg
	Elisenberg
	Grafschafter Sonnenberg
	Kirchberg
	Mühlberg
Wintrich	Großer Hergott
	Ohligsberg
	Sonnenseite
	Stefanslay

Großlage: Michelsberg

Weinbauorte:	*Einzellagen:*
Hetzerath	Brauneberg
Minheim	Burglay
	Günterslay
	Kapellchen
	Rosenberg
Neumagen-Dhron	Engelgrube
	Grafenberg
	Großer Hengelberg
	Hofberger
	Laudamusberg
	Rosengärtchen
	Roterd
	Sonnenuhr
Piesport	Domherr
	Falkenberg
	Gärtchen
	Goldtröpfchen
	Günterslay
	Schubertslay
	Treppchen
Rivenich	Brauneberg
	Geisberg
	Niederberg
	Rosenberg
Sehlem	Rotlay
Trittenheim	Altärchen
	Apotheke
	Felsenkopf
	Leiterchen

Großlage: Münzlay

Weinbauorte:	*Einzellagen:*
Graach	Abtsberg
	Domprobst
	Himmelreich
	Josephshöfer
Wehlen	Klosterberg
	Nonnenberg
	Sonnenuhr
Zeltingen-Rachtig	Deutschherrenberg
	Himmelreich
	Schloßberg
	Sonnenuhr

Großlage: Nacktarsch

Weinbauorte:	*Einzellagen:*
Kröv	Burglay Herrenberg Kirchlay Letterlay Paradies Steffensberg

Großlage: Probstberg

Weinbauorte:	*Einzellagen:*
Fell	Maximiner Burgberg
Kenn	Held Maximiner Hofgarten
Longuich	Hirschlay Maximiner Herrenberg
Mehring	Einzellagenfrei (alle Weinberge auf der rechten Moselseite)
Riol	Römerberg
Schweich	Annaberg Burgmauer Herrenberg

Großlage: Sankt Michael

Weinbauorte:	*Einzellagen:*
Bekond	Brauneberg Schloßberg
Detzem	Maximiner Klosterlay Würzgarten
Ensch	Mühlenberg St. Martin Sonnenlay
Klüsserath	Bruderschaft Königsberg
Köwerich	Held Laurentiuslay
Leiwen	Klostergarten Laurentiuslay
Longen	Goldkupp Zellerberg
Lörsch	Goldkupp Zellerberg
Mehring	Blattenberg Goldkupp Zellerberg
Pölich	Held Südlay
Schleich	Klosterberg Sonnenberg
Thörnich	Enggass Ritsch

Großlage: Schwarzlay

Weinbauorte:	*Einzellagen:*
Bausendorf	Herzlay Hubertuslay
Bengel	Einzellagenfrei
Burg	Falklay Hahnenschrittchen Schloßberg Thomasberg Wendelstück
Dreis	Johannisberg
Enkirch	Batterieberg Edelberg Ellergrub Herrenberg Monteneubel Steffensberg Weinkammer Zeppwingert
Erden	Busslay Herrenberg Prälat Treppchen
Flussbach	Reichelberg
Hupperath	Klosterweg
Kinheim	Hubertuslay Rosenberg
Lösnich	Burgberg Försterlay
Platten	Klosterberg Rotlay
Traben-Trarbach	Burgweg Gaispfad Hühnerberg Königsberg Kräuterhaus Kreuzberg Schloßberg Taubenhaus Ungsberg Würzgarten Zollturm

Traben-Trarbach, Ortsteil Starkenburg	Rosengarten
Traben-Trarbach, Ortsteil Wolf	Auf der Heide Goldgrube Klosterberg Schatzgarten Sonnenlay
Ürzig	Würzgarten
Wittlich	Bottchen Felsentreppchen Klosterweg Kupp Lay Portnersberg Rosenberg

Großlage: Vom heißen Stein

Weinbauorte:	*Einzellagen:*
Briedel	Herzchen Nonnengarten Schäferlay Schelm Weißerberg
Pünderich	Goldlay Marienburg Nonnengarten Rosenberg
Reil	Falklay Goldlay Moullay-Hofberg Sorentberg

Bereich Obermosel

Großlage: Gipfel

Weinbauorte:	*Einzellagen:*
Bitzingen	Einzellagenfrei
Fellerich	Schleidberg
Fisch	Einzellagenfrei
Helfant-Esingen	Kapellenberg
Kirf	Einzellagenfrei
Köllig	Rochusfels
Kreuzweiler	Schloß Thorner Kupp
Meurich	Einzellagenfrei
Nittel	Blümchen Leiterchen Rochusfels Hubertusberg
Oberbillig	Hirtengarten Römerberg
Onsdorf	Hubertusberg
Palzem	Karlsfelsen Lay
Portz	Einzellagenfrei
Rehlingen	Kapellenberg
Soest	Einzellagenfrei
Tawern	Einzellagenfrei
Temmels	Münsterstatt St. Georgshof
Wasserliesch	Albachtaler Reinig auf der Burg
Wehr	Rosenberg
Wellen	Altenberg
Wincheringen	Burg Warsberg Fuchsloch

Großlage: Königsberg

Weinbauorte:	*Einzellagen:*
Edingen	Einzellagenfrei
Godendorf	Einzellagenfrei
Grewenich	Einzellagenfrei
Igel	Dullgärten
Langsur	Brüderberg
Liersberg	Pilgerberg
Mesenich	Held
Metzdorf	Einzellagenfrei
Ralingen	Einzellagenfrei
Wintersdorf	Einzellagenfrei

Bereich Saar — Ruwer

Großlage: Römerlay

Weinbauorte:	*Einzellagen:*
Franzenheim	Johannisberg
Hockweiler	Einzellagenfrei
Kasel	Dominikanerberg Herrenberg Hitzlay Kehrnagel Nieschen Paulinsberg Timpert

Korlingen	Laykaul
Mertesdorf	Felslay Johannisberg Mäuerchen
Mertesdorf, Orts-Teil Maximin Grünhaus	Abtsberg Bruderberg
Mertesdorf und Ortsteil Maximin Grünhaus	Herrenberg
Morscheid	Dominikanerberg Heiligenhäuschen
Riveris	Kuhnchen Heiligenhäuschen
Sommerau	Schloßberg
Trier	Altenberg Andreasberg Augenscheiner Benediktinerberg Burgberg Deutschherrenberg Deutschherren-köpfchen Domherrenberg Hammerstein Herrenberg Jesuitenwingert Kupp Karthäuserhofberg Burgberg Karthäuserhofberg Kronenberg Karthäuserhofberg Orthsberg Karthäuserhofberg Sang Karthäuserhofberg Stirn Kurfürstenhofberg Leikaul Marienholz Maximiner Rotlay St. Martiner Hofberg St. Matheiser St. Maximiner Kreuzberg St. Petrusberg Sonnenberg Thiergarten Unterm Kreuz Thiergarten Felsköpfchen
Waldrach	Doktorberg Ehrenberg Heiligenhäuschen Hubertusberg Jesuitengarten Jungfernberg Krone Kurfürstenberg Laurentiusberg Meisenberg Sonnenberg

Großlage: Scharzberg

Weinbauorte:	*Einzellagen:*
Ayl	Herrenberger Kupp Scheidterberger
Filzen	Altenberg Herrenberg Liebfrauenberg Pulchen Steinberger Unterberg Urbelt
Hamm	Altenberg
Irsch	Hubertusberg Sonnenberg Vogelsang
Kanzem	Altenberg Hörecker Schloßberg Sonnenberg
Kastel-Staadt	König Johann Berg Maximin Staadt
Könen	Fels Kirchberg
Konz	Auf der Kupp Brauneberg Euchariusberg Falkensteiner Hofberg Klosterberg Sprung
Menning	Altenberg Euchariusberg Herrenberg Sonnenberg
Oberemmel	Agritiusberg Altenberg Hütte Karlsberg Raul Rosenberg

Ockfen	Bockstein
	Geisberg
	Herrenberg
	Heppenstein
	Kupp
	Neuwies
	Zickelgarten
Pellingen	Jesuitengarten
	Herrgottsrock
Saarburg	Antoniusbrunnen
	Bergschlößchen
	Schloßberg
	Fuchs
	Klosterberg
	Kupp
	Laurentiusberg
	Rausch
	Stirn
Schoden	Geisberg
	Herrenberg
	Saarfeilser Marienberg
Serrig	Antoniusberg
	Heiligenborn
	Herrenberg
	Hoeppslei
	König Johann Berg
	Kupp
	Schloß Saarsteiner
	Schloß Saarfelser Schloßberg
	Vogelsang
	Würtzberg
Wawern	Goldberg
	Herrenberger
	Jesuitenberg
	Ritterpfad
Wiltingen	Braune Kupp
	Braunfels
	Gottesfuß
	Hölle
	Klosterberg
	Kupp
	Rosenberg
	Sandberg
(Ortsteil)	Scharzhofberger
	Schlangengraben
	Schloßberg

Bereich Zell/Mosel

Großlage: Goldbäumchen

Weinbauorte:	*Einzellagen:*
Briedern	Rüberberger Domherrenberg
Bruttig-Fankel	Götterlay
Cochem	Bischofstuhl
	Herrenberg
	Hochlay
	Klostergarten
	Pinnerkreuzberg
	Schloßberg
	Sonnenberg
Ellenz-Poltersdorf	Altarberg
	Kurfürst
	Rüberberger Domherrenberg
Ernst	Feuerberg
	Kirchlay
Klotten	Brauneberg
	Burg Coreidelsteiner
	Rosenberg
	Sonnengold
Moselkern	Kirchberg
	Rosenberg
	Übereltzer
Müden	Funkenberg
	Großlay
	Leckmauer
	St. Castorhöhle
	Sonnenring
Pommern	Goldberg
	Rosenberg
	Sonnenuhr
	Zeisel
Senheim	Römerberg
	Rüberberger Domherrenberg
Treis-Karden	Dechantsberg
	Juffermauer
	Münsterberg

Großlage: Grafschaft

Weinbauorte:	*Einzellagen:*
Alf	Arrasburg-Schloßberg
	Burggraf
	Herrenberg
	Hölle
	Kapellenberg
	Katzenkopf
	Kronenberg
Beuren	Pelzerberger

Bremm	Calmont
	Frauenberg
	Laurentiusberg
	Schlemmertröpfchen
Bullay	Brautrock
	Graf Beyssel-Herrenberg
	Kirchweingarten
	Kroneberg
	Sonneck
Ediger-Eller	Bienenlay
	Calmont
	Elzogberg
	Engelströpfchen
	Feuerberg
	Höll
	Osterlämmchen
	Pfaffenberg
	Pfirsichgarten
	Schützenlay
Neef	Frauenberg
	Petersberg
	Rosenberg
Nehren	Römerberg
St. Aldegund	Himmelreich
	Klosterkammer
	Palmberg-Terrassen
Zell-Merl	Einzellagenfrei

Großlage: Rosenhang

Weinbauorte:	*Einzellagen:*
Beilstein	Schloßberg
Bremm	Abtei
	Kloster Stuben
Briedern	Herrenberg
	Kapellenberg
	Römergarten
	Servatiusberg
Bruttig-Fankel	Kapellenberg
	Layenberg
	Martinsborn
	Pfarrgarten
	Rathausberg
	Rosenberg
Cochem	Arzlay
	Nikolausberg
	Rosenberg
Ellenz-Poltersdorf	Silberberg
	Woogberg
Mesenich	Abteiberg
	Deuslay
	Goldgrübchen
Senheim	Bienengarten
	Rosenberg
	Vogteiberg
	Wahrsager
Treis-Karden	Greth
	Kapellenberg
	Treppchen
Valwig	Herrenberg
	Palmberg
	Schwarzenberg

Großlage: Schwarze Katz

Weinbauorte:	*Einzellagen:*
Senheim	Rüberberger Domherrenberg
Zell	Burglay-Felsen
	Domherrenberg
	Geisberg
	Kreuzlay
	Nußberg
	Petersborn-Kabertchen
	Pommerell
Zell-Kaimt	Marienburger
	Römerquelle
	Rosenborn
Zell-Merl	Adler
	Fettgarten
	Klosterberg
	Königslay-Terrassen
	Stefansberg
	Sonneck

Großlage: Weinhex

Weinbauorte:	*Einzellagen:*
Alken	Bleidenberg
	Burgberg
	Hunnenstein
Burgen	Bischofstein
Dieblich	Heilgraben
Güls	Bienengarten
	Im Röttgen
	Königsfels
	Marienberg
Hatzenport	Burg Bischofsteiner
	Kirchberg
	Stolzenberg

Kattenes	Fahrberg
	Steinchen
Kobern-Gondorf	Fahrberg
	Fuchshöhle
	Gäns
	Kehrberg
	Schloßberg
	Uhlen
	Weissenberg
Koblenz, Ortsteil Moselweiss	Hamm
Koblenz, Ortsteil Lay	Hubertsborn
Lehmen	Ausoniusstein
	Klosterberg
	Lay
	Würzlay
Löf	Goldblume
	Sonnenring
Moselsürsch	Fahrberg
Niederfell	Fächern
	Goldlay
	Kahllay
Oberfell	Brauneberg
	Goldlay
	Rosenberg
Winningen	Brückstück
	Domgarten
	Hamm
	Im Röttgen
	Uhlen

Großlagenfrei

Senheim	Lay

Anbaugebiet: Nahe

Bereich Kreuznach

Großlage: Kronenberg

Weinbauorte:	*Einzellagen:*
Bad Kreuznach	Agnesienberg
	Berg
	Breitenweg
	Brückes
	Forst
	Galgenberg
	Gutental
	Himmelgarten
	Hinkelstein
	Hirtenhain
	Hofgarten
	Höllenbrand
	Honigberg
	Hungriger Wolf
	In den Mauern
	In den 17 Morgen
	Junker
	Kahlenberg
	Kapellenpfad
	Katzenhölle
	Krötenpfuhl
	Mönchberg
	Mollenbrunnen
	Monhard
	Narrenkappe
	Nonnengarten
	Osterhöll
	Paradies
	Römerhalde
	Rosenberg
	Rosenheck
	Rosenhügel
	Schloß Kauzenberg
	St. Martin
	Steinberg
	Steinweg
	Tilgesbrunnen
	Vogelsang
Bretzenheim	Felsenköpfchen
	Hofgut
	Pastorei
	Schloßgarten
	Vogelsang
Hargesheim	Mollenbrunnen
	Straußberg

Großlage: Pfarrgarten

Weinbauorte:	*Einzellagen:*
Dalberg	Ritterhölle
	Schloßberg
	Sonnenberg
Gutenberg	Felseneck
	Römerberg
	St. Ruppertsberg
	Schloßberg
	Schloß Gutenburg
	Sonnenlauf
Hergenfeld	Herrschaftsgarten
	Mönchberg
	Sonnenberg

Schöneberg	Schäfersley
	Sonnenberg
Sommerloch	Höll
	Birkenberg
	Ratsgrund
	Steinrossel
Spabrücken	Sonnenberg
Wallhausen	Backöfchen
	Felseneck
	Hasensprung
	Höllenpfad
	Hörnchen
	Johannisberg
	Kirschheck
	Laurentiusberg
	Mühlenberg
	Pastorenberg
	Sonnenweg

Großlage: Schloßkapelle

Weinbauorte:	*Einzellagen:*
Bingen-Bingerbrück	Abtei Ruppertsberg
	Hildegardisbrünnchen
	Klostergarten
	Römerberg
Burg Layen	Hölle
	Johannisberg
	Rothenberg
	Schloßberg
Dorsheim	Burgberg
	Goldloch
	Honigberg
	Jungbrunnen
	Klosterpfad
	Laurenziweg
	Nixenberg
	Pittermännchen
	Trollberg
Eckenroth	Felsenberg
	Hölle
Genheim	Rossel
Guldental	Apostelberg
	Hipperich
	Hölle
	Honigberg
	Rosenteich
	St. Martin
	Sonnenberg
	Teufelsküche
Laubenheim	Fuchsen
	Hörnchen
	Junker
	Karthäuser
	Krone
	St. Remigiusberg
	Vogelsang
Münster-Sarmsheim	Dautenpflänzer
	Kapellenberg
	Königsschloß
	Liebehöll
	Pittersberg
	Rheinberg
	Römerberg
	Steinkopf
	Trollberg
Rümmelsheim	Hölle
	Johannisberg
	Rothenberg
	Schloßberg
	Steinköpfchen
Schweppenhausen	Schloßgarten
	Steyerberg
Waldlaubersheim	Alteburg
	Bingerweg
	Domberg
	Hörnchen
	Lieseberg
	Otterberg
Weiler	Abtei Ruppertsberg
	Klostergarten
	Römerberg
Windesheim	Breiselberg
	Fels
	Hausgiebel
	Hölle
	Römerberg
	Rosenberg
	Saukopf
	Schäfchen
	Sonnenmorgen

Großlage: Sonnenborn

Weinbauorte:	*Einzellagen:*
Langenlonsheim	Bergborn
	Königsschild
	Lauerweg
	Löhrer Berg
	Rothenberg
	St. Antoniusweg
	Steinchen

Bereich Schloß Böckelheim

Großlage: Burgweg

Weinbauorte:	*Einzellagen:*
Altenbamberg	Kehrenberg
	Laurentiusberg
	Rotenberg
	Schloßberg
	Treuenfels
Bad Münster a. St.-Ebernburg	Erzgrupe
	Felseneck
	Feuerberg
	Götzenfels
	Höll
	Köhler-Köpfchen
	Königsgarten
	Luisengarten
	Rotenfelser im Winkel
	Schloßberg
	Steigerdell
	Stephansberg
Duchroth	Felsenberg
	Feuerberg
	Kaiserberg
	Königsfels
	Rothenberg
	Vogelschlag
Niederhausen an der Nahe	Felsensteyer
	Hermannshöhle
	Kertz
	Klamm
	Pfaffenstein
	Pfingstweide
	Rosenberg
	Rosenheck
	Steinberg
	Steinwingert
	Stollenberg
	Hermannsberg
Norheim	Dellchen
	Götzenfels
	Kafels
	Kirschheck
	Klosterberg
	Oberberg
	Onkelchen
	Sonnenberg
Oberhausen an der Nahe	Felsenberg
	Kieselberg
	Leistenberg
	Rotenberg
Schloßböckelheim	Felsenberg
	Heimberg
	In den Felsen
	Königsfels
	Kupfergrube
	Mühlberg
Traisen	Bastei
	Kickelskopf
	Nonnengarten
	Rotenfels
Waldböckelheim	Drachenbrunnen
	Hamm
	Kirchberg
	Kronenfels
	Marienpforter Klosterberg
	Mühlberg
	Muckerhölle
	Römerberg

Großlage: Paradiesgarten

Weinbauorte:	*Einzellagen:*
Alsenz	Elkersberg
	Falkenberg
	Hölle
	Pfaffenpfad
Auen	Kaulenberg
	Römerstich
Bayerfeld-Steckweiler	Adelsberg
	Aspenberg
	Mittelberg
	Schloß Stolzenberg
Boos	Herrenberg
	Kastell
Desloch	Hengstberg
	Vor der Hölle
Feilbingert	Bocksberg
	Feuerberg
	Höchstes Kreuz
	Kahlenberg
	Königsgarten
Gaugrehweiler	Graukatz
Hochstätten	Liebesbrunnen
Kalkofen	Graukatz
Kirschroth	Lump
	Wildgrafenberg
Lauschied	Edelberg
Lettweiler	Inkelhöll
	Rheingasse

Mannweiler-Coelln	Rosenberg Schloß Randeck Seidenberg Weissenstein
Martinstein	Schloßberg
Meddersheim	Altenberg Edelberg Liebfrauenberg Präsent Rheingrafenberg
Meisenheim	Obere Heimbach
Merxheim	Hunolsteiner Römerberg Vogelsang
Monzingen	Frühlingsplätzchen Halenberg Rosenberg
Münsterappel	Graukatz
Niederhausen an der Nahe	Graukatz
Niedermoschel	Geissenkopf Hahnhölle Layenberg Silberberg
Nussbaum	Höllenberg Rotfeld Sonnenberg
Oberhausen an der Nahe	Graukatz
Obermoschel	Geissenkopf Langhölle Schloßberg Silberberg Sonnenplätzchen
Oberndorf	Aspenberg Beutelstein Feuersteinrossel Weissenstein
Oberstreit	Auf dem Zimmerberg
Odernheim	Hessweg Kapellenberg Kloster Disibodenberg Monfort Weinsack
Raumbach	Schloßberg Schwalbennest
Rehborn	Hahn Herrenberg Schikanenbuckel
Sobernheim	Domberg Marbach
Sobernheim-Steinhardt	Johannesberg Spitalberg
Staudernheim	Goldgrube Herrenberg
Unkenbach	Römerpfad Würzhölle
Waldböckelheim	Johannesberg Kastell
Weiler bei Monzingen	Herrenzehntel Heiligenberg
Winterborn	Graukatz

Großlage: Rosengarten

Weinbauorte:	*Einzellagen:*
Bockenau	Geisberg Im Felseneck Im Neuberg Stromberg
Braunweiler	Hellenpfad Michaeliskapelle Schloßberg Wetterkreuz
Burgsponheim	Höllenpfad Pfaffenberg Schloßberg
Hüffelsheim	Gutenhölle Mönchberg Steyer
Mandel	Alte Römerstraße Becherbrunnen Dellchen Palmengarten Schloßberg
Roxheim	Berg Birkenberg Höllenpfad Hüttenberg Mühlenberg Sonnenberg
Rüdesheim	Goldgrube Wiesberg
St. Katharinen	Fels Klostergarten Steinkreuz
Sponheim	Abtei Grafenberg Klostergarten Mühlberg
Weinsheim	Katergrube Kellerberg Steinkaut

Anbaugebiet: Rheingau

Bereich Johannisberg

Großlage: Burgweg

Leitgemeinde: Rüdesheim

Weinbauorte:	*Einzellagen:*
Aßmannshausen-Aulhausen	Berg Kaiser-steinfels
Geisenheim	Fuchsberg
	Mäuerchen
	Mönchspfad
	Rothenberg
Lorchhausen	Rosenberg
	Seligmacher
Lorch	Bodental-Steinberg
	Kapellenberg
	Krone
	Pfaffenwies
	Schloßberg
Rüdesheim	Berg Roseneck
	Berg Rottland
	Berg Schloßberg
	Bischofsberg
	Drachenstein
	Kirchenpfad
	Klosterberg
	Klosterlay
	Magdalenenkreuz
	Rosengarten

Großlage: Steil

Leitgemeinde: Aßmannshausen

Weinbauorte:	*Einzellagen:*
Aßmannshausen	Frankenthal
Aßmannshausen-Aulhausen	Höllenberg
	Hinterkirch

Großlage: Erntebringer

Leitgemeinde: Johannisberg

Weinbauorte:	*Einzellagen:*
Geisenheim	Kilzberg
	Schloßgarten
	Klaus
	Kläuserweg
Johannisberg	Goldatzel
	Hansenberg
	Hölle
	Mittelhölle
	Schwarzenstein
	Vogelsang
– Ortsteil	Schloß Johannisberg
Mittelheim	Edelmann (teilweise)
	Goldberg
	St. Nikolaus (teilweise)
Winkel	Dachsberg

Großlage: Gottesthal

Leitgemeinde: Oestrich

Weinbauorte:	*Einzellagen:*
Oestrich	Doosberg
	Klosterberg (teilweise)
	Lenchen
– Ortsteil	Schloß Reichartshausen

Leitgemeinde: Hallgarten

Großlage: Mehrhölzchen

Weinbauorte:	*Einzellagen:*
Hallgarten	Hendelberg
	Jungfer
	Schönhell
	Würzgarten
Mittelheim	Teilflächen (ehemalige Lage Eisenkauten)
Oestrich	Klosterberg (teilweise)

Leitgemeinde: Winkel

Großlage: Honigberg

Weinbauorte:	*Einzellagen:*
Mittelheim	St. Nikolaus (teilweise)
	Edelmann (teilweise)
– Ortsteil	Schloß Vollrads

Winkel	Bienengarten
	Gutenberg
	Hasensprung
	Klaus (teilweise)
	Schloßberg
	Jesuitengarten

Großlage: Deutelsberg

Leitgemeinde: Hattenheim

Weinbauorte:	*Einzellagen:*
Erbach	Hohenrain
	Honigberg
	Marcobrunn
	Michelmark
	Schloßberg
	Siegelsberg
	Steinmorgen
Hattenheim	Engelmannsberg
	Hassel
	Heiligenberg
	Mannberg
	Nußbrunnen
	Pfaffenberg
	Schützenhaus
	Wisselbrunnen
– Ortsteil	Steinberg

Leitgemeinde: Kiedrich

Großlage: Heiligenstock

Weinbauorte:	*Einzellagen:*
Eltville	Sandgrub (teilweise)
Kiedrich	Gräfenberg
	Klosterberg
	Sandgrub (teilweise)
	Wasseros

Großlage: Steinmächer

Leitgemeinde: Rauenthal

Weinbauorte:	*Einzellagen:*
Dotzheim	Judenkirch
Eltville	Langenstück
	Rheinberg
	Sandgrub (teilweise)
	Sonnenberg
	Taubenberg
Frauenstein	Herrenberg
	Homberg
	Marschall
Martinsthal	Langenberg
	Rödchen
	Wildsau
Niederwalluf	Berg Bildstock
	Oberberg
	Walkenberg
Oberwalluf	Langenstück
	Fitusberg
Rauenthal	Baiken
	Gehrn
	Langenstück
	Nonnenberg
	Rothenberg
	Wülfen
Schierstein	Dachsberg
	Hölle
Wiesbaden	Neroberg

Bereich Hochheim

Großlage: Daubhaus

Leitgemeinde: Hochheim

Weinbauorte:	*Einzellagen:*
Flörsheim	Herrnberg (teilweise)
Hochheim	Berg (teilweise)
	Domdechaney
	Herrnberg (teilweise)
	Hofmeister
	Hölle
	Kirchenstück
	Königin Viktoriaberg
	Reichesthal (teilweise)
	Sommerheil
	Stein
	Stielweg
Kostheim	Berg (teilweise)
	Reichesthal (teilweise)
	Steig
	Weiß Erd
Wicker	Goldene Luft
	König Wilhelmsberg
	Nonnberg
	Stein

Großlagenfrei

Weinbauorte:	*Einzellagen:*
Frankfurt/Main	Lohberger Hang

Landkreis Melsungen

Weinbauorte:	*Einzellagen:*
Böddiger	Berg

Anbaugebiet: Rheinhessen

Bereich Bingen

Großlage: Abtei

Weinbauorte:	*Einzellagen:*
Appenheim	Daubhaus Drosselborn Eselspfad Hundertgulden
Gau-Algesheim	Goldberg Johannesberg Rothenberg St. Laurenzikapelle Steinert
Nieder-Hilbersheim	Honigberg Steinacker
Ober-Hilbersheim	Mönchpforte
Partenheim	Sankt Georgen Steinberg
Sankt Johann	Geyersberg Klostergarten Steinberg
Sprendlingen	Hölle Honigberg Klostergarten Sonnenberg Wißberg
Wolfsheim	Götzenborn Osterberg Sankt Kathrin

Großlage: Adelberg

Weinbauorte:	*Einzellagen:*
Armsheim	Geiersberg Goldstückchen Leckerberg
Bermersheim v.d.H.	Hildegardisberg Klosterberg
Bornheim	Hähnchen Hütte-Terrassen Kirchenstück Schönberg
Ensheim	Kachelberg
Erbes-Bürdesheim	Geisterberg Vogelsang
Flonheim	Bingerberg Klostergarten La Roche Pfaffenberg Rotenpfad
Lonsheim	Mandelberg Schönberg
Nack	Ahrenberg
Nieder-Wiesen	Wingertsberg
Sulzheim	Greifenberg Honigberg Schildberg
Wendelsheim	Heiligenpfad Steigerberg
Wörrstadt	Kachelberg Rheingrafenberg

Großlage: Kaiserpfalz

Weinbauorte:	Einzellagen:
Bubenheim	Honigberg Kallenberg
Engelstadt	Adelpfad Römerberg
Groß-Winternheim	Bockstein Heilighäuschen Klosterbruder Schloßberg
Heidesheim	Geißberg Höllenberg Steinacker

Ingelheim	Burgberg Höllenweg Horn Kirchenstück Lottenstück Pares Rabenkopf Rheinhöhe Rotes Kreuz Sonnenberg Sonnenhang Schloßberg Schloß Westerhaus Steinacker Täuscherspfad
Jugenheim	Goldberg Hasensprung Heiligenhäuschen St. Georgenberg
Schwabenheim	Klostergarten Sonnenberg Schloßberg
Wackernheim	Rabenkopf Schwalben Steinberg

Großlage: Kurfürstenstück

Weinbauorte:	Einzellagen:
Gau-Bickelheim	Bockshaut Kapelle Saukopf
Gau-Weinheim	Geyersberg Kaisergarten Wißberg
Gumbsheim	Schloßhölle
Vendersheim	Goldberg Sonnenberg
Wallertheim	Heil Vogelsang

Großlage: Rheingrafenstein

Weinbauorte:	*Einzellagen:*
Eckelsheim	Eselstreiber Kirchberg Sonnenköpfchen
Frei-Laubersheim	Fels Kirchberg Reichskeller Rheingrafenberg
Fürfeld	Eichelberg Kapellenberg Steige
Hackenheim	Galgenberg Gewürzgarten Kirchberg Klostergarten Sonnenberg
Neu-Bamberg	Eichelberg Heerkretz Kirschwingert Kletterberg
Pleitersheim	Sternberg
Siefersheim	Goldenes Horn Heerkretz Höllberg Martinsberg
Stein-Bockenheim	Sonnenberg
Tiefenthal	Graukatz
Volxheim	Alte Römerstraße Liebfrau Mönchberg
Wöllstein	Äffchen Haarberg-Katzensteg Hölle Ölberg
Wonsheim	Hölle Sonnenberg

Großlage: Sankt Rochuskapelle

Weinbauorte:	*Einzellagen:*
Aspisheim	Johannisberg Sonnenberg
Badenheim	Galgenberg Römerberg
Biebelsheim	Honigberg Kieselberg
Bingen	Bubenstück Kapellenberg Kirchberg Osterberg Pfarrgarten Rosengarten Scharlachberg* Schelmenstück Schloßberg-Schwätzerchen Schwarzenberg
Dromersheim	Honigberg Kapellenberg Klosterweg Mainzerweg

Gensingen	Goldberg
Grolsheim	Ölberg
Horrweiler	Gewürzgärtchen Goldberg
Ockenheim	Hockenmühle Klosterweg Kreuz Laberstall St. Jakobsberg Schönhölle
Pfaffen-Schwabenheim	Hölle Mandelbaum Sonnenberg
Sponsheim	Palmenstein
Welgesheim	Kirchgärtchen
Zotzenheim	Johannisberg Klostergarten

Bereich Nierstein

Großlage: Auflangen

Weinbauorte:	*Einzellagen:*
Nierstein	Bergkirche* Glöck Heiligenbaum Kranzberg* Ölberg Orbel Schloß Schwabsburg Zehnmorgen*

Großlage: Domherr

Weinbauorte:	*Einzellagen:*
Essenheim	Römerberg Teufelspfad
Gabsheim	Dornpfad Kirchberg Rosengarten
Klein-Winternheim	Geiershöll Herrgottshaus Villenkeller
Ober-Olm	Kapellenberg
Saulheim	Haubenberg Heiligenhaus Hölle Pfaffengarten Probstey Schloßberg
Schornsheim	Mönchspfad Ritterberg Sonnenhang
Stadecken-Elsheim	Blume Bockstein Lenchen Spitzberg Tempelchen
Udenheim	Goldberg Kirchberg Sonnenberg
Budenheim	Einzellagenfrei
Mainz-Finthen	Einzellagenfrei
Mainz-Drais	Einzellagenfrei

Großlage: Güldenmorgen

Weinbauorte:	*Einzellagen:*
Dienheim	Falkenberg Herrenberg Höhlchen Kreuz Siliusbrunnen Tafelstein
Oppenheim	Daubhaus* Gutleuthaus Herrenberg Kreuz Sackträger* Schützenhütte Zuckerberg

Großlage: Gutes Domtal

Weinbauorte:	*Einzellagen:*
Dalheim	Altdörr Kranzberg Steinberg
Dexheim	Doktor
Friesenheim	Altdörr Bergpfad Knopf
Hahnheim	Knopf Moosberg
Köngernheim	Goldgrube
Lörzweiler	Königstuhl
Mommenheim	Kloppenberg Osterberg Silbergrube
Nackenheim	Schmittskapellchen

Nieder-Olm	Goldberg
	Klosterberg
	Sonnenberg
Nierstein	Pfaffenkappe
Selzen	Gottesgarten
	Osterberg
	Rheinpforte
Sörgenloch	Moosberg
Undenheim	Goldberg
Weinolsheim	Hohberg
	Kehr
Zornheim	Dachgewann
	Guldenmorgen
	Mönchbäumchen
	Pilgerweg
	Vogelsang

Großlage: Krötenbrunnen

Weinbauorte:	*Einzellagen:*
Alsheim	Goldberg
Dienheim	Herrengarten
	Paterhof
	Schloß
Dolgesheim	Kreuzberg
	Schützenhütte
Eich	Goldberg
Eimsheim	Hexelberg
	Römerschanze
	Sonnenhang
Gimbsheim	Liebfrauenthal
	Sonnenweg
Guntersblum	Eiserne Hand
	Sonnenberg*
	Sonnenhang*
	Sankt Julianenbrunnen
	Steinberg
Hillesheim	Altenberg
	Sonnheil
Ludwigshöhe	Honigberg*
Mettenheim	Goldberg
Oppenheim	Herrengarten
	Paterhof
	Schloß
	Schloßberg
Ülversheim	Aulenberg
	Schloß
Wintersheim	Frauengarten

Großlage: Petersberg

Weinbauorte:	*Einzellagen:*
Albig	Homberg
	Hundskopf
	Schloß Hammerstein
Bechtolsheim	Homberg
	Klosterberg*
	Sonnenberg
	Wingertstor
Bibelnheim	Pilgerstein
	Rosenberg
Framersheim	Hornberg
	Kreuzweg
	Zechberg
Gau-Heppenheim	Pfarrgarten
	Schloßberg
Gau-Odernheim	Fuchsloch
	Herrgottspfad
	Ölberg
	Vogelsang
Spiesheim	Osterberg

Großlage: Rehbach*

Weinbauorte:	*Einzellagen:*
Nackenheim	Rothenberg
Nierstein	Brudersberg
	Goldene Luft
	Hipping
	Pettenthal

Großlage: Rheinblick

Weinbauorte:	*Einzellagen:*
Alsheim	Fischerpfad
	Frühmesse
	Römerberg
	Sonnenberg
Dorn-Dürkheim	Hasensprung
	Römerberg
Mettenheim	Michelsberg
	Schloßberg

Großlage: Sankt Alban

Weinbauorte:	*Einzellagen:*
Bodenheim	Burgweg Ebersberg Heitersbrünnchen Hoch Kapelle Kreuzberg Leidhecke Mönchspfad Reichsritterstift* Silberberg Westrum
Gau-Bischofsheim	Glockenberg Herrnberg Kellersberg Pfaffenweg
Harxheim	Börnchen Lieth Schloßberg
Lörzweiler	Hohberg Ölgild
Mainz	Edelmann Hüttberg Johannisberg Kirchenstück Klosterberg Sand Weinkeller

Großlage: Spiegelberg

Weinbauorte:	*Einzellagen:*
Nackenheim	Engelsberg
Nierstein	Bildstock Brückchen Ebersberg Findling Hölle Kirchplatte Klostergarten Paterberg Rosenberg Schloß Hohenrechen

Großlage: Vogelsgärten

Weinbauorte:	*Einzellagen:*
Guntersblum	Authental Bornpfad Himmelthal Kreuzkapelle Steig-Terrassen
Ludwigshöhe	Teufelskopf*

Bereich Wonnegau

Großlage: Bergkloster

Weinbauorte:	*Einzellagen:*
Bermersheim	Hasenlauf
Eppelsheim	Felsen
Esselborn	Goldberg
Flomborn	Feuerberg Goldberg
Gundersheim	Höllenbrand Königstuhl
Gundheim	Hungerbiene Mandelbrunnen Sonnenberg
Hangen-Weisheim	Sommerwende
Westhofen	Aulerde Benn Brunnenhäuschen Kirchspiel Morstein Rotenstein Steingrube

Großlage: Burg Rodenstein

Weinbauorte:	*Einzellagen:*
Bermersheim/Worms	Seilgarten
Flörsheim-Dalsheim	Bürgel Frauenberg Goldberg Hubacker Sauloch Steig
Mörstadt	Katzebuckel Nonnengarten
Ober-Flörsheim	Blücherpfad Herrenberg

Großlage: Domblick

Weinbauorte:	*Einzellagen:*
Hohen-Sülzen	Kirchenstück Sonnenberg
Mölsheim	Silberberg Zellerweg am schw. Herrgott
Monsheim	Rosengarten Silberberg
Offstein	Engelsberg Schloßgarten
Wachenheim	Horn Rotenberg

Großlage: Gotteshilfe

Weinbauorte:	*Einzellagen:*
Bechtheim	Geyersberg Rosengarten Stein
Osthofen	Goldberg Hasenbiß Leckzapfen* Neuberg*

Großlage: Liebfrauenmorgen

Weinbauorte:	*Einzellagen:*
Worms	Affenberg Am Heiligen Häuschen Bildstock Burgweg Goldberg Goldpfad Hochberg Kapellenstück Klausenberg Kreuzblick Lerchelsberg Liebfrauenstift-Kirchenstück* Nonnenwingert Remeyerhof* Rheinberg Römersteg Sankt Annaberg St. Cyriakusstift St. Georgenberg Schneckenberg

Großlage: Pilgerpfad

Weinbauorte:	*Einzellagen:*
Bechtheim	Hasensprung Heiligkreuz
Dittelsheim-Heßloch	Edle Weingärten Geiersberg Kloppberg Leckerberg Liebfrauenberg Mönchhube Mondschein Pfaffenmütze
Frettenheim	Heil
Monzernheim	Goldberg Steinböhl
Osthofen	Kirchberg Klosterberg Liebenberg Rheinberg

Großlage: Sybillenstein

Weinbauorte:	*Einzellagen:*
Alzey	Kapellenberg Pfaffenhalde Römerberg Rotenfels Wartberg
Bechenheim	Fröhlich
Dautenheim	Himmelacker
Freimersheim	Frankenstein
Heimersheim	Sonnenberg
Mauchenheim	Sioner Klosterberg
Offenheim	Mandelberg
Wahlheim	Schelmen
Weinheim	Heiliger Blutberg Hölle Kapellenberg Kirchenstück Mandelberg

* noch nicht festgesetzt

Anbaugebiet: Rheinpfalz

Bereich Südliche Weinstraße

Großlage: Bischofskreuz

Weinbauorte:	*Einzellagen:*
Böchingen	Rosenkranz
Burrweiler	Altenforst St. Annaberg Schäwer Schloßgarten
Dammheim	Höhe
Flemlingen	Herrenbuckel Vogelsprung Zechpeter
Gleisweiler	Hölle
Knöringen	Hohenrain

Nußdorf	Herrenberg
	Kaiserberg
	Kirchenstück
Roschbach	Rosenkränzel
	Simonsgarten
Walsheim	Forstweg
	Silberberg

Großlage: Guttenberg

Weinbauorte:	*Einzellagen:*
Bad Bergzabern	Wonneberg[1]
Dierbach	Kirchhöh
Dörrenbach	Wonneberg[1]
Freckenfeld	Gräfenberg
Kandel	Galgenberg
Kapsweyher	Lerchenberg
Minfeld	Herrenberg
Niederotterbach	Eselsbuckel
Oberotterbach	Sonnenberg[2]
Schweigen-Rechtenbach	Sonnenberg[2]
Schweighofen	Sonnenberg[2]
Schweighofen	Wolfsberg
Steinfeld	Herrenwingert
Vollmersweiler	Krapfenberg

Großlage: Kloster Liebfrauenberg

Weinbauorte:	*Einzellagen:*
Bad Bergzabern	Altenberg
Barbelroth	Kirchberg
Billigheim-Ingenheim	Mandelpfad[3]
	Pfaffenberg
	Rosenberg[4]
	Sauschwänzel
	Steingebiß
	Venusbuckel
Gleiszellen-Gleishorbach	Frühmess
	Kirchberg
Göcklingen	Herrenpfad[6]
Hergersweiler	Narrenberg[5]
Heuchelheim-Klingen	Herrenpfad[6]
Kapellen-Drusweiler	Rosengarten
Klingenmünster	Maria Madalena
Niederhorbach	Silberberg
Oberhausen	Frohnwingert
Pleisweiler-Oberhofen	Schloßberg
Rohrbach	Mandelpfad[3]
Steinweiler	Rosenberg[4]
Winden	Narrenberg[5]

Großlage: Königsgarten

Weinbauorte:	*Einzellagen:*
Albersweiler	Kirchberg
	Latt
Arzheim	Rosenberg
	Seligmacher[7]
Birkweiler	Rosenberg[8]
	Kastanienbusch
	Mandelberg
Frankweiler	Biengarten
	Kalkgrube
Godramstein	Klostergarten
	Münzberg
Landau	Altes Löhl
Ranschbach	Seligmacher[7]
Siebeldingen	Im Sonnenschein
	Mönchspfad
	Rosenberg[8]

Großlage: Mandelhöhe

Weinbauorte:	*Einzellagen:*
Kirrweiler	Mandelberg
	Oberschloß
	Römerweg
Maikammer	Heiligenberg
	Immengarten
	Kirchenstück
Maikammer-Alsterweiler	Kapellenberg

Großlage: Ordensgut

Weinbauorte:	*Einzellagen:*
Edesheim	Forst
	Mandelhang
	Rosengarten
	Schloß
Hainfeld	Kapelle
	Kirchenstück
	Letten
Rhodt	Klosterpfad
	Rosengarten
	Schloßberg
Weyher	Heide
	Michelsberg

Großlage: Herrlich

Weinbauorte:	*Einzellagen:*
Eschbach	Hasen
Göcklingen	Kaiserberg
Herxheim bei Landau	Engelsberg
Herxheimweyher	Am Gaisberg
Ilbesheim	Rittersberg
	Sonnenberg[9]
Impflingen	Abtsberg
Insheim	Schäfergarten[10]
Leinsweiler	Sonnenberg[9]
Mörzheim	Pfaffenberg
Rohrbach	Schäfergarten[10]
Wollmesheim	Mütterle

Großlage: Schloß Ludwigshöhe

Weinbauorte:	*Einzellagen:*
Edenkoben	Bergel
	Blücherhöhe
	Heidegarten
	Heilig Kreuz
	Kastaniengarten
	Kirchberg
	Klostergarten
	Mühlberg
	Schwarzer Letten
St. Martin	Baron
	Kirchberg
	Zitadelle

Großlage: Trappenberg

Weinbauorte:	*Einzellagen:*
Altdorf	Gottesacker
	Hochgericht
Bellheim	Gollenberg[11]
Böbingen	Ortelberg
Bornheim	Neuberg
Essingen	Osterberg
	Roßberg
	Sonnenberg
Freimersheim	Bildberg
Groß- u. Kleinfischlingen	Kirchberg
Hochstadt	Rotenberg
Knittelsheim	Gollenberg[11]
Lustadt	Klostergarten[12]
Ottersheim	Kahlenberg
Römerberg	Alter Berg
	Narrenberg
	Schlittberg
Schwegenheim	Bründelsberg
Venningen	Doktor
Weingarten	Schloßberg
Zeiskam	Klostergarten[12]

Bereich Mittelhaardt — Deutsche Weinstraße

Großlage: Feuerberg

Weinbauorte:	*Einzellagen:*
Bad Dürkheim	Herrenmorgen
	Nonnengarten
	Steinberg
Bobenheim am Berg	Kieselberg
	Ohligpfad
Ellerstadt	Bubeneck
	Dickkopp
	Sonnenberg
Gönnheim	Martinshöhe
Kallstadt	Annaberg
	Kreidkeller
Weisenheim am Berg	Vogelsang

Großlage: Grafenstück

Weinbauorte:	*Einzellagen:*
Bockenheim	Burggarten
	Goldgrube
	Haßmannsberg
	Heiligenkirche
	Klosterschaffnerei
	Schloßberg
	Sonnenberg[14]
	Vogelsang[13]
Kindenheim	Burgweg
	Katzenstein
	Sonnenberg[14]
	Vogelsang[13]
Obrigheim	Benn
	Hochgericht
	Mandelpfad
	Rosengarten
	Schloß
	Sonnenberg[14]

Großlage: Hochmess

Weinbauorte:	*Einzellagen:*
Bad Dürkheim	Hochbenn Michelsberg[15] Rittergarten Spielberg
Ungstein	Michelsberg[15]

Großlage: Höllenpfad

Weinbauorte:	*Einzellagen:*
Battenberg	Schloßberg
Grünstadt	Bergel Goldberg Honigsack Hütt Klostergarten Röth St. Stephan Schloß
Kleinkarlbach	Frauenländchen Herrenberg Herrgottsacker Kieselberg Senn
Mertesheim	St. Martinskreuz
Neuleiningen	Feuermännchen Schloßberg Sonnenberg

Großlage: Hofstück

Weinbauorte:	*Einzellagen:*
Deidesheim	Nonnenstück
Ellerstadt	Kirchenstück
Friedelsheim	Gerümpel Rosengarten
Gönnheim	Klostergarten Mandelgarten Sonnenberg
Hochdorf-Assenheim	Fuchsloch[16]
Meckenheim	Neuberg Spielberg Wolfsdarm
Niederkirchen	Klostergarten Osterbrunnen Schloßberg
Rödersheim-Gronau	Fuchsloch[16]
Ruppertsberg	Gaisböhl Hoheburg Linsenbusch Nußbien Reiterpfad Spieß

Großlage: Honigsäckel

Weinbauorte:	*Einzellagen:*
Ungstein	Herrenberg Nußriegel Weilberg

Großlage: Kobnert

Weinbauorte:	*Einzellagen:*
Dackenheim	Kapellgarten Liebesbrunnen Mandelröth
Erpolzheim	Kirschgarten
Freinsheim	Musikantenbuckel Oschelskopf Schwarzes Kreuz
Herxheim/Berg	Himmelreich Honigsack Kirchenstück
Kallstadt	Kronenberg Steinacker
Leistadt	Herzfeld Kalkofen Kirchenstück
Ungstein	Bettelhaus Osterberg
Weisenheim am Berg	Mandelgarten Sonnenberg

Großlage: Mariengarten

Weinbauorte:	*Einzellagen:*
Deidesheim	Grainhübel Herrgottsacker Hohenmorgen Kalkofen Kieselberg Langenmorgen Leinhöhle Mäushöhle Paradiesgarten

Forst	Elster
	Freundstück
	Kirchenstück
	Jesuitengarten
	Musenhang
	Pechstein
	Ungeheuer
Wachenheim	Altenburg
	Belz
	Böhlig
	Gerümpel
	Goldbächel
	Rechbächel

Großlage: Meerspinne

Weinbauorte:	*Einzellagen:*
Gimmeldingen	Biengarten
	Kapellenberg
	Mandelgarten
	Schlössel
Haardt	Bürgergarten
	Herrenletten
	Herzog
	Mandelring
Königsbach	Idig
	Jesuitengarten
	Ölberg
	Reiterpfad
Mußbach	Bischofsweg
	Eselshaut
	Glockenzehnt
	Johannitergarten
	Kurfürst
	Spiegel
Neustadt an der Weinstraße	Mönchgarten

Großlage: Pfaffengrund

Weinbauorte:	*Einzellagen:*
Diedesfeld	Berg
Duttweiler	Kalkberg
	Kreuzberg
	Mandelberg
Geinsheim	Gässel
Hambach	Römerbrunnen
Lachen-Speyerdorf	Kroatenpfad
	Langenstein
	Lerchenböhl

Großlage: Rebstöckel

Weinbauorte:	*Einzellagen:*
Diedesfeld	Johanniskirchel
	Ölgässel
	Paradies
Hambach	Feuer
	Kaiserstuhl
	Kirchberg
	Schloßberg
Neustadt an der Weinstraße	Grain
	Erkenbrecht

Großlage: Rosenbühl

Weinbauorte:	*Einzellagen:*
Erpolzheim	Goldberg
	Kieselberg
Freinsheim	Goldberg[17]
Lambsheim	Burgweg[18]
Weisenheim/Sand	Altenberg
	Burgweg[18]
	Goldberg[17]
	Hahnen
	Halde
	Hasenzeile

Großlage: Saumagen

Weinbauorte:	*Einzellagen:*
Kallstadt	Horn
	Kirchenstück
	Nill

Großlage: Schenkenböhl

Einzellagen:	
Bad Dürkheim	Abtsfronhof
	Fronhof
	Fuchsmantel[19]
Wachenheim	Fuchsmantel[19]
	Königswingert
	Mandelgarten
	Odinstal
	Schloßberg

Großlage:
Schnepfenflug vom Zellertal

Weinbauorte:	*Einzellagen:*
Albisheim	Heiligenborn
Bolanden	Schloßberg
Bubenheim	Hahnenkamm
Einselthum	Kreuzberg[20]
	Klosterstück[21]
Gauersheim	Goldloch
Immesheim	Sonnenstück
Kerzenheim	Esper
Kirchheimbolanden	Schloßgarten
Morschheim	Im Heubusch
Niefernheim	Königsweg[22]
	Kreuzberg[20]
Ottersheim/Zellerthal	Bräunersberg
Rittersheim	Am hohen Stein
Rüssingen	Breinsberg
Stetten	Heilighäuschen
Zell	Klosterstück[21]
	Königsweg[22]
	Kreuzberg[20]
	Schwarzer Herrgott

Großlage:
Schnepfenflug an der Weinstraße

Weinbauorte:	*Einzellagen:*
Deidesheim	Letten
Forst	Stift
	Süßkopf
	Bischofsgarten[23]
Friedelsheim	Bischofsgarten[23]
	Kreuz
	Schloßgarten
Wachenheim	Bischofsgarten[23]
	Luginsland

Großlage: Schwarzerde

Weinbauorte:	*Einzellagen:*
Bissersheim	Goldberg
	Held
	Orlenberg
	Steig
Dirmstein	Herrgottsacker
	Jesuitenhofgarten
	Mandelpfad
Gerolsheim	Klosterweg
	Lerchenspiel
Großkarlbach	Burgweg
	Osterberg
Großniedesheim	Schafberg
Heßheim	Lange Els
Heuchelheim/Frankenthal	Steinkopf
Kirchheim	Geißkopf
	Kreuz
	Römerstraße
	Steinacker
Kleinniedesheim	Schloßgarten
	Vorderberg
Laumersheim	Kirschgarten
	Mandelberg
	Sonnengarten*
Obersülzen	Schnepp

* noch keine Ersatzlösung

[1]–[23] Namen mit ein und derselben Zahl betreffen ein und dieselbe Einzellage, die in diesen Fällen von mehreren Gemeinden gebildet wird.

Anbaugebiet: Württemberg

Bereich Remstal-Stuttgart

Großlage: Hohenneuffen

Weinbauorte:	*Einzellagen:*
Beuren	Schloßsteige
Frickenhausen	Schloßsteige
Kappishäusern	Schloßsteige
Kohlberg	Schloßsteige
Linsenhofen	Schloßsteige
Metzingen	Hofsteige
	Schloßsteige
Neuffen	Schloßsteige
Weilheim	Schloßsteige

Großlage: Weinsteige

Weinbauorte:	*Einzellagen:*
Esslingen	Ailenberg
	Kirchberg
	Lerchenberg
	Schenkenberg
Fellbach	Gips
	Goldberg
	Herzogenberg
	Hinterer Berg
	Lämmler
	Mönchberg
	Wetzstein
Gerlingen	Bopser
Stuttgart	Kriegsberg
	Mönchberg
(Ortsteil Gaisburg)	Abelsberg
(Ortsteil Untertürkheim)	Gips
(Ortsteil Uhlbach)	Götzenberg
(Ortsteil Obertürkheim)	Ailenberg
(Ortsteil Untertürkheim)	Altenberg
(Ortsteile Bad Cannstatt, Feuerbach, Münster, Wangen, Zuffenhausen)	Berg
(Ortsteil Bad Cannstatt)	Halde
(Ortsteile Bad Cannstatt, Untertürkheim)	Herzogenberg
(Ortsteil Obertürkheim)	Kirchberg
(Ortsteile Hedelfingen, Rohracker)	Lenzenberg
(Ortsteile Bad Cannstatt, Untertürkheim)	Mönchberg
(Ortsteil Degerloch)	Scharrenberg
(Ortsteile Rotenberg, Uhlbach, Untertürkheim)	Schloßberg
(Ortsteil Uhlbach)	Steingrube
(Ortsteile Bad Cannstatt, Mühlhausen, Münster)	Steinhalde
(Ortsteil Untertürkheim)	Wetzstein
(Ortsteile Bad Cannstatt, Hofen, Mühlhausen, Münster)	Zuckerle

Großlage: Sonnenbühl

Weinbauorte:	*Einzellagen:*
Beutelsbach Schnait i. R.	Burghalde
Endersbach	Hintere Klinge
Rommelshausen Stetten i. R.	Mönchhalde
Strümpfelbach	Altenberg

Großlage: Kopf

Weinbauorte:	*Einzellagen:*
Beinstein	Großmulde
Breuningsweiler	Holzenberg
Bürg	Schloßberg
Großheppach	Wanne
Grunbach	Berghalde
Hanweiler	Berg
Kleinheppach	Greiner
Korb	Berg
	Hörnle
	Sommerhalde
Neustadt	Söhrenberg
Schorndorf	Grafenberg
Waiblingen	Hörnle
Winnenden	Berg
	Holzenberg
	Roßberg
Winterbach	Hungerberg

Großlage: Wartbühl

Einzellagen:	
Aichelberg	Luginsland
Baach	Himmelreich
Beutelsbach	Altenberg
	Käppele
	Sonnenberg

Breuningsweiler	Haselstein
Endersbach	Wetzstein
	Happenhalde
Geradstetten	Sonnenberg
	Lichtenberg
Großheppach	Steingrüble
	Zügernberg
Grunbach	Klingle
Hanweiler	Maien
Hebsack	Lichtenberg
Hertmannsweiler	Himmelreich
Kleinheppach	Sonnenberg
	Steingrüble
Korb	Steingrüble
Rommelshausen	Häder
Schnait i. R.	Altenberg
	Sonnenberg
Stetten i. R.	Brotwasser
	Häder
	Lindhälder
	Puvermächer
Strümpfelbach	Gastenklinge
	Nonnenberg
Waiblingen	Steingrüble
Winnenden	Haselstein

Bereich Württembergisch Unterland

Großlage: Schalkstein

Weinbauorte:	*Einzellagen:*
Allmersbach a. W.	Alter Berg
Affalterbach	Neckarhälde
Asperg	Berg
Besigheim	Felsengarten
	Katzenöhrle
	Neckarberg
	Wurmberg
Beihingen	Neckarhälde
Benningen	Neckarhälde
Bietigheim	Neckarberg
Bissingen	Neckarberg
Erdmannhausen	Neckarhälde
Gemmrigheim	Neckarberg
	Wurmberg
Großingersheim	Schloßberg
Hessigheim	Felsengarten
	Käsberg
	Katzenöhrle
Höpfigheim	Königsberg
Kirchberg	Kelterberg
Kleinaspach	Kelterberg
Kleiningersheim	Schloßberg
Löchgau	Neckarberg
Ludwigsburg (Ortsteil Hoheneck)	Neckarhälde
Marbach	Neckarhälde
Markgröningen	Berg
	Sankt Johännser
Mundelsheim	Käsberg
	Katzenöhrle
	Mühlbächer
	Rozenberg
Murr	Neckarhälde
Neckarweihingen	Neckarhälde
Poppenweiler	Neckarhälde
Rieslingshausen	Kelterberg
Rietenau	Güldenkern
Steinheim/ Murr	Burgberg
Walheim	Neckarberg
	Wurmberg

Großlage: Stromberg

Weinbauorte:	*Einzellagen:*
Bönnigheim	Kirchberg
	Sonnenberg
Diefenbach	König
Ensingen	Schanzreiter
Erligheim	Lerchenberg
Freudenstein	Reichshalde
Freudental	Kirchberg
Gründelbach	Steinbachhof
	Wachtkopf
Häfnerhaslach	Heiligenberg
Hofen	Lerchenberg
Hohenhaslach	Klosterberg
	Kirchberg
Hohenstein	Kirchberg
Horrheim	Klosterberg
Illingen	Forstgrube
	Halde
	Lichtenberg
	Schanzreiter
Kirchheim	Kirchberg
Kleinsachsenheim	Kirchberg
Knittlingen	Reichshalde
Lienzingen	Eichelberg

Maulbronn	Eilfingerberg Klosterstück Reichshalde
Mühlhausen	Halde
Oberderdingen	Kupferhalde
Ochsenbach	Liebenberg
Ötisheim	Sauberg
Riet	Kirchberg
Roßwag	Forstgrube Halde Lichtenberg
Schützingen	Heiligenberg
Spielberg	Liebenberg
Sternenfels	König
Vaihingen	Höllisch Feuer

Großlage: Heuchelberg

Weinbauorte:	*Einzellagen:*
Brackenheim	Dachsberg Mönchsberg Schloßberg Wolfsaugen Zweifelsberg
(Ortsteil Botenheim)	Ochsenberg
Burgbronn	Hahnenberg
Cleebronn	Michaelsberg
Dürrenzimmern	Mönchsberg
Eibensbach	Michaelsberg
Frauenzimmern	Kaiserberg Michaelsberg
Güglingen	Kaiserberg Michaelsberg
Haberschlacht	Dachsberg
Hausen/Z.	Jupiterberg Vogelsang Staig
Heilbronn (Ortsteil Klingenberg)	Schloßberg Sonntagsberg
Kleingartach	Grafenberg Vogelsang
Leingarten	Grafenberg Leiersberg Vogelsang
Massenbach-hausen	Krähenberg
Meimsheim	Katzenöhrle
Neipperg	Grafenberg Steingrube Vogelsang Schloßberg
Niederhofen	Grafenberg Vogelsang
Nordhausen	Sonntagsberg
Nordheim	Grafenberg Gräfenberg Ruthe Sonntagsberg
Pfaffenhofen	Hohenberg
Schwaigern	Grafenberg Ruthe Sonnenberg Vogelsang
Stetten a. H.	Sonnenberg
Stockheim	Altenberg
Weiler/Z.	Hohenberg
Zaberfeld	Hohenberg

Großlage: Wunnenstein

Weinbauorte:	*Einzellagen:*
Beilstein	Schloßwengert Steinberg Wartberg
Gronau	Forstberg
Großbottwar	Harzberg Lichtenberg
Hof und Lembach	Harzberg Lichtenberg
Ilsfeld	Lichtenberg
Kleinbottwar	Götzenberg Lichtenberg Oberer Berg Süßmund
Ludwigsburg (Ortsteil Hoheneck)	Oberer Berg
Oberstenfeld	Forstberg Harzberg Lichtenberg
Steinheim	Lichtenberg
Winzerhausen	Harzberg Lichtenberg

Großlage: Schozachtal

Weinbauorte:	*Einzellagen:*
Abstatt	Burgberg Burg Wildeck Sommerberg

Auenstein	Burgberg Schloßberg
Ilsfeld	Rappen
Löwenstein	Sommerberg
Unterheinriet	Sommerberg

Großlage: Kirchenweinberg

Weinbauorte:	*Einzellagen:*
Flein	Altenberg Eselsberg Sonnenberg
Heilbronn	Altenberg Sonnenberg
Ilsfeld (Ortsteil Schozach)	Mühlberg Roter Berg Schelmenklinge
Lauffen	Jungfer Katzenbeisser Nonnenberg Riedersbückele
Neckarwestheim	Herrlesberg
Talheim	Hohe Eiche Schloßberg Sonnenberg
Untergruppenbach	Schloßberg

Großlage: Staufenberg

Weinbauorte:	*Einzellagen:*
Brettach	Berg
Cleversulzbach	Berg
Duttenberg	Schön
Erlenbach	Kayberg
Gundelsheim	Himmelreich
Heilbronn	Stahlbühl Stiftsberg Wartberg
Horkheim	Stiftsberg
Neckarsulm	Scheuerberg
Oedheim	Kayberg
Offenau	Schön
Talheim	Stiftsberg
Untereisesheim	Vogelsang

Großlage: Salzberg

Weinbauorte:	*Einzellagen:*
Affaltrach	Dieblesberg Zeilberg
Eberstadt	Dezberg Eberfürst Sommerhalde
Eichelberg	Hundsberg
Ellhofen	Altenberg Althälde Ranzenberg
Eschenau	Paradies
Gellmersbach	Dezberg
Grantschen	Wildenberg
Lehrensteinsfeld	Althälde Frauenzimmer Steinacker
Löwenstein	Altenberg Nonnenrain Wohlfahrtsberg
Löwenstein (Ortsteil Hösslinsülz)	Dieblesberg Zeilberg
Sülzbach	Altenberg
Weiler/Weinsberg	Hundsberg Schlierbach
Weinsberg	Althälde Ranzenberg Schemelsberg
Wimmental	Altenberg
Willsbach	Dieblesberg Zeilberg

Großlage: Lindelberg

Weinbauorte:	*Einzellagen:*
Adolzfurt	Schneckenhof
Bretzfeld	Goldberg
Dimbach	Schloßberg
Eschelbach	Schwobajörgle
Geddelsbach	Schneckenhof
Harsberg (Ortsteil Neuholz)	Dachsteiger Spielbühl
Kesselfeld	Schwobajörgle
Langenbeutingen	Himmelreich
Michelbach a. W.	Dachsteiger Margarete
Maienfels	Schneckenhof
Obersöllbach	Margarete
Pfedelbach	Goldberg

Siebeneich	Himmelreich Schloßberg
Schwabbach	Schloßberg
Untersteinbach	Dachsteiger
Unterheimbach	Schneckenhof
Verrenberg	Goldberg Verenberg
Waldbach	Schloßberg
Windischenbach	Goldberg

Bereich Kocher-Jagst-Tauber

Großlage: Kocherberg

Weinbauorte:	*Einzellagen:*
Belsenberg	Heilig Kreuz
Bieringen	Schlüsselberg
Criesbach	Burgstall Hoher Berg Sommerberg
Dörzbach	Altenberg
Ernsbach	Flatterberg
Forchtenberg	Flatterberg
Ingelfingen	Hoher Berg
Künzelsau	Hoher Berg
Möckmühl	Ammerlanden Hofberg
Niedernhall	Burgstall Engweg Hoher Berg
Siglingen	Hofberg
Weißbach	Altenberg Engweg
Widdern	Hofberg

Großlage: Tauberberg

Weinbauorte:	*Einzellagen:*
Elpersheim	Mönchsberg Probstberg
Haagen	Schafsteige
Laudenbach	Schafsteige
Markelsheim	Mönchsberg Probstberg
Niederstetten	Schafsteige
Oberstetten	Schafsteige
Reinsbronn	Röde
Vorbachzimmern	Schafsteige
Weikersheim	Hardt Karlsberg Schmecker
Wermutshausen	Schafsteige

Großlagenfrei

Weinbauorte:	*Einzellagen:*
Kreßbronn am Bodensee	Berghalde
Tübingen (Ortsteile Hirschau, Unterjesingen)	Sonnenhalden

Dieses Buch hätte nicht geschrieben werden können ohne die Hilfe und den Rat von maßgebenden Männern und Organisationen des deutschen Weinbaus. So sind Verlag und Autor Dank schuldig: Herrn Jochen G. Bielefeld von der Deutschen Wein-Information in Mainz, Herrn Prof. Troost von der Hessischen Forschungsanstalt für Wein-, Obst- und Gemüsebau in Geisenheim (Rheingau), Herrn Alfons Gracher von den Kurtrierischen Weinstuben zum Domstein in Trier, dem Badischen Weinbauverband e. V. in Freiburg i. Br., dem Weinbauverband Rheinpfalz e. V., insbesondere Herrn Dipl.-Kaufmann Kj. Müller in Neustadt, dem Rheinhessenwein e. V. in Mainz, dem Weinbauverband Württemberg-Baden e. V. in Heilbronn, der Landesgenossenschaft Württ. Weingärtnergenossenschaft in Stuttgart-Untertürkheim und Möglingen, der Zentralkellerei Badischer Winzergenossenschaften in Breisach am Kaiserstuhl, der Landesanstalt für Rebenzüchtung in Alzey (Rheinhessen), dem Historischen Museum der Pfalz in Speyer und dem Fürst Metternich-Winneburg'schen Domäne-Rentamt auf Schloß Johannisberg (Rheingau). Auf die Literatur, auf die sich der Autor stützen konnte, ist zum Schluß hingewiesen.

Ortsregister

Literaturhinweis

Ambrosi, Hans: Wo große Weine wachsen (Gräfe und Unzer)

Andres, Stefan: Die großen Weine Deutschlands (Ullstein-Verlag)

Baedecker: Autoreiseführer Deutschland (Baedecker Autoführer-Verlag)

Bassermann-Jordan, Dr. F. von: Schiller und der Wein (Druck und Verlag D. Meininger, Neustadt a. d. Weinstraße)

Böttiger, Theodor: Das Große Lexikon vom Wein (Verlag Gräfe und Unzer)

Böttiger, Theodor: Das 1 x 1 des guten Weins (Bertelsmann Ratgeberverlag)

Ctristoffel, Karl: Moselfahrten weinvergoldet (Südwestdeutsche Verlagsanstalt)

Herwig, Eugen: Weinfahrten in Schwaben (Südwestdeutscher Verlag)

Hornickel, Ernst: Wein-Gotha – die Spitzenweine Europas (Seewald Verlag)

Hornickel, Ernst: Die großen Lagen und die Spitzenweine Europas (Seewald Verlag)

Kittel, Dr. J. B.: Das Buch vom Frankenwein (Verlag H. Stürtz, Würzburg)

Kraemer, A.: Im Land des Bocksbeutels (Druck und Verlag Pius Halbig, Würzburg)

Kraemer-Badoni: Das Kleine Buch vom Wein (C. Bertelsmann)

Johnson-Krüger: Das Große Buch vom Wein (Verlag Gräfe und Unzer)

Merian: Worms, Speyer und die Weinstraße

Merian: Südschwarzwald

Merian: Freiburg

Merian: Der Bodensee

Merian: Würzburg

Merian: Die Bergstraße

Merian: Der Rhein

Merian: Rheingau – Taunus

Rheingau-Weingau: Ein Lese- und Weinbuch unter Mitarbeit mehrerer namhafter Autoren (Südwestdeutscher Verlag)

Stein, Gottfried: Reise durch den deutschen Weingarten (Prestel Verlag)

Vogt, Ernst: Reben am Oberrhein (Druck und Verlag D. Neininger, Neustadt a. d. Weinstraße)

Weinland Baden: Unter Mitarbeit mehrerer Fachautoren bearbeitet von Eugen Herwig (Sudwestdeutsche Verlagsanstalt)